国家"十一五"规划重点图书
中国地质调查局"节水钻探技术"项目
中国地质大学（武汉）学术著作出版基金　资助

JIESHUI ZUANTAN JISHU
节水钻探技术

鄢泰宁　卢春华　蒋国盛　吴　翔　编著

中国地质大学出版社

内 容 简 介

本书在概述我国水资源分布现状的基础上,分析国内外各种传统钻进方法的特点及其消耗地表水的情况;提出非传统节水钻探方法的创新思路;总结中国地质大学(武汉)近5年来在节水钻探领域中开展的中俄合作成果,详细论述以脉动式双向阀和潜水柱塞泵为主的节水钻探关键技术,全面介绍其结构和参数设计的理论依据和优化结果;研讨开发配套技术的必要性,逐项展开配套技术的结构设计及其操作要点;最后通过若干工程实例介绍钻探生产试验,取得既节水90%,又提高钻进效率、降低生产成本的实际效果,并给出生产单位推广应用该技术的用户操作指南。

本书反映了中俄钻探界科技合作的成果,可供广大从事地矿与油气钻探、水文水井、工程地质钻探、岩土工程与地质灾害治理钻孔施工的技术人员、生产管理人员及大专院校相关专业的师生使用。

图书在版编目(CIP)数据

节水钻探技术/鄢泰宁等编著. ——武汉:中国地质大学出版社,2009.3
ISBN 978-7-5625-2299-7

Ⅰ. 节…
Ⅱ. 鄢…
Ⅲ. 钻探-节约用水
Ⅳ. P634.5

中国版本图书馆 CIP 数据核字(2008)第 156088 号

JIESHUI ZUANTAN JISHU
节水钻探技术

鄢泰宁　卢春华　蒋国盛　吴　翔　编著

责任编辑:方　菊　　　　　　　　　　　　　　　　　责任校对:戴　莹

出版发行:中国地质大学出版社(武汉市洪山区鲁磨路388号)	邮政编码:430074
电　　话:(027)67883511　传真:67883580	E-mail:cbb@cug.edu.cn
经　　销:全国新华书店	http://www.cugp.cn
开本:787毫米×1092毫米 1/16	字数:282千字　印张:11
版次:2009年3月第1版	印次:2009年3月第1次印刷
印刷:武汉中远印务有限公司	印数:1—1 500册
ISBN 978-7-5625-2299-7	定价:38.00元

如有印装质量问题请与印刷厂联系调换

前　言

　　我国人均淡水资源为世界平均水准的 1/4，居第 88 位，是一个淡水资源严重缺乏的国家。当前全国上下都在响应党中央、国务院的号召，为建设"节约型社会"努力工作，节约用水就是其中的重要内容之一。工业用水在全国水资源消耗总量中所占比例非常之大，钻探（井）工程就是用水大户之一。钻井过程中，为了冷却钻头、排除岩粉和维护孔壁需要消耗大量地表水（配制水基泥浆），在干旱地区为一台钻机配几辆水罐车远距离送水的情况司空见惯。而钻探（井）又是深入地下勘探和开采矿物原料，解决我国资源、能源短缺不可替代的技术手段。因此，在新形势下解决钻探工程性缺水的问题刻不容缓。研究适用于干旱缺水地区的节水钻探新技术，不仅可以节约大量宝贵的地表水，在很大程度上缓解水资源短缺问题，同时可以降低钻探成本，是建设"资源节约型""环境友好型"社会的具体体现，具有重要的经济价值和广泛的应用前景。

　　我国西部多为地表无水、地下浅部漏水的地区，人们希望通过钻井打出地下水。但钻井过程又需要消耗大量地表水，因此，便形成了一个恶性循环。为了打井就必须从当地的水源地（小河、水塘）大量抽水，在地层漏失的条件下，只能眼睁睁地看着宝贵的地表水输入孔内"一去不复返"。如果最终钻到了地下含水层，则皆大欢喜；而一旦找不到地下水，又把当地水塘（人畜的生命之水）抽干了，就无法向老百姓交代。当然，对于漏水地层可以在钻进过程中进行钻孔堵漏，也可以采取空气钻进、泡沫钻进等技术。但钻孔堵漏不仅耗费资金，而且多数堵漏材料都会造成环境污染，尤其在长江、黄河的源头地区使用是不允许的。同时，有些专用的勘探孔、矿层开采孔和工程孔在钻进过程中也不允许使用堵漏材料。而空气钻进、泡沫钻进虽然有大量节水的优越性，但需要配备大型空压机、泡沫泵、地表采样分离系统等设备，一次性资金投入大，对操作人员素质的要求也较高。所以，目前上述技术在我国西部仍未大量推广。

　　我们项目组针对西部地区虽然地表干旱无水、地下浅部漏水，但深部有水的特点，开动脑筋，设法在钻具创新上下功夫，让钻孔内的地层水能循环起来，达到冷却孔底钻头、排除岩屑的目的，得以维持正常钻进。在访俄期间，我们了解到俄罗斯自然科学院院士叶戈罗夫（Н. Г. Егоров）有一项"基于潜水泵的孔底局部循环钻进"的技术正好与我们的思路不谋而合，该技术在试验中可使钻进过程中的地表水用水量下降 5～20 倍。但是，俄罗斯近年来经济形势不好，加之俄罗斯国内的干旱缺水地区并不多，而且这些干旱地区也不急于开发，所以在俄罗斯国内并未引起足够的重视。因此，俄罗斯专家非常愿意来中国与我们合作，结合中国国情（国家标准和行业特色等）把该新技术发展起来并推广应用。

　　我们的节水钻探创新思路一经提出，即得到了中国地质调查局科技外事部领导的大力支持。从 2003 年起，分别以"地质灾害防治节水钻探技术研究"（项目编号：1212010561304）和"新型节水钻探技术的应用示范"（项目编号：1212010660801）立项。同时，该项目自 2004—2006 年还得到了国务院外国专家局引智项目的支持。经过项目组近五年的研究与实践，通过与俄罗斯专家合作，成功开发了"节水钻探新技术"。可在地表严重缺水、地下浅部漏水，但深部有水的地区，在采用传统钻探机具的前提下，借助孔内地下水的局部循环来保证矿产岩心钻探、工程勘察或水文水井钻探的正常钻进，使钻进过程用水量节约90%左右，钻进效率提高15%~20%，不仅大量节约了钻场送水费用，而且不必采用堵漏材料，避免其污染环境。同时，还开发了一系列与节水钻探配套的技术，已申报并获得8项与节水钻探有关的国家发明专利和实用新型专利。

项目组由蒋国盛（教授、博士）、鄢泰宁（教授、俄罗斯自然科学院外籍院士）负责，主要骨干成员有：吴翔（教授、硕士）、卢春华（讲师、博士）、张涛（工程师、硕士）、王荣璟（讲师、博士）和曾继田（技师）。本书是项目组近五年来开展节水钻探技术研究的成果总结，由鄢泰宁、卢春华执笔。本书从中国的水资源现状出发，阐述了研究节水钻探新技术的迫切性；回顾了干旱缺水地区现有的节水钻探方法——无泵反循环钻进、空气钻进、气动冲击-回转钻进和泡沫钻进的工作原理与特点；并在分析前述方法优缺点的基础上，提出了实现孔内局部循环节水钻探的基本原则与思路，详细介绍了节水钻探系统的结构与工作原理、关键部件的设计、节水钻探工艺（用户操作指南），并从数学模型及计算机仿真的层面上对节水钻探系统的运动规律进行了较深入的探讨；书中还用一章的篇幅介绍了我们开发的节水钻探配套技术——可取代传统地表泵的"单缸柱塞泵"，新型高效"旋流除砂器"，可用于中软岩石进行回转-冲击钻进的"球体冲击器"，防止孔底岩屑糊钻、埋钻的"多功能防事故接头"和可提高钻探效率又不用地表水驱动的"节水钻探液动冲击器"等；最后，归纳了若干次室内外试验的节水效果，介绍了由中国地质调查局科技外事部主办、中国地质大学（武汉）承办、河南省地矿局第四地质探矿队协办的"节水钻探新技术现场示范与培训班"的学习交流情况。

本书在写作过程中除了参考本课题的历次项目任务书、设计书和总结报告外，还参考了关于中国水资源现状、空气钻进、泡沫钻进技术等方面的资料，在此向这些资料的作者和单位表示衷心感谢。

该书反映了中俄钻探界科技合作的成果，可供广大从事地矿与油气钻探、水文水井、工程地质钻探、岩土工程与地质灾害治理钻孔施工的技术人员、生产管理人员及大专院校相关专业的师生使用。

由于作者水平有限，加之时间仓促，书中难免有错误和不足之处，敬请广大读者批评指正。

欢迎从事钻探（井）行业的同仁们积极参与节水钻探技术的推广应用，共同改进与完善这项新技术，为建设"资源节约型""环境友好型"社会做出自己的贡献。

作 者

2008年7月28日于中国地质大学（武汉）工程学院

目 录

第一章　中国水资源现状及节水钻探问题的提出 ……………………………………………（1）
　第一节　概述 ………………………………………………………………………………（1）
　第二节　中国水资源的特点及缺水现状 …………………………………………………（2）
　　一、人均、地均水资源拥有量少 …………………………………………………………（2）
　　二、水资源时空分布极不均衡 ……………………………………………………………（2）
　　三、水资源与人口、耕地、矿产资源分布不匹配 ………………………………………（4）
　　四、中国的缺水现状 ………………………………………………………………………（4）
　第三节　节水是缓解我国水资源短缺的重要措施 ………………………………………（6）
　　一、水资源短缺的基本形式 ………………………………………………………………（6）
　　二、节水是缓解我国水资源短缺的重要措施 ……………………………………………（7）
　　三、节水钻探新技术在水资源短缺的形势下应运而生 …………………………………（8）

第二章　干旱缺水地区现有的节水钻探方法 ……………………………………………（12）
　第一节　无泵反循环钻进 …………………………………………………………………（12）
　　一、无泵反循环钻进的工作原理及特点 …………………………………………………（12）
　　二、无泵反循环钻进的适用范围 …………………………………………………………（14）
　　三、无泵钻具的结构 ………………………………………………………………………（14）
　　四、无泵钻具的钻进规程及操作注意事项 ………………………………………………（14）
　第二节　空气钻探技术 ……………………………………………………………………（15）
　　一、空气钻探技术的发展背景及应用领域 ………………………………………………（15）
　　二、空气钻进的工作原理及特点 …………………………………………………………（16）
　第三节　气动冲击-回转钻进技术 …………………………………………………………（17）
　　一、气动冲击-回转钻进技术概述 …………………………………………………………（17）
　　二、气动潜孔锤的结构及工作原理 ………………………………………………………（18）
　　三、气动潜孔锤与液动冲击器的比较 ……………………………………………………（22）
　　四、气动潜孔锤的钻进工艺 ………………………………………………………………（23）
　　五、气动潜孔锤钻进的主要设备及配套机具 ……………………………………………（26）

第三章　泡沫钻探技术 ……………………………………………………………………（27）
　第一节　泡沫钻探技术的发展概况 ………………………………………………………（27）

  一、国外泡沫钻探技术发展概况……………………………………………………（27）
  二、国内泡沫钻探技术发展概况……………………………………………………（28）
 第二节 泡沫钻进的工作原理及特点……………………………………………………（29）
  一、泡沫钻进的工作原理……………………………………………………………（29）
  二、泡沫钻进的特点…………………………………………………………………（30）
 第三节 泡沫流体的组成和性能…………………………………………………………（31）
  一、泡沫流体的组成…………………………………………………………………（31）
  二、泡沫流体的性能…………………………………………………………………（32）
 第四节 泡沫钻进的主要设备……………………………………………………………（37）
  一、地矿系统常用的泡沫钻进设备…………………………………………………（37）
  二、石油系统常用的泡沫钻进设备…………………………………………………（39）
 第五节 泡沫钻进工艺……………………………………………………………………（40）
  一、泡沫钻进的循环方式与灌注方法………………………………………………（40）
  二、泡沫溶液的浓度、气液比和泡沫质量的控制……………………………………（42）
  三、泡沫钻进的空气量、泡沫灌注量的确定…………………………………………（42）
  四、泡沫洗井时的注入压力…………………………………………………………（43）
  五、泡沫钻进的钻压、转速参数……………………………………………………（44）
  六、金刚石泡沫钻进应注意的问题…………………………………………………（44）
 第六节 泡沫流体的消泡与安全技术……………………………………………………（45）
  一、泡沫钻进中的消泡技术…………………………………………………………（45）
  二、机械消泡装置……………………………………………………………………（46）
  三、泡沫钻进中的安全技术…………………………………………………………（46）

第四章 孔内局部循环节水钻探新方法………………………………………………………（48）
 第一节 实现孔内局部循环的基本方法…………………………………………………（48）
  一、建立孔内冲洗液局部循环的方法与机具………………………………………（48）
  二、对现行孔内局部循环钻进工艺的评述…………………………………………（48）
  三、实现孔内局部循环节水钻探的基本原则与思路………………………………（51）
 第二节 孔内局部循环节水钻探系统的结构……………………………………………（52）
  一、往复式潜水泵的结构……………………………………………………………（52）
  二、地表专用单缸柱塞泵的结构……………………………………………………（53）
  三、排气阀的结构……………………………………………………………………（55）
 第三节 孔内局部循环节水钻探的工作原理……………………………………………（56）
  一、节水钻探系统的组成……………………………………………………………（56）
  二、节水钻探的工作原理……………………………………………………………（56）
 第四节 孔内局部循环节水钻探关键部件的设计………………………………………（58）

一、总的设计思路……………………………………………………………………(58)
　　　二、往复式潜水泵的设计……………………………………………………………(60)
　　　三、脉动式双向阀的设计……………………………………………………………(70)
　　　四、地表单缸柱塞泵的设计…………………………………………………………(70)
　第五节　孔内局部循环节水钻探工艺……………………………………………………(74)
　　　一、节水钻探系统的操作规程………………………………………………………(75)
　　　二、节水钻探系统可能出现的故障及排除方法……………………………………(77)
　　　三、节水钻探取心方法………………………………………………………………(77)

第五章　孔内局部循环节水钻探系统的数学模型及计算机仿真……………………(82)
　第一节　地表单缸往复泵的运动规律……………………………………………………(82)
　　　一、单缸往复泵的工作原理…………………………………………………………(82)
　　　二、单缸往复泵主要参数的计算……………………………………………………(82)
　第二节　地表单缸往复泵的压头…………………………………………………………(84)
　　　一、实际液体不稳定流的伯努利方程………………………………………………(84)
　　　二、吸入过程液缸内压头变化规律…………………………………………………(85)
　　　三、排出过程液缸内压头变化规律…………………………………………………(87)
　第三节　冲洗液循环时的压力损失………………………………………………………(88)
　　　一、在钻杆中的压力损失……………………………………………………………(88)
　　　二、在环状空间中的压力损失………………………………………………………(89)
　　　三、在接头中的压力损失……………………………………………………………(89)
　　　四、在岩心管和钻头中的压力损失…………………………………………………(90)
　第四节　往复式潜水泵柱塞的运动规律…………………………………………………(90)
　第五节　节水钻探系统的计算机仿真……………………………………………………(92)
　　　一、仿真程序的开发…………………………………………………………………(92)
　　　二、往复式潜水泵的工作特性………………………………………………………(95)
　　　三、地表单缸往复泵的工作特性……………………………………………………(98)
　第六节　节水钻探系统的计算机仿真结果分析…………………………………………(99)
　　　一、单缸泵容积效率对往复式潜水泵泵量的影响…………………………………(99)
　　　二、往复式潜水泵在孔内的深度对单缸往复泵泵压的影响………………………(99)
　　　三、孔深对单缸泵泵压的影响………………………………………………………(100)
　　　四、高压管线中残留空气对单缸泵泵压和往复式潜水泵泵量的影响……………(101)

第六章　节水钻探新方法的配套技术……………………………………………………(104)
　第一节　气动球体冲击器…………………………………………………………………(104)
　　　一、问题的提出………………………………………………………………………(104)
　　　二、国外回转-冲击钻进用的钢球振动器、冲击器结构分析………………………(105)

三、球体冲击器的结构分析 ··· (108)
　　四、球体冲击器的工作原理 ··· (109)
　　五、球体冲击器关键部件的设计 ··· (110)
　　六、球体冲击器的实验研究 ··· (111)
　第二节　新型旋流除砂器 ·· (115)
　　一、问题的提出 ·· (115)
　　二、传统旋流除砂器除砂效果分析 ··· (116)
　　三、手动旋流除砂器 ··· (118)
　　四、自动旋流除砂器 ··· (120)
　　五、新型旋流除砂器的室内外试验研究 ··· (121)
　第三节　多功能防事故接头 ·· (125)
　　一、问题的提出 ·· (125)
　　二、多功能防事故接头的结构 ··· (126)
　　三、多功能防事故接头的工作原理 ··· (127)
　　四、多功能防事故接头的使用效果 ··· (128)

第七章　节水钻探新方法的衍生技术 ·· (129)
　第一节　节水型液动冲击器 ·· (129)
　　一、问题的提出 ·· (129)
　　二、节水型液动冲击器的结构 ··· (130)
　　三、节水型液动冲击器的工作原理 ··· (132)
　第二节　节水型液动冲击器的测试与研究 ··· (134)
　　一、节水型液动冲击器性能参数的测试方法 ·· (134)
　　二、泵压的测试 ·· (135)
　　三、冲锤位移的测试 ··· (137)
　　四、冲击频率及冲锤的速度曲线 ·· (137)
　　五、借助位移曲线的傅里叶级数表达式求单次冲击功 ······························ (139)
　　六、节水型液动冲击器初步试验效果 ·· (141)
　第三节　潜水提水泵 ··· (142)
　　一、问题的提出 ·· (142)
　　二、由节水钻具改型的潜水提水泵 ··· (143)
　第四节　孔内打入式取样器 ·· (145)
　　一、问题的提出 ·· (145)
　　二、由节水钻具改型孔内打入式取样器 ··· (145)

第八章　节水钻探新技术的室内外试验研究 ··· (147)
　第一节　室内试验研究 ··· (147)

一、检测节水钻探往复式潜水泵工作柱塞的伸缩量 …………………………… (147)
　　二、检测往复式潜水泵的局部循环流量 …………………………………………… (147)
　　三、孔内实钻试验 …………………………………………………………………… (149)
　第二节　野外实地生产试验(一) ……………………………………………………… (151)
　　一、试验概况 ………………………………………………………………………… (151)
　　二、试验总结与建议 ………………………………………………………………… (153)
　第三节　野外实地生产试验(二) ……………………………………………………… (153)
　　一、概述 ……………………………………………………………………………… (153)
　　二、ZK225号孔的实钻试验 ………………………………………………………… (154)
　　三、ZK228号孔的实钻试验 ………………………………………………………… (157)
　　四、山西试验的总结与建议 ………………………………………………………… (158)
　第四节　节水钻探新技术的应用与示范 ……………………………………………… (159)
　　一、概述 ……………………………………………………………………………… (159)
　　二、现场生产应用与示范 …………………………………………………………… (160)
　　三、节水钻探新技术应用与示范座谈会纪要 ……………………………………… (161)

参　考　文　献 …………………………………………………………………………… (163)

后　　记 …………………………………………………………………………………… (164)

第一章　中国水资源现状及节水钻探问题的提出

第一节　概述

太阳系有很多星球,为什么至今尚未发现其他星球上有生命存在?最重要的原因之一,是其他星球缺乏"生命之源"——水。

水是人类和各种动植物赖以生存和发展不可替代的自然资源,同时也是维系地球上生态平衡、决定环境质量状况最积极、最活跃的自然要素之一。

进入20世纪中期,随着科学技术的迅猛进步和全球经济的高速发展,人类创造出比以往更多的物质财富。与此同时,世界人口也加速膨胀,水资源需求量不断增长。据统计,20世纪90年代水的年使用量达30 000亿 m^3,较300年前增长了35倍,远远超过了人口的实际增长率,并超过其他任何一种资源的使用量。近几十年来,发展中国家为了谋求发展,都在加快城市化的步伐,农村人口大规模转入城市。据研究,一个农村人口转入城市后,其所需用水量要比农村增加30倍。这是一个很大的数量,所以发展中国家的水资源压力更大。

最近二三十年来,不少国家和地区无节制地开发利用水资源,其消耗强度已超过地球水系的天然补偿更新能力,水资源的分布状态已发生巨变,并朝着枯竭的方向发展。同时,盲目发展的污染性工业企业随意排放废水,使地表水体和地下含水层遭受污染,可利用的水资源量锐减,加剧了水资源的短缺。众所周知,整个欧洲直至乌拉尔地区目前已经找不到一处既能饮用又可用于工程的干净地表水源。曾有人建议修建庞大的水管从目前还比较清洁的西伯利亚河中取水。有人重新提出从北方河流向中亚地区调水的问题。在这种情况下,水也变成了实实在在的商品,它的价格可能很快就可与西伯利亚送往欧洲的管道油气相提并论了。地表水和地下水资源已经成为具有重要战略意义的资源,也是保障民族安全的基本要素之一。

进入21世纪以来,全球气候持续变暖,降雨量的蒸发率将更高,出现干旱缺水的面积将更大。缺水,不仅成为包括中国在内的许多国家社会经济发展的关键性制约因素,在一些经济不发达国家和地区,缺水还将给人民带来饥饿、贫穷,甚至战争。1991年,国际水资源协会(IWRA)在摩洛哥召开了第七届世界水资源大会。会上明确指出:"在干旱、半干旱地区,国际河流和其他水源地的使用权可能成为两国战争的导火线。"更早些时候,世界环境与发展委员会(WCED)也发出了类似的警告:"水资源正在取代石油而成为全世界引起危机的主要问题。"

人类在面对水资源短缺的严峻挑战中已意识到,不能再毫无节制地浪费地球上有限的淡水资源了。为了维持人类生存环境并持续发展,既要满足当代人对水资源的需求,又要考虑子孙后代获取水资源的权利不受损害;应将水资源的合理开发利用和保护提到国家乃至全球发展的战略高度。在寻求发展的同时,人类应自律,要对自己的行为负责,因为"人类只有一个地球",地球上的淡水是一种有限资源。

第二节　中国水资源的特点及缺水现状

受所处的地理位置、气候、降水、地形、地貌等自然条件以及人口、耕地与矿产资源分布的影响,中国水资源具有以下特点。

一、人均、地均水资源拥有量少

世界各国都将河川径流量作为动态水资源,近似地代表水资源量。与世界各国河川径流量比较,我国河川径流量居世界第6位,低于巴西、俄罗斯、加拿大、美国和印度尼西亚,约占全球河川径流量的5.8%。

我国水资源总量虽然比较丰富,但按人口和耕地面积分配,水资源数量却极为有限,因而存在水资源与人民生产、生活不能完全适应的矛盾。按1997年统计,我国人均水资源量为2 220m^3(以12亿人口计),比世界平均值的1/4还低,约相当于美国人均占有量的1/6,前苏联的1/8,巴西的1/19,加拿大的1/58。而年径流量仅及我国1/5的日本,人均占有的径流量却是我国的2倍。我国的人均水资源量排在联合国公布的149个国家中的第109位,属于世界上13个贫水国家之一。按国际上一般承认的标准,人均水资源量少于1 700m^3为用水紧张的国家,因此,我国未来水资源的形势非常严峻。

除了人均水资源量短缺外,我国按耕地面积平均水资源量仅为世界平均水平的80%。据资料,目前我国农业年缺水总量为300亿m^3。

国内不同地区的人均、亩均水量也相差悬殊。北方地区人均水量为938m^3,其中海滦河流域只有430m^3;而南方人均水量为4 170m^3,其中西南诸河高达38 431m^3。北方四区亩均水量454m^3,其中海滦河流域只有251m^3;南方四区亩均水量4 134m^3,其中西南诸河高达21 783m^3。南方人均水量是北方的4.64倍,亩均水量为9.1倍;西南诸河人均水量是海滦河的89倍,亩均水量为87倍。内陆河人均、亩均水量虽然不少,但有人居住的地区资源有限,水量亦感不足。

据预测,未来30年中国的人口将达到峰值,到2030—2040年中国的人口将达16亿,届时中国的人均水资源拥有量仅为1 760m^3。按照当前专家学者对我国在人口峰值时期用水量的不同算法,低限为7 000多亿立方米,高限为10 000多亿立方米。中国目前的供水量为5 650亿m^3,无论与低限预测还是高限预测相比都有巨大的缺口,届时中国淡水的供需矛盾将进一步加剧。世界上关于水资源的利用率有一个公认的标准,即使按其高限40%来计算,我国的人均可利用淡水资源也仅为640m^3。而世界标准为:人均可利用淡水量不足1 000m^3即为水荒,所以中国届时可利用淡水资源严重缺乏已成定局。

综上所述,我国按人口和耕地平均拥有的水资源相当紧缺。水资源将是我国越来越珍贵的自然资源。

二、水资源时空分布极不均衡

我国水资源受降水影响,其时空分布具有年内、年际变化大以及区域分布很不均匀的特点(图1-1)。东南地区降水量可达1 600mm,造成涝灾,西北地区降水只有500mm,少的地区不到 200mm。南方水资源较丰富,北方水资源贫乏,南北相差悬殊。长江流域及以南地区面积占全国总面积的 36.5%,却拥有占全国 81% 的水资源总量,西北内陆地区及额尔齐斯河流域面积占全国的 63.5%,拥有的水资源量仅占全国的 4.6%。按面积平均,北方的水资源量均低于全国平均水平。如海滦河地区仅为全国平均值的 1/2,黄河地区还不到全国平均值的 1/3。

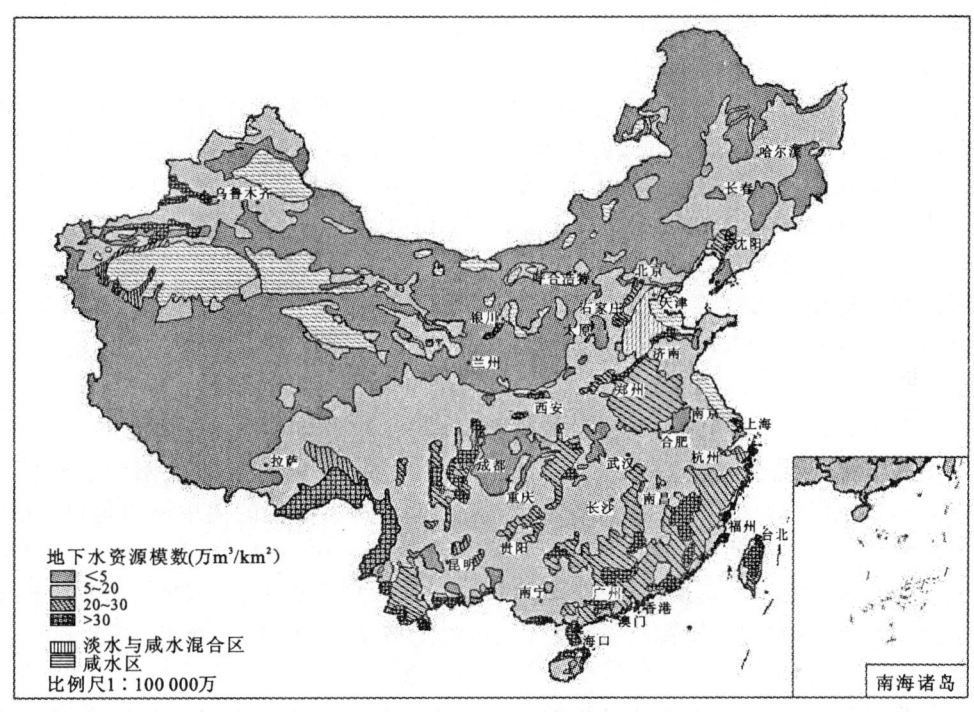

图 1-1 中国地下水资源分布图

我国大部分地区受季风影响,水资源的年际、年内变化大。南方地区最大年降水量与最小年降水量的比值达 2~4 倍,北方地区达 3~6 倍;最大年径流量与最小年降水量的比值,南方为 2~4,北方为 3~8。南方汛期水量可占年水量的 60%~70%,北方汛期水量可占年水量的 80% 以上。大部分水资源量集中在汛期以洪水的形式出现,资源利用困难,且易造成洪涝灾害。南方伏秋干旱,北方冬春干旱,降水量少,河道流量枯竭(北方有的河流断流)造成旱灾,如遇持续干旱年,地下水位大幅度下降,有的地区不仅农作物失收,而且工业减产。我国最大与最小年径流的比值,长江以南的中等河流在 5 以下,北方河流在 10 以上。径流量的逐年变化存在明显的丰水枯水年交替出现以及连续数年为丰水段或枯水段的现象,径流年际变化大与连续丰枯水段的出现,使我国经常发生旱、涝及连旱、连涝现象,对生产及人民生活极为不利,加重了水资源利用的困难。

水资源地区分布不均匀是我国北方和西北许多地区出现资源性缺水的根本原因。水资源年际变化大,年内分配不均,则是我国半干旱、半湿润地区甚至南方多水地区,经常发生季节性缺水的原因。

水资源的上述特点,导致我国国土的大部分地区都出现水源短缺问题,这已成为制约 21 世纪中国社会经济持续发展的重要因素之一,尤其是成为制约西北地区经济社会发展的瓶颈。

因此,认识中国水资源特点,人为有效地加以控制,以促进水资源与环境、人口、经济的协调发展,是解决21世纪中国水问题的关键。

三、水资源与人口、耕地、矿产资源分布不匹配

我国水资源在空间上分布的不平衡性与全国的人口、耕地和矿产资源分布上的差异性,构成了我国水资源与人口、耕地及矿产资源不匹配的基本特点。

1. 水资源与人口、耕地的组合特点

北方片人口占全国总人口的2/5强,但水资源占有量不足全国水资源总量的1/5,南方片人口占全国总人口的3/5,而水资源为全国的4/5,北方片人均水资源拥有量为1 127m^3,仅为南方片人均的1/3。在全国人均水量不足1 000m^3的10个省区中,北方片即占了8个,而且主要集中在华北区;在全国人均水量超过2 000m^3的13个省区中,南方片占了10个,而北方片只有3个。长江流域及长江以南地区,江河径流量占全国径流总量的81%,而耕地只占36%。黄河、淮河、海河流域径流量只占全国的6.5%,耕地却占42%。又如华北地区(京、津、冀、豫、晋)人口密集,大城市多,人口的密度为全国的3倍,工业总产值占全国的1/4,耕地占17%,而水资源仅占全国的2.3%。

就一个地区而言,水资源分布是分散的,而人口往往相对集中。尤其在城市化过程中,人口集中程度愈来愈高,并形成一些以大城市为中心的城市群。如东北以沈阳为依托的辽南地区城市群;华北以京津为依托的京津唐城市群;西北以西安为依托的关中城市群,以太原为依托的汾河盆地城市群。这些地区城市集中,人均水资源量很少,难以满足当地社会经济需求,往往要通过区域水资源调配解决。此外,有的地区即使未形成城市群,但当人口集中程度超过当地承受能力时,也会出现水资源严重不足,如乌鲁木齐市、金昌市、东胜市、铜川市以及其他一些新兴矿业城市。

由于缺乏统筹规划,水资源和土地资源都有过度开发的现象。全国地区间水资源的开发利用率很不平衡,北方的黄河、淮河、海河,开发利用率超过了50%,其中海河近90%。许多内陆河的开发利用率都超过了国际公认的合理限度40%。在黄、淮海流域,由于水资源的过度开发利用,造成海河流域的河湖干涸,黄河下游经常断流,甚至淮河中游在1999年也出现了历史上罕见的断流现象。

2. 水资源与矿产资源、工业水平的组合特点

随着社会进步和国民经济的发展,人类对资源和能源的需求量越来越大,对资源和能源的质量要求越来越高。而中国是一个资源相对贫乏的国家,煤炭资源量大,但油气资源短缺,金属矿藏资源品位较低。随着资源的开发深度逐渐延深,矿业工程用水量也越来越大。

据有关部门统计,我国矿产资源现已查明的潜在价值约5.73万亿元,其中北方片约占59%,每100亿元矿产资源拥有的水资源量为16m^3;而南方片矿产资源约占41%,每100亿元矿产资源拥有的水资源量达94m^3,后者是前者的5.8倍。各区中,华北区和西南区分别约占全国矿产资源潜在价值的42%和32%;华北区和西南区每100亿元的矿产资源潜在价值拥有水量分别为7m^3与70m^3,前者只及后者的1/10。在各省区中具有丰富煤炭资源的山西、宁夏自治区每100亿元的矿产资源潜在价值拥有的水量几乎只是西藏的1‰。可见,相差悬殊。

四、中国的缺水现状

2003年11月9日在中国地质大学(武汉)召开的水资源与城市环境国际学术会议上,专

家们对我国的缺水现状得出了一致的看法:"地下水越抽越深,水源地越来越远,远距离取水的城市越来越多,用水成本越来越高。"由于人口持续增长和经济高速发展,工农业和人民生活用水持续增加,使目前存在的水资源供求矛盾更趋激化。尤其三北(西北、华北、东北)地区缺水严重,甚至人畜饮水都出现困难。图1-2、图1-3就是西北地区严重缺水情况的真实写照。其中,图1-2所示的是一位74岁的老奶奶找不到饮用水,她是多么希望能在自己的家乡找到一点地表水啊!图1-3所示的孩子正是学龄儿童,但他却没有出现在教室里,而是牵着毛驴去驮水,因为解决人畜饮水是生存问题,生存比上学更重要。这两张图片从另一个侧面反映了我国某些地区干旱缺水情况的严重性,给人以震撼。

图1-2　74岁的老奶奶找不到饮用水　　　　图1-3　驮水比上学更重要

我国不仅水资源短缺,而且污染问题越来越突出:全国所有大中城市周边,已经没有可以直接饮用的地表水,在广大农村地区,可以直接饮用的地表水也逐渐减少。目前,我国农业灌溉区每年缺水300亿 m^3 左右,城市每年缺水60亿 m^3,我国600多个城市中有400多个城市缺水,其中严重缺水的城市达到110余个,缺水影响人口达4 000万。专家认为,治理水污染,1/3靠技术,2/3是社会学的问题。水污染的治理并不是尖端科学,除了少部分污水没有找到好的治理办法外,大部分污水都能治理。为什么有了技术却治不了水污染?每个城市都有污水处理厂,每个造成污染的大型企业都有污水处理设施,但实际效果并不理想。关于防治污染的法律法规管理问题不解决好,水污染问题就得到真正解决。

据分析估计,全国按目前的正常需要和不超采地下水,缺水总量约为300~400亿 m^3。在一般年份,农田受旱面积600万~2 000万 ha。从总体上说,因缺水造成的经济损失超过洪涝灾害。许多地区由于缺水,造成工农业争水、城乡争水、地区之间争水、超采地下水和挤占生态水。

按照国际经验,一个国家用水量超过其水资源的20%,就很可能发生水资源危机。我国

1997年总用水量为5 566亿 m³，占水资源的20%。实际上，由于我国水资源时空分布不均的自然地理特征，北方地区的水资源利用率远远超过了20%，其中海河流域通过减少多年调节水库库容、超采地下水包括超采难以恢复的深层地下水、外流域引水（引黄）、挤占生态用水等措施，使水资源利用率远远超过了海河流域的水资源合理利用阀值。

黄、淮、海平原五省二市（冀、豫、鲁、皖、苏、京、津）是我国人口密集区之一，是粮、棉、油产地，工业发达，经济繁荣。20世纪80年代末，全区水资源仅为1 424.7亿 m³，在现有水利设施条件下，中等干旱年份供水能力为613.5亿 m³，而需水量却为695.5亿 m³，缺水82亿 m³。以山西为中心，内蒙古西部、河南西部、陕西秦岭以北及宁夏回族自治区是我国的能源和重工业基地，又是全国干旱少雨、水资源缺乏地区。该地区面积110万 km²，占全国总面积的11.5%，人口6 950万，耕地1 254.26万 ha，煤的储藏量占全国的70%。因此，水资源对该地区经济发展、能源建设极为重要。根据预测，2000年全区可供水量为367亿 m³，其中利用河川径流为280亿 m³，开采地下水87亿 m³，总需水量为399亿 m³，全区缺水32.5亿 m³。

21世纪全球气候持续变暖，降雨量和蒸发率将更高。我国21世纪的粮食增长地主要在北方，而北方的蒸发量超过降雨量，产粮与水资源缺乏的矛盾将更尖锐。黄河断流、北方水资源的利用率已近极限，这些都将加剧我国水资源的供需矛盾。据预测，到21世纪30年代在需水量实现零增长之前，全国需水量将可能达到7 000亿 m³，比目前需水量要增加2 000亿 m³左右，平均每年需增加可供水量近100亿 m³，可见任务之艰巨。因此，必须严格控制人口的继续增长，同时加强用水管理，做到在人口达到零增长后，需水也逐步达到零增长。

综上所述，我国水资源与人口、耕地、矿产资源的组合状况很不理想。尤其是北方地区耕地资源、矿产资源丰富，人口稠密，而水资源占有量低。我国的西部地区虽然人口不稠密，但其显著特点是耕地资源、矿产资源丰富，工农业用水量大。所以，水是北方和西部地区今后资源开发利用和社会经济持续发展的主要限制因素，应全面深入开展区域资源优化配置和节约工农业用水的研究工作，满足社会经济对水资源的需求，确保国民经济可持续发展。

第三节　节水是缓解我国水资源短缺的重要措施

一、水资源短缺的基本形式

一般国际上把水资源短缺大致分成资源型缺水、水质型缺水、工程型缺水三种形式。

1. **资源型缺水**

所在地区水资源总量少，不能适应经济发展的需要，形成供水紧张，如京津华北地区、西北地区、辽河流域、辽东半岛、胶东半岛等地区。

2. **水质型缺水**

所在地区水资源比较丰富，但由于人为污染或破坏，导致水资源不能再利用。不是因为水资源的人均占有量不足，而是指因水源的水质达不到国家规定的饮用水或工业用水（例如锅炉）水质标准而造成的缺水，即"有水不能用"。原来，我国南方水量充沛，北方水少但也能维持某种平衡。可是现在不仅南方和北方的江、河、湖基本上都污染了（整条黄浦江和珠江的水都不能饮用），甚至连珍贵的地下水也被污染，造成合格的水资源更加紧缺。

3. 工程型缺水

从所在地区的总量来看,水资源并不短缺,但由于工程建设没有跟上,造成供水不足,这种情况主要分布在我国长江、珠江、松花江流域,西南诸河流域以及南方沿海等地区。

二、节水是缓解我国水资源短缺的重要措施

1. 我国水资源面临的主要问题——水资源紧缺与用水浪费并存

我国一方面水资源短缺,供水量不足;另一方面用水效率低下,属粗放型用水,大大加剧了全国的供水矛盾。我国的产业结构属耗水型,工业和城市生活用水仍然浪费严重。据研究,一个国家处于人均 GDP 1 000～2 000 美元的经济发展阶段时,耗水量是很大的。我国正处于工业化初期阶段,大量工业生产设备陈旧,生产工艺落后,加上管理水平低,因此,绝大多数地区工业单位产品耗水率高,水的重复利用率低。我国的用水总量和美国相当,但国民生产总值(GNP)仅为美国的 1/8。1997 年全国工业万元产值用水量 136m^3,是发达国家的 5～10 倍。工业用水的重复利用率据统计为 30%～40%,而发达国家为 75%～85%。其中,日本、美国、苏联在 20 世纪 80 年代工业用水的重复利用率均在 75% 以上。如果我国工业用水效率能达到上述国家的水平,工业用水紧张局面可以得到一定程度的缓和。目前城市生活因各种条件限制,水平还不高,人均日用水量仅达到 177m^3,县镇人均日用水量更低,只有 50～60m^3,但还是存在相当程度的浪费现象,尤其是公共用水部分,如宾馆、学校和商业等部门。居民生活也同样存在浪费用水问题。

我国农业用水效率低下,渠灌区水的利用率仅 40%～50%,而先进国家为 70% 甚至 80%。农田灌溉水量超过作物需水量 1/3 甚至 1 倍以上,印度吨稻用水量是 1 000t,而我国吨稻耗水 1 500t,如河北省承德为 1 300～1 800t。农民仍然习惯于大水漫灌,新的灌溉技术推广进度缓慢。不少学者研究指出:我国现在农业用水,如果能采取有效节水措施,可望节约用水量近 1 000 亿 m^3,潜力十分巨大。

2. 节水是缓解水资源短缺并保证国民经济可持续发展的重要举措

过去许多人认为,节约用水仅是一种应对天旱缺水情况的应急措施。现在人们已经认识到,水不再是一种取之不尽、用之不竭的免费商品,而是人类社会的一种稀缺资源。要实现人类社会的可持续发展,必须重视水资源的持续利用,坚持开源节流并举,把节水放在突出位置,以提高用水效率为核心,全面推行各种节水技术和措施,发展节水型产业,建立节水型社会。只有当全社会从这一高度来认识节水的内涵,才能真正树立节水意识,珍惜和保护有限的水资源。同时,在节约用水的法律法规建设、节水理论和技术研究、节水设备的研发方面做大量工作,必将取得显著成果。

美国《最后的绿洲》一书的作者桑德拉·波斯泰尔用大量事实证明,在不影响现代经济产量和人民生活质量的前提下,利用现有的技术和方法,农业用水可减少 10%～50%,工业用水可减少 40%～90%,城市用水可减少 1/3。可见,节约用水不仅在经济上合算,可以保护环境,而且是一种保证供水的最佳途径。我国的节水潜力还很大,然而,要实现全社会节水,建立节水型社会,任重而道远。

我国西部地区干旱缺水日趋严重,实现西部大开发,首先要解决好水的问题。节约用水不是权宜之计,而是根本对策。要全面规划节水,建立节水型社会,各部门各行业要充分挖掘其自身的潜力,研究各种先进节水技术和措施。

三、节水钻探新技术在水资源短缺的形势下应运而生

1. 钻探技术在国民经济中的作用与地位

中国是世界上最早开始进行钻探（井）工程的国家。最迟在公元前 1 世纪我们的祖先已开始有组织地钻井采盐水，同时提取地层深处的天然气用于燃烧和照明。先民们用传统的方法于清道光六年（1826 年）钻成了第一口超 1 000m 的井，被联合国教科文组织定为 19 世纪中叶前的钻井世界纪录。自 1835—1997 年沿用传统的方法（裸眼采气、竹管输气）累计产气 1.4 亿 m^3。英国李约瑟博士在《中国古代科学技术文明史》一书中认为，中国钻探科学技术对世界石油天然气勘探开发技术产生了巨大的启蒙、奠基和推动作用，在国际上领先数百年至一千多年。被誉为是继指南针、火药、造纸、印刷术之后中国古代的第五大发明。

1994 年，美国政府在"国家钻探和采掘技术（NADET）计划"中指出：钻探和采掘是石油、矿业、现代交通、地下公用设施等关键部门所急需的……，其未来的状况取决于我们钻采技术的领先程度。在高新技术流行的今天，这些并不诱人的部门的生命力对我们的持续繁荣和昌盛是必不可少的。美国的 NADET 计划，从另一个角度说明了钻探（井）工程是与国计民生息息相关、保证国民经济可持续发展不可替代的重要技术手段。钻探（井）工程的服务领域涉及到人类面临的资源、能源和环境三大主题，随着科学技术的进步和经济的高速发展，它在固体矿产资源勘探和石油、天然气、煤层气、地热、地下水的开发，工程地质勘察和生态环境研究，地质灾害的防治与环境治理，工民建和道路桥梁的基础工程，非开挖铺管工程和国防建设钻井，海洋研究及码头工程等工程领域得到广泛的应用，在国民经济中发挥着越来越大的作用。

据统计，在我国目前的技术条件下，为探明 1 亿 t 铁矿，需要完成 10 万 m 的钻探工作量；为生产 1 000 万 t 石油，需投入几百万米的钻井工程；为建设 1km 高架道路立交桥，要打上百根大口径钻孔灌注桩。近年来，为贯彻《国务院关于加强地质工作的决定》（国发 2006[4]号），克服资源短缺的瓶颈，更是大量开展深部矿产普查和钻探工作，全国地质岩心钻探的工作量逐年递增（参见图 1-4），据不完全统计，2007 年已达 500 多万米。再考虑到煤炭、冶金、有色、核工业、水电和城镇建设等部门，每年全国总的钻探工作量约为 5 000 万 m。

在 21 世纪，随着与相关学科的交叉和高新技术的引入，钻探（井）工程将展现出更强的生命力和适应性。

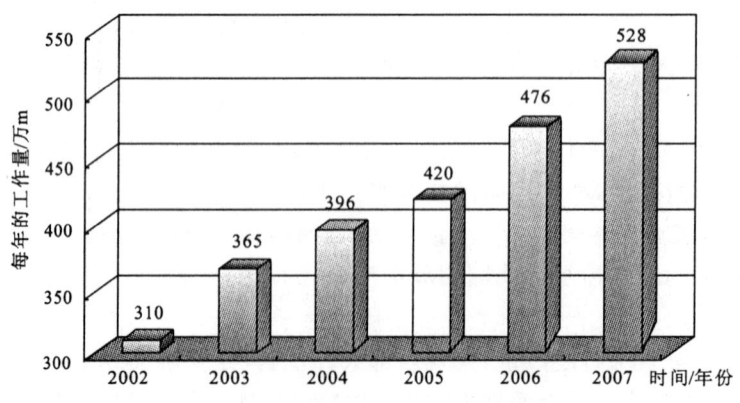

图 1-4 中国地质岩心钻探工作量年增长情况

2. 传统钻探工艺过程概述

钻探（井）工程是一个动态系统，主要由地层、钻具、钻井液及地面装备4个子系统组成。其中，钻具既向孔底钻头传递来自地面装备的钻压和扭矩用于钻岩，又是输送冲洗液的通道。为了使钻孔能向地层深部不断延伸，必须在破碎岩石的同时，借助钻井液来完成清除岩屑、冷却钻头、维护孔壁三项任务。

岩心钻探是地质构造填图、固体矿产勘探、工程地质和水文地质勘察、石油天然气勘探和各种工程施工中最常用的技术手段。下面以岩心钻探为例说明基本的钻探工作过程，以便让读者初步了解传统钻探工艺消耗水资源的情况。岩心钻探时所用的钻探设备及孔内概况全貌如图1-5所示。开钻前要在设计的孔位处平整场地，挖好钻进冲洗液的循环槽、池并安装钻塔14、钻机房15，在钻塔中安装钻机7、泵18和驱动钻机与泵的电动机19。用钻机按设计的方向开孔，然后在孔口固定井口管6。

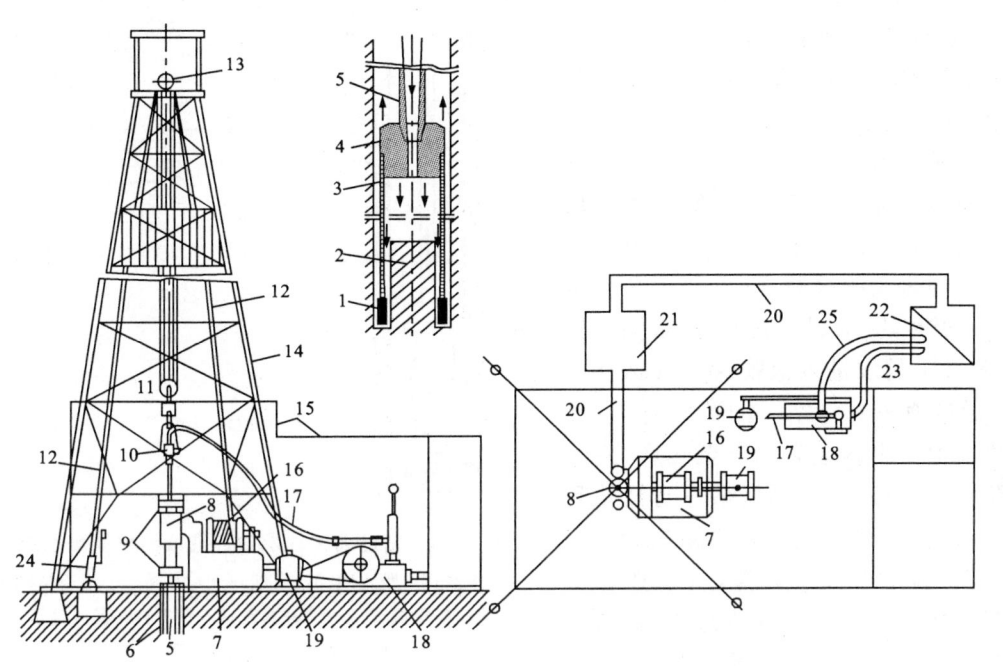

图1-5 岩心钻探全貌图

1—钻头；2—岩心；3—岩心管；4—异径接头；5—钻杆柱；6—井口管；7—钻机；8—立轴；9—卡盘；10—水龙头；11—游动滑车；12—钢丝绳；13—天轮；14—钻塔；15—钻机房；16—绞车；17—高压胶管；18—泥浆泵；19—电动机；20—沉淀槽；21—沉淀池；22—泥浆池；23—吸水管；24—拉力计；25—分流管

正常钻进时，首先用绞车16向孔内下放钻柱，钻柱由钻头1、岩心管3、异径接头4和钻杆柱5组成，各部分钻柱之间用密封的螺纹连接。上部钻杆穿过钻机回转立轴8，并用卡盘9夹持住。在钻杆柱顶端装有水龙头10，用高压胶管17把它与泵18相连。一边冲洗钻孔，一边回转，把钻头下到孔底并开始钻进。通过给进机构、调速机构和立轴向钻柱传递钻进所需的轴向压力和回转速度，使钻头在孔底钻出一个环形空间，并产生了岩心2，随着钻孔加深，岩心将充满岩心管3。

为了冷却钻头，清除孔底破碎下来的岩屑并把它带至地表，要用冲洗介质冲洗钻孔。一般在稳定地层中钻进时,可用技术水作为冲洗介质,而在不稳定的岩层中钻进要用泥浆。用泵经过吸水管23把冲洗液从泥浆池22中吸出,通过高压胶管17、水龙头10和钻杆柱5压向孔底。冲洗液清洁孔底、冷却钻头切削具后,携带着岩屑沿钻孔上返流出孔口,再沿沉淀槽20、沉淀池21流动,在这里清除掉岩屑后,清洁的液体流回泥浆池22。再从这里压向孔内,如此循环。

岩心充满岩心管时,应可靠地卡取岩心。然后关泵,通过绞车16、钢丝绳12、天轮13和游动滑车11把钻杆柱提至地表。把钻具提至地表后,从岩心管内取出岩心并及时更换新钻头。生产中使用最广泛的钻孔冲洗方式为全孔正循环:来自泵的冲洗介质通过钻杆柱中心进入孔底,由钻头水口处流出,经钻杆与孔壁环状间隙上返至孔口,流入地面循环槽中。

从上面的描述可以看出,如果用传统的钻探工艺在地层漏失而又缺水的地区钻进,则为排粉和冷却钻头所需的冲洗液(水或泥浆)可能全部都会漏失到地层中去,从而消耗大量地表水。如图1-6所示,钻进过程中参与循环的冲洗液要与孔壁接触,而在许多地区,尤其是干旱地区,孔壁一般都有大小不等的裂隙,或者钻孔就位于漏失地层中。当地表泵柱塞5反向行程时,吸水阀2打开,水池1中的水被吸入到地表泵的泵腔3中;地表泵柱塞5正向行程时,吸水阀2关闭,排水阀4打开,泵腔3中的水进入橡胶管6及钻杆内腔7。通过地表泵柱塞5的往复运动,便不断把水池1中的地表水送至孔底,用于排除岩粉和冷却钻头,再从钻杆与钻孔间的环状间隙10中上返,遇到漏失地层9后,全部从地层裂隙中渗漏,所以在孔口根本没有冲洗液上返。也就是说,钻探过程中地表水的消耗量等于地表泵的泵量。以钻探$\Phi 108$的钻孔为例,所需地表泵的泵量约为90L/min,即一个小时要消耗5 400L的地表水。

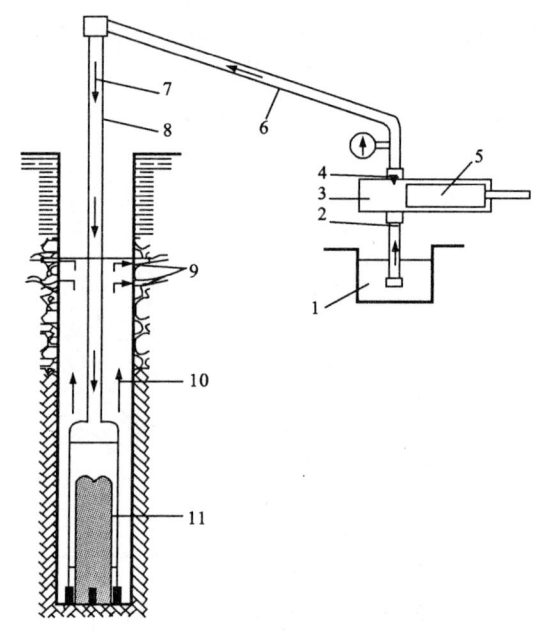

图1-6 钻进漏失地层时冲洗液消耗情况示意图
1—水池;2—吸水阀;3—泵腔;4—排水阀;5—地表泵柱塞;
6—高压胶管;7—钻杆内腔;8—钻杆;9—漏失地层;
10—钻孔外环状空间间;11—岩心

还有一种情况,当冲洗液除砂效果不好而不能循环利用时,只能按照操作规程要求全部更换冲洗液(水或泥浆),从而也会造成大量地表水的浪费。

3. 节水钻探是一项在缺水地区经济实用且效果显著的新技术

近年来,随着国家地质大调查战略的实施,地勘行业快速复苏,钻探工作量剧增,尤其是西部大开发必须在干旱地区及交通不便的山区投入大量钻探工作量。传统的钻探工艺必须消耗大量地表水,随孔径的不同地表水用量为80~150L/min。因为干旱地区浅部漏水,不能形成循环,则每小时浪费4.8~9t水。所以,在西部干旱缺水地区打钻,用汽车从远处拉水或通过多级泵站从山下长距离送水的现象司空见惯,钻机为等水而停工的现象时有发生。例如,宁夏金场二人山矿区严重缺水,为保证正常钻探,每台钻机配备两台运水车,雇佣4个司机24h不断为钻机运水,往返 90km,日供水量仅够钻机工作 6h,其他时间处于停工等水状态,台月效率仅 100m。据介绍,在有些地区钻一个 200～300m 的小口径钻孔,仅运水的费用就高达 15 万元,致使钻探成本居高不下。黄河水利委员会设计院地质勘探总队在吉县进行黄河坝址勘察钻探时,经多级泵站架设 4～5km 的管道从远处输水到钻场,当气温下降时,经常因输水管结冰而使钻探现场停工。

在地层漏失的条件下,如果进行堵漏,不仅耗费资金,而且易造成地下水环境污染。另外,有些专用的工程孔和矿层开采孔是不允许进行地层堵漏的,只能顶漏钻进,眼睁睁地看着宝贵的地表水被泵入孔内而"一去不复返"。因此,在新形势下,研究适用于干旱缺水地区的节水钻探新技术,不仅可以节约大量宝贵的地表水,降低钻探成本,同时可以在很大程度上缓解水资源短缺问题,是建设"资源节约型""环境友好型"社会的具体体现,具有重要的经济价值和广泛的应用前景。

我们研究的节水钻探新技术针对西部地区虽然地表干旱无水、地下浅部漏水,但往往深部有水的特点,以传统的钻探设备和普通回转钻头为基础,在钻具创新上下功夫,在提高钻探效率的同时,取得既节水 5～10 倍以上,又提高钻探效率的效果。

第二章 干旱缺水地区现有的节水钻探方法

如果在干旱缺水地区不可能为顶漏钻进提供大量地表水,则只能采用以下几种现有的节水钻探方法:一是无泵反循环钻进,它基本可以不消耗地表水,但在钻进过程中要频繁升降钻具,靠球阀的动作来形成孔底局部反循环达到冷却钻头、排除岩粉的目的,钻进效率较低,而且不能用于坚硬岩石;二是采用空气、泡沫等不含水或含水量极少的冲洗介质进行全孔循环,达到冷却钻头、排除岩粉的目的,它具有钻探效率高、钻头寿命长、保护低压油气层、适合于沙漠等干旱地区及严重漏失地层等优点。近年来,空气、泡沫钻探技术在石油天然气勘探开发中应用广泛,同时在水文水井钻探及矿山爆破孔的施工中也有较为广泛的应用。然而该技术需增添大型设备,一次性投入大,在山区搬运困难,对操作人员的要求较高;此外,发泡剂一般对环境都有一定的损害。因此,空气、泡沫钻进技术,尤其是后者,在小口径地质钻探和工程地质钻探中并未大规模应用。

与空气钻进相比,泡沫钻进技术的历史更短。20世纪80年代中后期,我国首先在石油部门进行泡沫洗井、泡沫钻进的试验研究,然后逐渐在地质岩心钻探中也开始应用。90年代末,出现了泡沫钻井的一个重要应用领域——"欠平衡钻井",它对保护储层和提高石油、天然气开采量非常有效,而且发展很快。考虑到泡沫钻进技术的内容较多,为使各章篇幅基本均衡,本书把泡沫钻进技术单独列章论述。

第一节 无泵反循环钻进

无泵反循环钻进原本是为难取心地层提高岩矿心采取率而设计的。即在钻进过程中冲洗液的循环流动不是依靠水泵的压力,而是利用孔内的静水压力和上下提动钻具在孔底形成局部反循环,实现冲洗孔底(排粉与冷却)的钻进方式。由于它在钻进过程中不必开泵从地表往孔内送水(或泥浆),仅利用孔内的静水压力和上下提动钻具来形成孔底局部反循环,钻进时基本不消耗冲洗液,因此很适宜在干旱缺水或供水困难的地区使用。

一、无泵反循环钻进的工作原理及特点

无泵钻具与普通钻具的结构略有不同,即在异径接头上加一个开有反水孔的短钻杆,在短钻杆中装有止逆球阀。使用这种钻具时,不用水泵送水,但在回转钻具的同时,需不断地提动钻具,使岩心(岩屑)与钻具之间发生相对的往复运动。图2-1所示的无泵钻具在导粉管6内装有球阀5,上部有排砂孔7和给球阀限位的销钉8。图2-1(a)表示向上提动钻具到一定高度H,图2-1(b)表示快速把钻具下放至孔底。当上提钻具时,球阀5关闭,粗径钻具有类似活塞的抽吸作用,将混有岩粉的冲洗液自孔底抽吸到岩心管内。而当钻具突然下放时,被抽吸

到岩心管内的冲洗液,在岩心及岩心管内沉淀物(相当于活塞)的挤压作用下,顶开球阀,通过出水口,返回钻孔中,而岩粉则沉淀于导粉管中。在钻具的反复提动下,孔底的冲洗液出现间断的反循环流动,使孔底的岩粉不断地带至导粉管或沉淀于取粉管中,起到清洁孔底岩粉和冷却钻头的作用。回次终了时,利用干钻和岩粉沉淀的方法卡塞岩矿心。

从无泵钻进的工作过程可以看出,这种钻进方式具有以下优点:

(1)具有反循环冲洗的特点,但液流循环的强度比较弱,减小了冲洗液对岩矿心的冲刷;

(2)由于孔底反循环是间断的,因此岩心管内的岩粉沉积于岩矿心的周围,在钻具回转力的挤压下,岩粉在岩心表面形成致密的保护壳(俗称泥包),对岩矿心起保护作用。

无泵钻进的缺点是岩心表面污染严重,钻进效率低,劳动强度大,不适宜在深孔中使用,钻进中容易出事故。

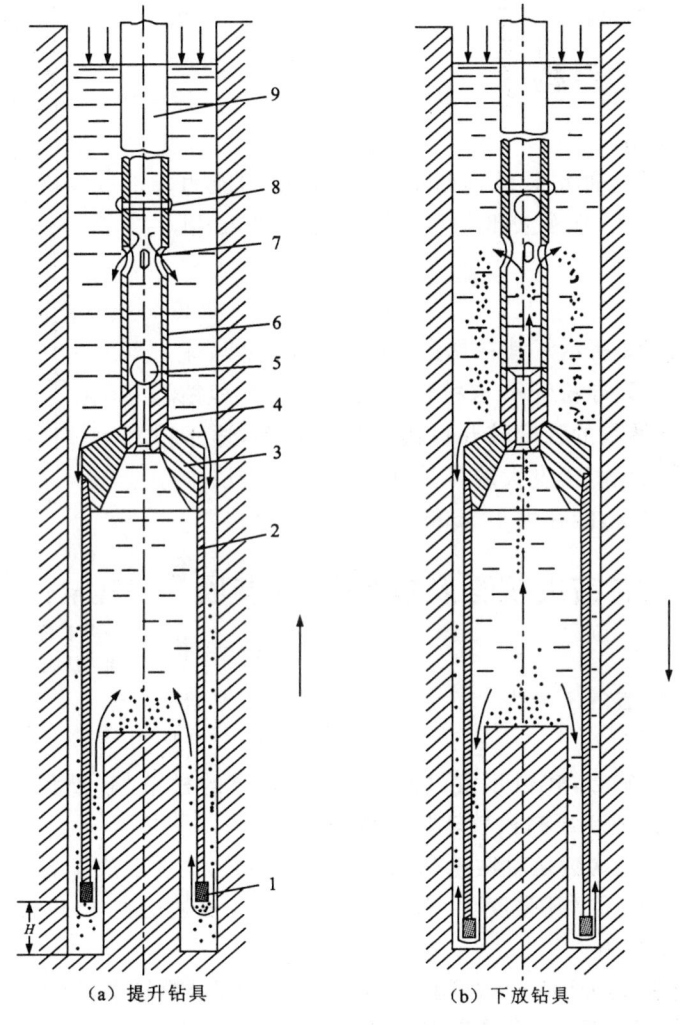

(a) 提升钻具　　　　(b) 下放钻具

图 2-1　无泵反循环钻进工作原理示意图

1—钻头;2—岩心管;3—异径接头;4—钻杆接头;5—球阀;6—导粉管;7—排砂孔;8—销钉;9—钻杆

二、无泵反循环钻进的适用范围

(1)可钻性Ⅰ～Ⅳ级的松软、脆、碎复杂岩矿层,如磷矿、钼矿、铅锌矿、黄铁矿等。

(2)松软或片理发育、倾角较陡、易坍塌的岩矿层,如可钻性Ⅱ～Ⅴ级的风化岩矿层。

(3)怕冲蚀、溶蚀的岩矿层,如岩盐等。

无泵钻具虽然可以在基本不消耗地表水的前提下钻进,但一般只适用于深度小于150m左右的浅孔。由于无泵反循环钻进须频繁提动钻具,缩短了钻头与岩层的接触时间,钻速较低,出现孔内复杂工况、甚至事故的可能性较大,而且基本不能用于坚硬岩石钻进。

三、无泵钻具的结构

1. 开口式无泵钻具

如图2-1所示。这种钻具结构简单,收集岩粉的能力强,但钻杆上开有回水孔,强度较低,只适用于钻进150m以内的浅孔。

2. 闭式无泵钻具

钻具结构如图2-2所示。其钻具由钻头8、岩心管7、球阀6、特制岩心管接头5、导粉管4、取粉管3、导水接头2和钻杆1组成。闭式无泵钻具的强度较开口式无泵钻具高,适于在破碎、松散、黏性大、相对密度大的可钻性Ⅵ级以下岩层中钻进,同时可装较多岩粉,能在大于150m的深孔中使用。

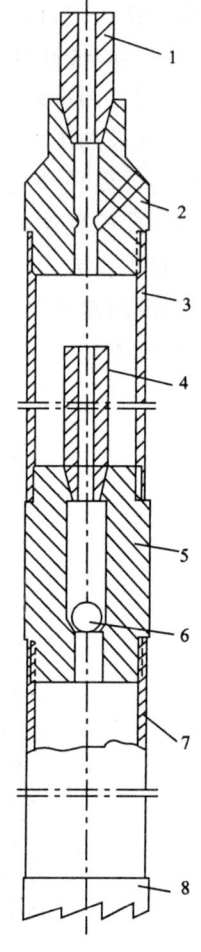

图2-2 闭式无泵钻具
1—钻杆;2—导水接头;3—取粉管;
4—导粉管;5—特制岩心管接头;
6—球阀;7—岩心管;8—钻头

四、无泵钻具的钻进规程及操作注意事项

1. 钻进规程

钻压:钻进松软地层的压力为1.5～2.0kN,钻进较硬岩层的压力为2.0～4.0kN。

转数:为了保护岩矿心,转数不宜过高,根据岩矿层的松散、软硬程度,立轴转数一般在100～200r/min之间。岩矿层越松软转数应越低。

钻具提动次数:提动次数是对钻速有很大影响的参数,主要取决于岩矿层的性质。若岩矿层松软,岩粉量多,需要反循环强度大,则提动次数多,一般岩层在15～25次/min之间,较硬岩层在8～15次/min之间。

提动高度:一般在50～100mm之间。钻进软岩层时,岩粉较多,提动应高一些,以加大反循环的强度。钻进较硬岩层时,提动高度稍低。钻孔越深,钻杆弯曲影响越大,提动高度应适当增加。

2. 操作注意事项

在无泵钻进中,如停止提动,相当于中止循环,容易造成埋钻。因此,在停车、倒杆、松卡盘等作业时,动作要快,避免停钻时间过长。

孔内静水位必须超过粗径钻具高度。

由于采用干钻取心,岩心卡塞不一定完全可靠。因而在提钻过程中应竭力避免钻具碰撞,防止岩矿心脱落。

第二节 空气钻探技术

一、空气钻探技术的发展背景及应用领域

空气钻探用压缩气体代替冲洗液作为钻进中的循环介质来冲洗钻孔,冷却钻头,将岩屑从孔底带起并排至地表,是干旱缺水地区现有的高效钻探方法之一。

用空气(或天然瓦斯)作为循环介质是从石油天然气钻探开始的。美国1908—1909年就作过尝试,到20世纪40年代后期开始取得效果,50~60年代应用面不断扩大。1960年美国在地热钻探中开始应用空气钻进,在得克萨斯州油气钻探中用空气钻进井深达到5 683.4m。这期间美国和加拿大开始应用了气动冲击器钻进,并发展了泡沫钻进,使空气钻探技术日臻完善,并向欧洲、西亚及世界各地推广。美国于20世纪70~80年代,开始将空气钻进和泡沫钻进向铀、金、铜等固体矿产和煤田钻探领域发展,这期间发展了潜孔锤、双管反循环中心取样钻进技术(简称"CSR"——Center Sample Recovery)。在水井施工基岩时,广泛采用潜孔锤钻进,在第四系地层和较深的大口径孔中发展了气举反循环钻进技术。

苏联于20世纪50年代开始发展空气钻探技术,首先应用于岩心钻探、水文地质钻探和震源孔施工。60年代初,钻进工作量即达10万m以上。苏联在空气钻进技术的理论研究和试验研究方面做了大量工作,包括用不同钻头(硬质合金、金刚石、牙轮钻头)的钻进工艺和气态循环运动规律等。由于苏联国土辽阔,冻土层面积大,复杂地层多,因此长期以来致力于发展空气钻探技术,并且根据全国地层复杂程度,规划了全版图适合空气、泡沫钻进的地域分布图。

日本利根公司为了节约用水,曾于1939年发明了"气水混合物钻进法",并获得专利权。气水混合钻进(后来有称雾状气钻进)当时可节约用水4/5,同时还发现,这种方法能够有效提高钻进速度。

瑞典、德国和英国等采矿业发展较早的国家,其空气钻探技术与空气压缩机的发展密切相关。因此,凡是采矿业和空气压缩机产品先进的国家,其空气钻探技术也发展得较早和较快。

综上所述,空气钻探技术的主要应用领域在如下几个方面。

(1)可用于干旱缺水地区、山区和严重漏失带钻探。如沙漠、半沙漠、戈壁和岩溶等地区供水非常困难,无法用液体循环方法钻进的地区。近年来,全世界每年有超过600万ha土地发生沙漠化,在沙漠化地区采用空气钻探技术是最好的选择。

(2)可用于泥浆钻进易发生溶蚀、坍塌失稳的复杂地层,如水敏性岩矿层、盐类矿床和湿陷性黄土层等。

(3)可用于忌用液体循环钻进的大面积永冻层(包括覆盖层和岩层)。例如,西伯利亚诺尔德维克永冻层覆盖了陆地面积约20%,厚度达600m,温度为-40~-50℃。在这种条件下,

任何防冻泥浆都无济于事。

（4）可用于某些忌用液体循环作业的钻孔。如钻进低压油气层和含水层时，为保护产层，必须采用空气钻进；某些露天煤矿钻探、矿山爆破孔和抗滑锚固孔施工，亦要避免使用泥浆。

（5）可用于常规液体循环回转钻进效率不高的钻孔，如在坚硬岩层中，可用空气潜孔锤大幅度提高钻速，缩短工期。

二、空气钻进的工作原理及特点

泥浆钻进时，液柱压力对岩石破碎效果将产生影响。孔内的液柱压力将给孔底破碎穴处的裂纹扩展和剪切体崩离造成阻力。也就是说，孔内液柱与岩层孔隙水的压力之差对破岩效率有显著影响。因此采用传统钻进方法时，一要保证钻头上有足够的轴向压力；二要尽量使用低密度、低固相的冲洗液，使孔底的压力差达到最小。而采用空气作为钻进过程的循环介质时，由于空气对于井底岩石表面不产生液柱静压力，使岩石受力状态得到改善，有利于孔底破碎穴处的裂纹扩展和剪切体崩离，从而提高岩石破碎效率。另外，由于空气本身的黏度小，又以高速吹过井底，使井底净化程度提高，几乎没有重复破碎。实践证明，与传统的泥浆钻进相比较，空气钻进的效率明显提高，尤其在硬岩钻进和深孔中，空气钻进的效率更为显著。

由于压缩空气经过钻头时压力骤然降低，必然要在此周围吸收热量，于是切削具和岩石的摩擦热就被吸收（有时达到结冰程度）。这样不但防止了烧钻，而且使切削具处于非常有利的工作环境，从而提高了破岩效果，延长了钻头的进尺。和一般钻进方法比较，钻头寿命可提高10倍以上。

在水文水井钻探中，使用空气钻进时，作为循环介质的空气不污染岩石和井壁，这不仅对洗井、抽水工作有益，而且可以获得正确的水文地质资料。

空气钻进不仅可在干燥的稳定地层中获得很高的效率，就是在裂隙含水层（例如涌水量达38t/h 的裂隙发育和多洞穴的碳酸盐岩地层）亦被证明能成功的进行钻进。但空气钻进在潮湿、黏性地层中却出现困难。在潮湿及黏性的地层中使用空气钻进时，因粗径钻具的上部区段易发生较大颗粒的岩粉聚积在井壁上，岩粉的不断聚积便逐渐形成一团固结的硬块，叫做"泥环"。钻杆上亦有泥团黏结，从而影响空气畅通，最终导致气流中断，甚至影响钻头、钻具的提升，这是空气钻进的最大问题。

针对这一问题，研究人员尝试过很多解决方法，最有效的方法是"泡沫钻进"（详见本书第三章内容），它很容易携带岩粉排至地表，从而消除"泥环"的产生。除此之外，根据空气钻进所遇条件的不同，还可以向压缩空气中加入一些干燥剂，燥化井壁（一般用于薄的潮湿地层），使钻进能够顺利通过。有时要向井内注入一定量的水和泥浆，它们与压缩空气形成雾状。这种方法对于潮湿地层或涌水量较小的含水层可以收到一定效果。而当地层严重漏失时，也可以使用以泥浆为主加入压缩空气进行循环，成为充气泥浆钻进。与压缩空气有关的钻进循环介质搭配方法归纳于表 2-1。

表 2-1 与压缩空气有关的钻进循环介质搭配方法

循环介质	空气	雾化清水	雾化泥浆	泡沫钻进	充气泥浆
介质作用原理	空气气举作用排除岩屑、岩粉	空气气举排粉,雾体(水珠、水泡)排除潜水。水分润湿孔壁	空气气举排粉,液体保护钻孔,并帮助排除岩粉和排除潜水	泡沫起排粉作用,空气起增加气泡和冲洗液体积的作用	泥浆排除岩粉,空气注入泥浆以减轻液柱压力
气液比例	—	2 000:1～3 000:1	2 000:1	100:1～300:1	10:1～30:1
功效	用干空气可以取得很高的钻速	空气快速钻进,雾体帮助排除潜水、润湿地层	空气快速钻进,平衡不稳定地层,排粉排水效果优越	大口径钻孔排粉能力好。平衡不稳定地层	减轻液柱静水压力,克服循环液漏失
采用的设备系统类型	高能量系统	高能量系统。高风量以便能清除潜水和岩粉	高能量系统。高风量,有足够的泥浆保护钻孔	甚低能量系统。小风量与小泵量	甚高能量系统。大风量与大泵量

第三节 气动冲击-回转钻进技术

一、气动冲击-回转钻进技术概述

气动冲击-回转钻进属于空气钻进技术的一个分支。这时压缩空气既作为洗井介质,又作为破碎岩石的能量。用地面钻机通过钻杆对孔底施加压力和扭矩,带动钻头回转切削岩石,同时用压缩空气驱动孔底冲击器(潜孔锤)对岩石进行冲击破碎,即实现冲击-回转钻进。完成冲击功的压缩空气从孔底返回时冷却钻头,并携带孔底岩屑向上运动,排至地表。

20 世纪 40 年代末,气动潜孔锤开始出现在采矿业中,以后很快从矿山、工程施工发展到水井、浅层油气井及固体矿床钻孔中,现已拓宽到土层、岩石层锚杆,工程灌浆孔,非开挖铺管等领域。气动潜孔锤钻进技术不仅可与雾气、泡沫、气液混合等介质配合使用,而且还可以与不同工艺方法(如跟套管钻进、反循环钻进、中心取样 CSR 等技术)配合,从而形成了在多种复杂地质条件下,克服各种施工困难的多工艺空气潜孔锤钻进技术。在西方发达国家,如美国,在空气钻进中遇到硬岩层(包括卵砾石层)时,几乎 95% 以上都使用潜孔锤,而我国起步较晚。目前,气动冲击-回转钻进的钻孔直径可以从 65～762mm,如果采用闭式压气循环或集束式潜孔锤,钻孔直径可达 1 500mm,甚至更大。气动潜孔锤钻进深度受地下水位和出水量影响较大,目前钻进的最大深度是 1980 年南非金矿钻探的 859m。机械钻速在花岗岩、灰岩中可分别达到 20m/h 和 40m/h,而转速一般不超过 60r/min,钻压和扭矩也较小。

归纳起来,气动冲击-回转钻进具有下述优越性:
(1)动力密度小,对孔底岩石压力小,碎岩比功小,冲击能量大,钻进效率高,钻头寿命长;
(2)有利于在无水、缺水地区和漏失地层钻进,不受季节限制,在冬季或冷冻地区可以使

用;

(3)空气介质对地层、岩心的污染小;

(4)消除了冲洗液在钻进时对孔壁的冲刷,有利于孔壁的保护,可避免水敏性地层钻孔缩径、坍塌以及岩石天然结构的破坏。

气动冲击-回转钻进的不足之处在于:

气动潜孔锤钻进能力受空压机能力的限制,尤其是遇到含水层时,效果显著下降,当涌水量较大时,因空压机能力不足,循环可能中止。

二、气动潜孔锤的结构及工作原理

气动潜孔锤有不同的分类方式,根据配气类型可分为有阀式和无阀式两种。有阀式又分为板状阀、蝶状阀和筒状阀三种,无阀式可分为中心杆排气、活塞配气及联合配气三种。无阀式潜孔锤能够利用压气的膨胀功推动活塞继续运动,从而减少了动力气的消耗。与有阀式潜孔锤相比,其耗气量可节省30%。此外,无阀式潜孔锤零件少、结构简单、加工方便、寿命长,对气压的适应性强,工作稳定;而有阀式潜孔锤耗气量大、寿命短,对气压的适应性差,工作不稳定。

1. 有阀式潜孔锤

这类潜孔锤由配气机构的阀片控制气体推动活塞上下运动。有阀式潜孔锤按照排气方式又分为旁侧排气和中心排气两种。目前使用较多的是中心排气式。即在缸体中做完功的废气从钻头中心孔排出。虽然这种潜孔锤结构比较复杂,加工要求较高,但排除岩粉的效果较好,故可降低钻头磨耗和提高钻进效率。

属于这种类型的气动潜孔锤在我国使用较多的是J系列(如J-80、J-100、J-150、J-200、J-250)和CZ系列等,常用的国产有阀式气动潜孔锤技术性能参数见表2-2。

2. 板状阀式潜孔锤

现以常用的J-200B型板状阀式潜孔锤(图2-3)为例,来说明中心排气式潜孔锤的结构和工作原理。

(1)排气机构及工作原理。潜孔锤工作时,压气由接头1及止逆阀19进入缸体并分成两路:一路直

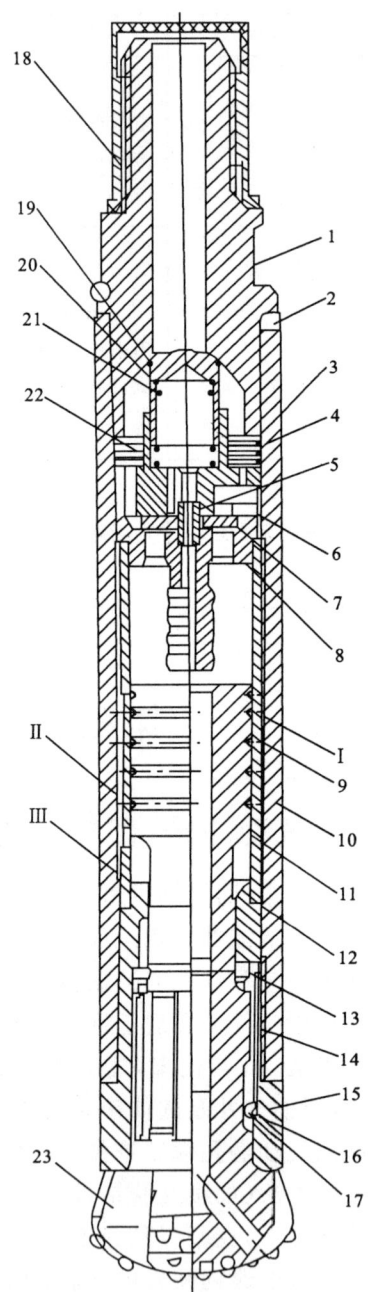

图2-3 J-200B型潜孔锤

1—接头;2—钢垫片;3—调整圈;4—碟簧;5—节流塞;6—阀盖;7—阀片;8—阀座;9—活塞;10—外壳;11—内缸;12—衬套;13—柱销;14—弹簧;15—卡钎套;16—钢丝;17—圆键;18—密封圈;19—止逆阀;20—弹簧;21—磨损片;22—配气杆;23—钻头

吹排气路经阀座8、配气杆22、活塞9的中孔通道以及钻头23的中心孔,进入孔底直接吹洗孔底岩粉;另一路是气缸工作配气气路,压气进入具有板状阀片7的配气机构,并借助配气机构的配气,实现活塞的往复运动,来自活塞的冲击能通过钻头直接传到孔底岩石。止逆阀19能防止在停风停机状态钻孔中的含尘水流进钻杆,不会影响潜孔锤工作及损坏零件。

(2)防空打机构及工作原理。钻具未到孔底处于悬吊状态时,潜孔锤不应该工作(即所谓"防空打"功能)。用防空打孔Ⅰ来实现这一功能。当潜孔锤处于悬吊状态时,钻头23及活塞9均借助于自重向下滑行一段距离,则防空打孔Ⅰ露出,于是来自配气机构的压气被引入缸体,并经活塞中心孔通道及钻头孔道流入孔底,使潜孔锤自行停止工作。

(3)配气机构及工作原理。配气机构由阀盖6、阀片7、阀座8及配气杆22等组成。配气原理可用返回行程和冲击行程两个阶段来说明。

1)返回行程工作原理。返回行程开始时,阀片7及活塞9均处于下限位置,压气经阀片7后端面、阀盖6上的轴向与径向孔进入内外缸间的环状腔Ⅱ,并至气缸前腔,推动活塞向上运动。此时,气缸上腔经活塞9及钻头23的中心孔与孔底相通,活塞9在压气作用下加速向上运动。当活塞9端面与配气杆22开始配合时,上腔排气通道被关闭,并处于密闭压缩状态,于是活塞开始做减速运动。当活塞杆端面越过衬套12上的沟槽Ⅲ时,进入下腔的压气便经过钻头中心孔与大气相通,在压差作用下,阀片迅速移向上侧,关闭了下腔进气气路,开始了冲击行程的配气工作。

表 2-2 常用有阀式气动潜孔锤技术性能参数表

型号 项目		J-80	J-150	J-200B	J-250B	JC-100	JC-150	C-80	C-150	CZ-120	CZ-170
钻头直径/mm		85	155、160、165	205、210、215	255、260、265	105、115	152、165、178	90	155	120	170
外径/mm		76	136	188	215	95	136	78	137	92	146
全长/mm	钻头伸出	845	980	1 299	1 474	1 100	1 400				
	钻头缩进	793	930	1 249	1 426	1 071	1 366	500	573	990	1 200
活塞结构行程/mm		120	120	120	125	120	145	91	100	140	125
活塞质量/kg		3	7.8	19.4	29.7	5.02	14.3	1.5	4.4	4.6	8.8
活塞直径/mm		54	92	130	155	66	97	55	84	65	100
单次冲击能/J		69	206	520	686	180	440	66	100	140	280
冲击频率/Hz		15.5	16	17.2	12	20	18	27.5	20.8	13.3	15.5
耗风量/(m³/min)		6	11	24	30	6.6	12.7	5	12	7	15
风压/MPa		0.63	0.63	0.63	0.63	1.05	1.05	0.5	0.5	0.5	0.5
配气方式		有阀式									
总质量/kg		22	85	195	298	42	116	11.5	47	34	90

2)冲击行程工作原理。冲击行程开始时,活塞和阀片均处于极上位置,压气经阀盖和阀座的径向孔进入气缸上腔,推动活塞高速向下运动冲击钻头。当活塞行至衬套的花键槽被关闭时,下腔压力开始上升,于是活塞上端中心孔离开配气杆,使上腔通大气,压力降低,工作行程

结束。当活塞冲击钻头尾部后,阀片因其上下压差作用,进行换向,活塞重复返回行程动作。

3. 碟状阀式潜孔锤

为了便于理解配气机构的工作原理,下面介绍一下主要用于美国英格索兰公司 DHD 系列气动潜孔锤的压差式斜面碟状阀配气装置。

所谓压差式是以气动冲击器活塞运动方向的前方增压、后方减压所造成的压力差来实现阀的变位,从而达到配气的目的。如图 2-4 所示。配气阀由阀箱 1、阀片 2 和阀座 3 组成。碟状阀片为圆形,两面带有斜面,靠阀片左右摆动实现阀体变位。

压缩空气 P 由气动潜孔锤上接头进入气室 A,经已开启的左侧气孔沿 B 向进入下气室,推动活塞上行。产生压差后,碟状阀片在压差作用下摆动变位,阀的右翼开启而左翼盖严。于是压缩气体经开启的右侧气孔沿 C 向进入上气室,推动活塞向下运动产生一次冲击作用。如果活塞串联使用时,C_1 孔道的压气进入下一个活塞的上气室,推动活塞向下冲击做功。压缩气体的少部分经配气阀中心孔、活塞中心孔流入孔底,冲洗岩粉。

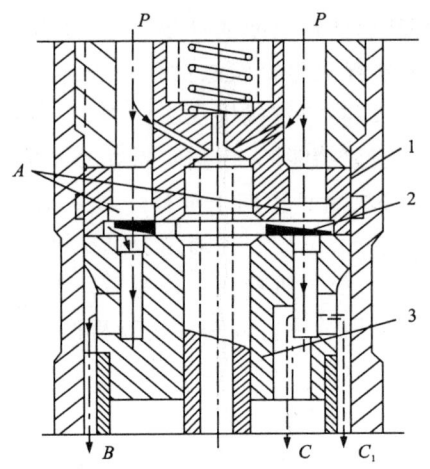

图 2-4 斜面碟状阀配气装置
1—阀箱;2—阀片;3—阀座

活塞向下冲击又产生压差,阀片又摆动变位,开始第二个循环工作。

压差式斜面碟状阀配气装置动作灵敏可靠,但阀片加工较困难。

4. 筒状阀式潜孔锤

近年来,石油天然气行业大量采用大口径气动潜孔锤钻井技术,其中用得较多的筒状阀式潜孔锤如图 2-5 所示。

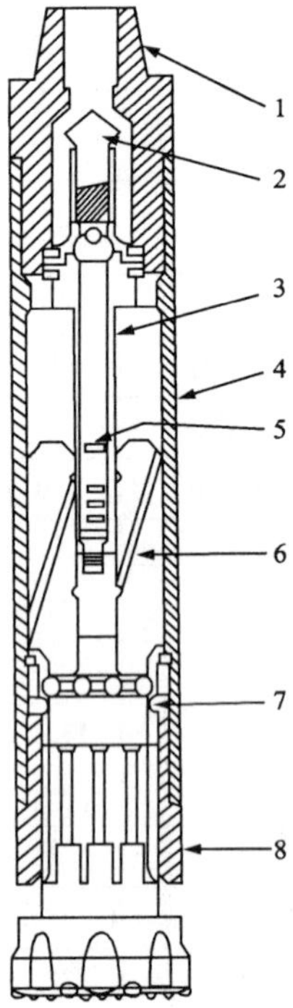

图中表示的是提离井底的潜孔锤(钻头的台肩没有和传动接头台肩连在一起)。此时,压缩空气从连在潜孔锤上端的公接头流向钻头,并没有激发活塞运动(即完成吹洗、清理井眼的工作)。当潜孔锤放到井底同时钻压加到潜孔锤上时,钻头接头就会被压紧到潜孔锤内部的密封舱上,直到钻头的台肩和传动接头台肩连在一起。这个过程使得活塞的一个通气口(流体通过活塞的流道之一)对准一个筒状阀的窗口,使得压缩空气能够流到活塞底部的空间,推动活塞在潜孔锤腔内逐渐向上运动。在活塞的上行程中,没有空气通过钻头接头流到岩石面上。实际上,岩屑的传送在活塞的上行程中暂停了。

当活塞到达冲程的顶部时,另一个活塞的通气口对准了一个筒状阀的窗口,使压缩空气填充到活塞上

图 2-5 石油钻井用筒状阀式潜孔锤
1—上接头;2—回流阀;3—控制杆;4—活塞缸;5—控制杆窗口(4个);6—活塞;7—铁环;8—传动接头

方的空间。空气流迫使活塞向下运动,直到活塞撞击到钻头接头的上方。与此同时,空气流到活塞上方的空间,筒状阀底部的底阀打开,钻柱内部的空气通过筒状阀、钻头接头以及钻头喷嘴射向井底岩石面。压缩空气排出时把钻头钻进过程中产生的岩屑带走,并且沿着环形空间向上送到地面。

潜孔锤施加给钻头的冲击力使得钻头在岩层上旋转破岩的效率大大提高。这种依次轮流的冲击,使得潜孔锤能够以较低的钻压钻进。比较典型的是,外径 $6\frac{3}{4}$in①的空气锤与外径 $7\frac{7}{8}$in 的潜孔锤钻头配合钻进,可用 1 500b②(磅)的低钻压正常钻进。

这类潜孔锤在井下工作时必须保证配气阀和内腔运动的活塞表面得到及时的润滑,为此可以把润滑剂直接注入到钻井时压入的空气中。另外,这类潜孔锤仅在直井作业使用。

5. 无阀式潜孔锤

无阀式潜孔锤控制活塞往复运动的配气系统布置在活塞或气缸壁上,当活塞运动时,自动进行配气。其特点是:利用压气的膨胀功,推动活塞继续运动,从而减少了动力气的消耗;取消了复杂的配气机构,代之以简单的配气气路,气道路程短,气压损失小;潜孔锤的零件有大致相近的使用寿命,使维修工作得到简化和改善。

现以国产典型的 W-200 型无阀式潜孔锤为例来说明其结构和工作原理。如图 2-6 所示。压缩空气经上接头 1、止逆塞 4 进入进气座 7 的下腔,然后气体分成两路:一路经进气座 7 的中心孔道和节流塞 10 进入活塞 11 和钻头 16 的中心孔道至孔底冷却钻头和清除岩粉;另一路气体进入外缸 9 和内缸 8 间的环形腔,此腔为活塞运动的进气室,推动活塞上下运动。位于进气室的气体,经内缸上的径向孔以及活塞上的环形气槽进入下缸时,活塞开始返程向上运动。

当活塞上移关闭进气气路时,活塞靠气体膨胀运行;当下缸与排气孔路相通时,活塞靠惯性运行。故对无阀式潜孔锤而言,其返程包括进气、压缩空气膨胀、活塞惯性滑行三个阶段。同理,活塞在冲程过程中,首先气体经活塞上的环形气槽进入上缸,然后,也经历冲程进气、压缩空气膨胀、活塞惯性滑行三个阶段,完成

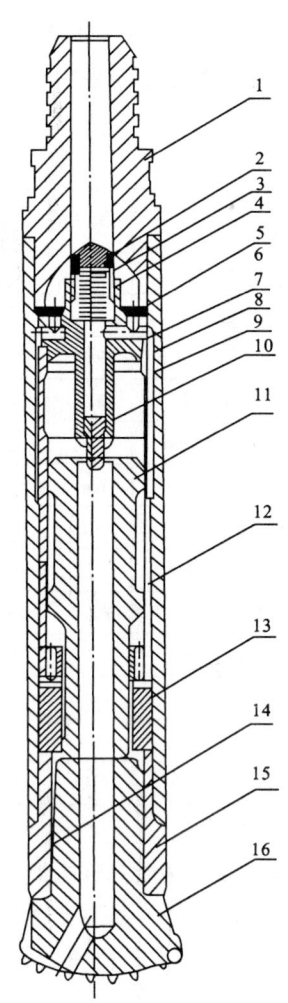

图 2-6 W-200 型无阀式潜孔锤

1—上接头;2—密封圈;3—弹簧;4—止逆塞;5—垫圈;6—密封垫圈;7—进气座;8—内缸;9—外缸;10—节流塞;11—活塞;12—隔套;13—导向套;14—圆键;15—下接头;16—钻头

---

① 1in=0.025 4m,下同。

② 1b=0.453 592kg,下同。

整个工作循环。所不同的是各阶段运行的长度不同,冲程要保证有足够的进气长度,使活塞获得较大的速度,而具有较大的冲击能。

常用的无阀式潜孔锤的技术性能参数见表 2-3。

无阀式气动潜孔锤的缺点是:加工精度要求高,结构与尺寸设计难度较大,而且最好在高气压条件下,靠气体膨胀做功的效应才能充分发挥。

三、气动潜孔锤与液动冲击器的比较

由于工作介质和工作原理不同,气动潜孔锤和液动冲击器在应用领域、单次冲击功、冲击频率、钻时效率等方面存在较大差异。

表 2-3 常用无阀式气动潜孔锤技术性能参数表

型号 项目		JG-80	JG-100	JG-100A	JG-150	W-150	W-200	WC-85	DH-4	DHD-340
钻头直径/mm		90	105、115	105、115	155、165	155、160	210、220	95~120	105~114	105~114
外径/mm		76	92	92	137	142	185	85	92	92
全长/mm	钻头伸出	957	1 164	1 164	1 591	983		1 112	1 138	1 161
	钻头缩进	928	1 141	1 141	1 510	883				
活塞结构行程/mm		150	148	148	140	127	130	140		
活塞质量/kg		4.42	9.05	9.05	22.5	14	22	4		
活塞直径/mm		63	75	75	108		130	60~42		75
单次冲击能/J		111	210	210	608	190、277	470	80~120	152~665	158~649
冲击频率/Hz		23.3	19.2	19.2	20	15	13.3	10~16	22.3~33.3	18.1~30
耗风量/(m³/min)		4	4.5	5.4	26.6	5、7.5	18~21	2.6~3.0	2.28~14.68	2.3~13.3
风压/MPa		1.05	1.05	1.05	2.46	0.5	0.5	0.5~0.6	0.56~2.46	1.057~2.45
配气方式		无阀式								
总质量/kg		27.5	46	46	138	120	152	31	45	47

(1)由于空气具有可压缩性,气动潜孔锤有膨胀做功阶段,故单次冲击功较大,冲击频率较低,机械钻速高。气动潜孔锤钻进适用的地层几乎可包括所有火成岩、变质岩以及中硬以上的沉积岩。对于硬岩和坚硬岩层来说,使用气动潜孔锤钻进更为有利。因为硬岩和坚硬岩层的脆性大,在冲击载荷作用下,除局部岩石直接粉碎外,在钻头齿刃接触部位岩石将产生破裂形成一个破碎区,并产生较大颗粒的岩屑,因而钻进速度大大高于单纯回转钻进。而液动冲击器单次冲击功较小、冲击频率较高、机械钻速相对较低。

(2)气动潜孔锤冲洗介质密度小,对孔底岩石静压力小,有利于钻头碎岩。另外,上返流速高,排渣效果好,孔底重复破碎少,钻进效率高。而采用液动冲击器时,整个钻孔内的液柱压力将对孔底岩石表面的破碎穴产生压持作用,不利于剪切体的形成与岩屑的分离,所以钻速受到一定的影响。

(3)气动潜孔锤在地下水位高以及潮湿的地段,钻进效率急剧下降,随着孔深的增加钻进会越来越困难。而液动冲击器受孔深、背压的影响较小,可钻进 3 000m 的深孔。

(4)气动潜孔锤适于钻进大口径(610~1 980mm)钻孔,而液动潜孔锤钻进孔径都在 300 mm 以内。

(5)由于气动潜孔锤单次冲击功较大,一般采用球齿钻头全面钻进,而液动冲击器多采用八角柱齿、楔齿钻头进行钻进。

(6)气动潜孔锤动力消耗大,购买空压机等设备的一次性投资高。

(7)气动潜孔锤对容易产生孔斜的岩层,如片理、层理发育,或者软硬不均以及多裂隙的岩层等,能有效防止和减小孔斜。液动冲击器也具有这方面的优点。

四、气动潜孔锤的钻进工艺

1. 气动潜孔锤的钻进规程

气动潜孔锤钻进效率的高低,不仅取决于所用的空气压缩机、冲击器及钻头的性能和质量,而且必须正确选用钻进规程参数。

(1)轴向压力(钻压)。从潜孔锤破碎岩石原理来看,其钻进效率主要取决于冲击功和冲击频率的大小。轴向压力主要用于克服潜孔锤使活塞下行时在气缸内产生的向上推举力,以保证冲击功有效地传递给钻头碎岩。因此,所需钻压主要取决于潜孔锤气缸内压力的大小。过大会引起钻头过早磨损,球齿掉落,回转困难;过小将影响冲击功的有效传递。一般当钻压达到 1 300~1 600kg(J-200 及 W-200 型冲击器)时钻进效率最佳。

(2)转速。钻具的转速主要取决于岩石性质、钻头直径、冲击功和冲击频率。气动潜孔锤主要以冲击动能来破碎岩石,回转仅是为了改变硬质合金刃破岩的位置,所以合理的转速应保证以最优冲击间隔破碎岩石。实践表明:J-200B 型及 W-200 型气动潜孔锤钻进,转速一般在 15~30r/min 范围内较为合适。如转速太低,不仅会产生重复破碎,影响效率的提高,而且钻头球齿也易凿入破碎坑内,造成回转困难和钻头的损坏。如果转速过高,则不仅使冲击碎岩的作用减弱,而且钻头会强烈磨损,使冲击碎岩转化为切削碎岩,降低钻探效率,钻头磨损严重。

(3)供风量。潜孔锤钻进时,送入的压缩空气有两个作用:其一是提供冲击器活塞运动的能量,其二是携带岩粉、冷却钻头等。因此,供风量的确定,一方面要根据潜孔锤做功所需耗风量的大小,另一方面要保证钻杆环状空间中风的上返速度。钻孔环状空间内的上返风速必须大于岩屑的悬浮速度。

$$Q \geqslant 60 K_1 K_2 \frac{\pi}{4}(D^2 - d^2)v \qquad (2-1)$$

式中:Q——压风机的风量,m^3/min;

v——风的上返速度,一般取 15~25m/s;

D——钻孔实际直径,m;

d——钻杆外径,m;

K_1——孔深修正系数(由于孔深环状间隙压力损失增大,导致流量减小),一般孔深在 100~200m 时,$K_1=1.05~1.1$,孔深在 500m 时,$K_1=1.25~1.3$;

K_2——孔内有涌水时的风量增加系数,与涌水量有关,中、小涌水量时,$K_2=1.5$。

常规潜孔锤钻进的特点是不取心,孔底岩石全面破碎,岩屑量大,并全面由高速气流携出孔外。因此,能否将孔底破碎的岩屑及时、干净地排出孔口是关系到钻速高低和能否维持正常钻进的关键。这就要保证整个钻孔各段上返风速都应明显大于岩屑的悬浮速度(一般为15m/s),特别是孔口处,风速不能下降太多。因此,设计钻孔结构时,应根据地层条件和潜孔锤钻进工艺的要求尽量简化,最好一径成井。

(4)风压。气动潜孔锤钻进时,空压机压力主要用于克服压缩空气在整个流动通道中的沿程损失和各个局部压力损失,克服孔内水柱压力和提供潜孔锤工作所需要的压力。在钻进过程中,风压是个被动参数。但钻进速度与设备所能提供的风压密切相关。图2-7表示了四种不同型号潜孔锤(均配直径$\Phi152mm$的柱齿钻头)在花岗岩中钻进时钻进速度与风压的关系曲线。可以看出,不同的潜孔锤在相同风压下钻进速度不同。而同一潜孔锤在不同风压下钻进速度变化尤为明显。阀式潜孔锤在风压1.05MPa左右时钻速最高。无阀潜孔锤随风压提高钻进速度增加得更快,每米进尺所消耗的风量则相对减少。

因此,在潜孔锤钻进中应密切观察风压表的变化,以便掌握潜孔锤的工作状态和孔内钻进情况。

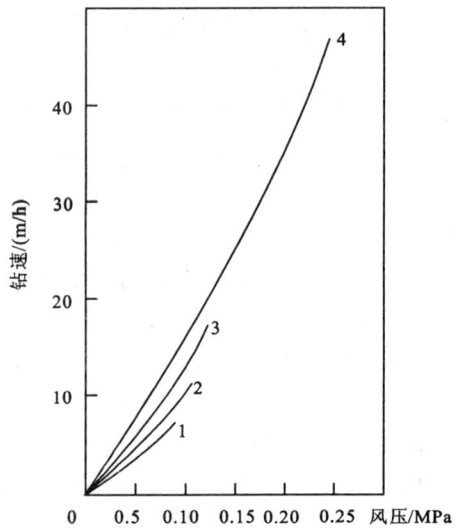

图2-7 潜孔锤风压与钻速关系图
1~3—阀式潜孔锤;4—无阀潜孔锤

1)在干孔段钻进中风压的变化。在干孔段中潜孔锤钻进风压变化规律如图2-8所示。图中,$O \sim t_1$为开始供气,风压上升到一定值P_1后,稳定下来;$t_1 \sim t_2$为吹孔状态,风压稳定在P_1;$t_2 \sim t_3$为潜孔锤到达孔底,风压迅速上升至P_2,潜孔锤进入正常工作状态;$t_3 \sim t_4$为潜孔锤正常工作状态的风压,这时孔底排屑畅通,风压稳定在P_2上;$t_4 \sim t_5$将潜孔锤钻头提离孔底,潜孔锤又进入吹孔状态,风压降至P_1。

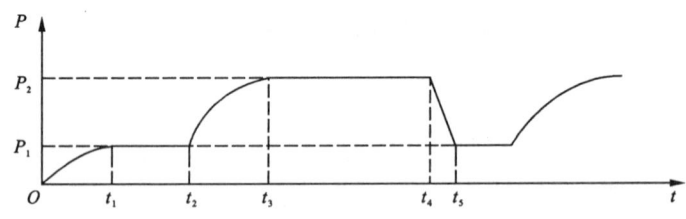

图2-8 干孔段中潜孔锤钻进风压变化规律图

当送风量较小或在孔内扩径孔段,孔底排屑不完全时,随着钻屑的积累,风压逐渐升高(图2-9)。这时应将钻具上提十几厘米,使潜孔锤由冲击工作状态突然转为强风吹孔状态,依靠送风管路中所蓄储压气能量突然释放,产生短时间高速气流,造成井喷,将积存的钻屑喷出。待气压下降后再放下潜孔锤继续钻进。

由上面分析可知,当气量不足时,不仅钻进效率低,还要频繁提动钻具吹孔,减少了钻头在孔底的钻进时间,增加了钻进的辅助时间。

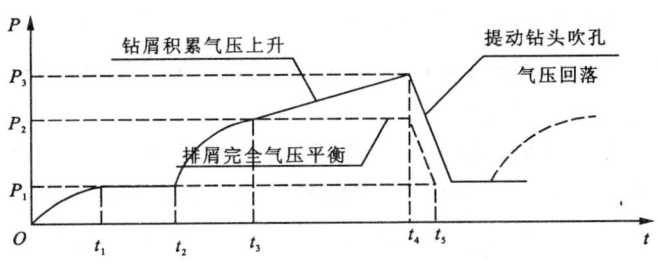

图 2-9 孔内积存岩屑引起气压变化图

在钻进中遇到潮湿地层,将产生"泥领"或缩径,气压也会上升;遇到大裂隙、空洞或地层坍塌,孔径扩大时,由于流速下降,钻屑聚积,气压也会上升。此时,应立即处理,以免发生事故。

2)在涌水孔中钻进时风压的变化。潜孔锤在涌水钻孔中钻进时风压的变化如图 2-10 所示。图中 $O \sim t_1$ 为送风启动阶段。风压逐步上升,当风压 P_1 超过孔内水柱压力时,即发生井喷,大量水喷出孔口,此时 P_1 为启动压力,随着井喷风压下降。在大量水喷出井口的同时,岩层的水涌入孔内,加上井喷的回落水,又可形成第二次甚至第三次小井喷。当涌入孔内的水量和喷出井口的水量达到平衡、风压下降到 P_2 并稳定下来时,形成稳定的气举抽水状态,即进入吹孔阶段。此时将潜孔锤降至孔底,风压上升,潜孔锤即准备工作。当风压升到 P_3 时,活塞开始冲击工作,潜孔锤进入正常工作状态。P_3 为潜孔锤工作时的供风风压。

图 2-10 中曲线 Ⅰ 为孔内涌水量大的情形,此时孔内水位降深小,$(P_3-P_2)>(P_1-P_2)$,即 $P_3>P_1$,潜孔锤工作时风压 P_3 将高于启动风压。曲线 Ⅱ 为孔内涌水量小的情形,井喷后,孔内水位降深很大,$(P'_3-P'_2)<(P_1-P'_2)$,即 $P'_3<P_1$,潜孔锤工作风压 P'_3 低于启动风压。

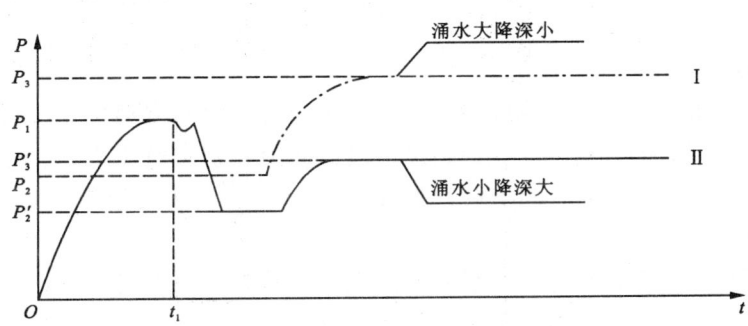

图 2-10 潜孔锤在涌水孔中钻进时风压的变化

2. 气动潜孔锤操作的一般注意事项

(1)加接钻杆后应保持潜孔锤距孔底有 0.5~1.0m 的安全距离(视孔内岩屑多少确定)。

(2)加接钻杆后,接上主动钻杆时应先送风,再慢慢下降钻具工作。

(3)应避免潜孔锤在不回转的情况下冲击,以防打出"键槽孔"。因故被迫停止回转时,应迅速将钻具提升一段距离,使潜孔锤尽快由冲击工作状态转为吹孔状态。

(4)回次终了时,应强吹孔底几分钟,以排除孔底积存的岩屑。有泡沫灌注装置时,可同时注入泡沫液,以提高吹孔效果。提出主动钻杆后,再慢慢停风,不可猛然放气,以防孔底含岩屑的水倒灌潜孔锤。

3. 气动潜孔锤钻进复杂地层的注意事项

虽然潜孔锤主要用于基岩钻进,但在施工中不可避免地会遇到一些硬脆碎、坍塌、漏失等复杂地层,在工艺上应采用一些特殊方法。

(1)覆盖层及风化基岩地层。这类地层破碎、软硬不均,往往含有卵砾石及松软岩土等,在潜孔锤钻进中易出现钻孔坍塌、堵塞钻头气路,造成冲击器无法持续工作。在这种情况时,常用的方法是:采用硬质合金钻头进行空气取心钻进、潜孔锤同步跟管钻进或用双壁钻杆实现泥浆反循环钻进。

(2)少量渗水的弱含水地层。钻进这类地层易出现"泥领"糊钻,使排屑困难,甚至终止。这时,钻具回转、提动都很困难,空压机风压急剧升高。在这种情况下,最好改用泡沫钻进。

(3)破碎坍塌地层。气动潜孔锤钻进中,为了使孔内上返风速保持一定,应尽量简化钻孔结构,尤其不宜采用下多级套管隔离的方法。下入孔口管后,如钻遇非主要含水层的破碎地层,可采用水泥固结透孔法继续用原口径潜孔锤钻进。

(4)大裂隙和溶洞地层。水位以上的大裂隙和溶洞对排屑影响最大,又难以用水泥封堵,多用下套管法处理。

五、气动潜孔锤钻进的主要设备及配套机具

气动潜孔锤钻进的主要设备包括钻机、空气压缩机、潜孔锤等。配备机具包括钻杆、孔口装置及除尘设备等。

1. 钻机

气动潜孔锤钻进用的钻机与一般钻机基本相同。为满足潜孔锤钻进的工艺,该钻机立轴(转盘)转速应有低速档($10\sim30$ r/min)。为适应连续钻进和钻具拧卸机械化,最好采用动力头式钻机。

2. 空气压缩机

空气压缩机是潜孔锤钻进的主要设备之一。作为潜孔锤的原动机,空压机的性能对潜孔锤的钻进效能有直接影响。气动潜孔锤钻进一般都使用容积式空压机,其中以往复活塞式和螺杆式较为普遍。因螺杆式空压机有一系列优点,故有扩大使用的趋势。

3. 除尘设备

气动潜孔锤钻进靠高速气流把岩屑吹至地表。尤其是采用单壁钻杆正循环排屑,在未见地下水的孔段时,会造成粉尘飞扬,既损害操作人员的健康,又污染钻探设备。潜孔锤钻进时必须辅以相应的干法除尘或湿法除尘及孔口装置。我国自主研制了由孔口罩、沉降柜、引风机、旋流除尘器及通风管组成的孔口密封和捕尘装置。在无水的干孔钻进时,还可采用孔口喷雾的湿法除尘,该法简单,效果良好。

此外,空气潜孔锤钻进还包括样品采集与缩分等其他附属设备,在此不详细介绍。

第三章 泡沫钻探技术

在干旱缺水、沙漠、半沙漠地带,甚至永冻层地区钻进,或在复杂地层(裂隙发育、严重漏失、地层压力较低的产层)中钻进,经常使用低密度钻井流体作为冲洗介质。泡沫是低密度钻井流体中的一种,泡沫钻探技术近年来开始在地质勘探钻进及水文水井钻探工作中应用。特别是实施西部大开发战略以来,泡沫钻探技术已成为西部找水工作中不可或缺的重要组成部分。而在石油钻井领域,因为泡沫钻进直接服务于有效保护储层和提高回采率的"欠平衡钻井"技术,所以得到科研和生产单位的普遍高度重视。

第一节 泡沫钻探技术的发展概况

一、国外泡沫钻探技术发展概况

泡沫钻进始于20世纪50年代中期,当时美国为在干旱、缺水、稳定性差的地层中钻进,首先在内华达州使用了泡沫钻进。因钻进时泡沫的上返速度仅为空气钻进时空气上返速度的1/10~1/20,从而有利于井壁岩层的稳定。此后美国又进一步开展了适用于盐层、油层、永冻层钻进的泡沫流体研究,扩大了泡沫钻进的适用范围,取得了很好的经济效益,成为低压油田开发的一种有效手段。泡沫钻井介质可用于井底孔隙压力较低而地面又取水困难的地区。1971年泡沫钻井作业被首次应用于油气开采工程。

进入20世纪80年代,泡沫钻进得到了突飞猛进的发展,以美国Sandia Nation公司为例,1980年就研制推出了一百多种阳离子、阴离子、两性离子及非离子型泡沫剂,以适应各种复杂地层条件的需要。已初步达到泡沫钻井设备系列化、钻井工艺控制自动化的水平。如美国的雪夫隆公司研制了一整套针对泡沫钻井的计算机设计与控制系统。操作人员只要将井身结构参数及泡沫液注入量、气体注入量、环状空间回压、地表温度、地层温度梯度等参数输入计算机,就可以得出不同井段的气液比、泡沫流速及压力变化图表,可以及时了解地层压力和井内回压的配伍情况,指导地面技术参数的控制。目前,美国在泡沫流变学研究和应用方面仍处于国际领先地位。

苏联在20世纪60年代初开始进行泡沫钻进的试验研究,初期主要用于油田修井和钻井,从70年代开始将泡沫用于小口径金刚石岩心钻探,并且对泡沫流变学,泡沫钻进中的温度、压力等参数开展研究。经过十多年的研究,证明在Ⅷ~Ⅹ级岩层中,泡沫钻进的机械钻速比传统冲洗液提高29.7%,回次进尺提高22.5%,台月效率提高25%,金刚石消耗降低28.2%,功率消耗降低23.1%,总体经济效益提高了34.3%。到1984年,苏联采用泡沫钻进的工作量近10万m。

表3-1列出了俄罗斯自然资源部地质科学研究院新技术研究所2000年前后在石油钻井和地质钻探工作中进行的泡沫钻进生产试验数据,为了便于对比,表中同时给出了在同一矿区

邻近孔段用传统泥浆钻进的试验数据。从表3-1的数据可以看出,采用泡沫钻进后不仅钻头寿命、机械钻速和昼夜平均进尺的指标有了明显提高,而且孔底压力指标也大幅度下降,表明泡沫钻进时循环介质对孔底岩石破碎穴形成过程的压持效应明显减弱,从而将减少重复破碎。钻头寿命长的另一个原因是泡沫具有很好的润滑与冷却作用。图3-1～图3-3示出了在不同试验矿区用传统泥浆钻进与泡沫钻进时钻头寿命、机械钻速和孔底压力指标的对比曲线。图中,A为多马诺维奇矿区,B为波勃罗维奇矿区,C为斯特卢坚矿区,D为乍格雷泽矿区,E为图尤塔乌矿区,F为卡拉-塔乌矿区,G为乌克得尔矿区。

表3-1 俄罗斯在石油钻井和地质钻探中进行的泡沫钻进生产试验数据

矿区	孔段/m	钻进方法	介质类型	钻头寿命h		机械钻速v		昼夜平均进尺/m	井底压力/MPa	压力梯度/(MPa/100m)
				m	%	m/h	%			
A:多马诺维奇	2 586～2 703	转盘	黏土泥浆	11	100	1.1	100	10	32.4	1.2
	2 396～2 519	转盘	泡沫	59	535	3.1	310	39	6.6	0.26
B:波勃罗维奇	2 584～2 753	转盘	黏土泥浆	8.7	100	0.9	100	5.0	33.0	1.20
	2 358～2 527	转盘	泡沫	42.5	490	2.5	280	20	6.0	0.24
C:斯特卢坚	245～614	电钻	黏土泥浆	30	100	6.8	100	60	6.96	1.16
	260～606	电钻	泡沫	82	270	16	235	120	0.72	0.12
D:乍格雷泽	828～906	电钻	黏土泥浆	9.4	100	1.6	100	11.2	10.8	1.2
	706～828	电钻	泡沫	40.6	430	7.4	460	40.6	0.8	0.1
E:图尤塔乌	0～615	转盘	黏土泥浆	27	100	2.2	100	7.6	6.7	1.1
	0～781	转盘	泡沫	60	222	3.0	136	23	1.18	0.15
F:卡拉-塔乌	0～615	转盘	黏土泥浆	29	100	2.1	100	6.3	6.7	1.1
	0～686	转盘	泡沫	57	197	2.7	129	17.2	0.96	0.14
G:乌克得尔	2 550～3 300	转盘	钻井液	33.5	100	1.18	100	12.9	39.6	1.2
	2 550～3 300	转盘	泡沫	89.6	267	2.54	215	44.7	25	0.75

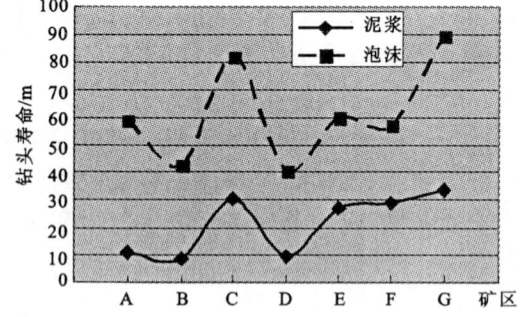

图3-1 各矿区使用泥浆和泡沫钻进时钻头寿命对比

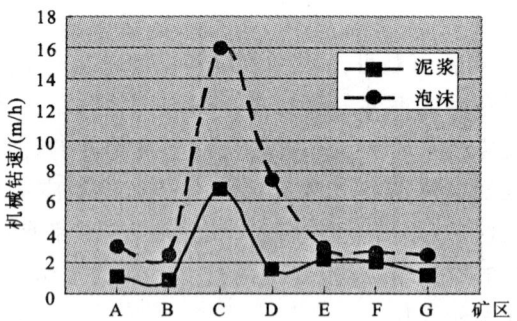

图3-2 各矿区使用泥浆和泡沫钻进时机械钻速对比

二、国内泡沫钻探技术发展概况

我国的泡沫钻进技术起步较晚。20世纪80年代中期,石油部门首先进行泡沫洗井、泡沫钻进的试验研究,研制了F873、TAS等几种泡沫剂,但在理论上探讨不够,还没有真正形成一

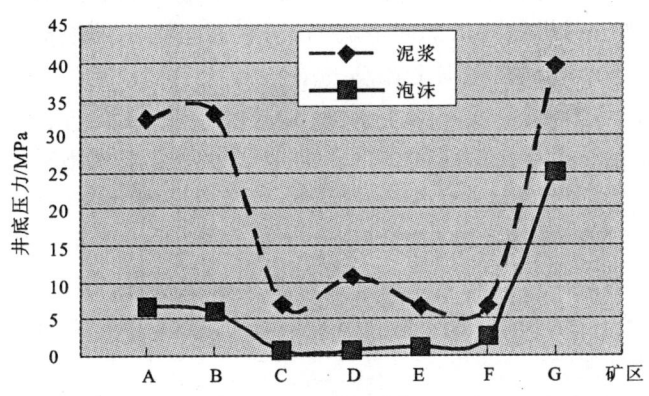

图 3-3　各矿区使用泥浆和泡沫钻进时井底压力对比

套用于指导生产的理论体系。"七五"期间,地质矿产部也曾把泡沫钻进技术列为科技攻关项目。中国地质大学、长春地质学院、成都地质学院和勘探技术研究院等十几个科研和生产单位对泡沫钻进的理论与应用进行了卓有成效的研究和探讨,先后研制成功了 CDT-812、CDT-813、CD-1、DF-1、ADF-1 型泡沫剂,研制和制定了泡沫及泡沫剂检测装置和测量标准,有力地推动了泡沫钻进技术在我国(尤其是在地矿系统)的发展,先后在甘肃、四川、河南、安徽等省地矿局所属的十几个单位进行了现场试验,总工作量达几万米,取得了良好的经济效益,并总结了一些泡沫钻进的经验。此外,化工、煤炭等系统在泡沫洗井、泡沫钻井方面也取得了长足的进步。国内有些单位还进行了泡沫潜孔锤钻进试验,为扩大泡沫钻进技术的应用领域做了有益的探索。

20 世纪 80 年代后期以来,出现了泡沫钻井的另一重要应用——油气开发作业的欠平衡钻井。研究表明,如果井底钻井液的流体静液压力略小于所钻储层的孔隙压力,对储层的石油和天然气开采将更为有效。欠平衡钻井有助于使油气流入环状空间,使自然裂缝和孔隙不受岩屑颗粒和泥饼污染,从而避免了地层损害。近年来,泡沫欠平衡钻井技术开始试用于深水井和环境监测井钻井作业中。

同时也应看到,目前我国的泡沫钻进技术与国外先进水平相比还有很大差距。许多现场都是摸索着施工,相当多的单位只是把泡沫作为防止漏失和排渣的手段,还没有做到合理选择泡沫参数、科学控制泡沫钻进质量,致使泡沫钻进的成本较高。另外,尽管国内已经研制出若干种泡沫剂,但泡沫钻进的理论研究还须进一步深入。

第二节　泡沫钻进的工作原理及特点

一、泡沫钻进的工作原理

泡沫是一种由压缩空气(或其他气体)注入到不可压缩的流体中混合而成的特殊钻井介质。为了形成稳定的泡沫,不可压缩的成分通常由处理过的淡水加上泡沫活性剂组成。其中,泡沫活性剂通常占水体积的 2%～5%。钻进不太深的钻孔时,泡沫可以在地面预先处理好,然后注入到钻柱内部，进入孔内循环。但是在深井钻井作业中，钻柱内部的压力过高，以至于泡沫流体只能像充气液一样沿钻柱内部向下流动，当它通过钻头喷嘴时自动转换为泡沫混合物，然后以稳定泡沫状态沿环状空间向上流动。

泡沫与一般充气液明显不同，具有非牛顿流体的特性。一般充气液中的气泡，由于不具有结构联系和密度不同，往往滑移至液体的顶部。而泡沫中的空气气泡被很薄的液体薄膜相互隔离，这就赋予泡沫结构很好的力学特性——弹性、塑性、强度和稳定性，后者取决于相边界上表面活性剂的性质和浓度。泡沫的静切力可达120Pa，泡沫流动时由于它的弹塑性，使得紊流的脉动现象消失，转变为涡流。岩屑上返速度与泡沫的流速接近。泡沫作为清洗介质，其携屑能力超过一般冲洗液的几倍，降低了比能的消耗。环状间隙中泡沫的流速为0.3～1.5m/s时，就具有良好的冲洗性能。

泡沫是可压缩的钻井介质，从孔底上返至孔口的速度将随其中气相体积的增加而增加，同时泡沫结构的力学和流变特性也发生变化。在钻孔循环中，泡沫流速最低时，其压力最大。由于泡沫的结构力学性质，使压缩空气的位能能保持很长时间，当关闭循环后，环状间隙中携带岩屑的泡沫还会继续上返。实验证明，在等同的液体消耗量和充气度条件下，泡沫流动循环中的压力低于充气液流动的压力，这表明泡沫是一种均相介质。

泡沫钻进综合了钻井液冲孔和压缩空气吹孔的优点，并克服了它们的缺点。不需要大风量空压机，能成倍地节省钻探供水消耗，可用来对付漏失层，以防丧失循环可能引起的孔内复杂现象。当泡沫流向漏失的裂缝和孔隙时，具有表面张力特性的稳定泡沫就会填充裂缝和孔隙，泡沫的气泡封锁、限制或阻止了泡沫流入漏失层，从而使钻井作业得以安全进行。泡沫流体还能保证钻头（包括金刚石钻头）冷却良好，提高钻头进尺、机械钻速和回次钻速，进而降低台班作业成本。另外，由于泡沫流的热容量和质量小，所以携带的热量很少，在冻土层钻进中能保证孔壁与岩心不受热，使孔径接近钻头的直径。泡沫钻井作业几乎都是正循环作业。泡沫在对付地层水流入环状空间方面也是有效的。当水流入环状空间时，只要在钻柱液流中有足够多的表面活性剂，就会使地层水变为泡沫。

二、泡沫钻进的特点

1. 泡沫钻进的优点

(1)泡沫钻进克服了高密度钻井液和雾化钻井的缺点，大大减少了钻探过程中的用水量，为缺水、干旱地区及高山、高寒及其他供水困难地区钻进提供了一种有效的钻进手段。免除了为钻机送水、运黏土和配制泥浆的人力物力消耗，可用于高原、沙漠、半沙漠、戈壁和干旱缺水地区，有效地解决了在这些地区的钻进难题。

(2)与冲洗液相比，机械钻速明显增大，在坚硬地层增大3～4倍，在软地层增大1～2倍。同时，碎岩工具寿命延长1～4倍。其原因在于孔底静液压力减小，在孔底没有阻碍钻屑从孔底排出的致密泥皮和岩粉垫层，加之碎岩工具工作面之下的岩粉可及时带出，减少了重复破碎，经济效益明显。

(3)由于泡沫的密度低，能够在破碎、裂隙发育地层及低压油气层中广泛应用；此外，泡沫流上返速度低，对井壁冲刷作用小，因此在易坍塌、弱胶结性的地层中，能够有效防止孔内事故的发生。

(4)泡沫钻进能够应用于水敏性地层、完全漏失的孔段，不需花费时间和材料去专门堵漏。

(5)不需要挖沉淀池和安装循环系统等,简化和减轻了安装工作,避免了处理废泥浆问题。
(6)不会发生冲洗液污染、冲蚀和溶解岩心的情况。
(7)简化了钻孔水文地质观测,便于发现水、油、气层,有利于增加开发井的产量。
(8)使常年冻土带地区钻探工作质量大为提高,钻进过程简化,成本降低。

2. 泡沫钻进的不足之处

(1)设备较多,一次性资金投入大。且有些设备质量和体积大,搬运困难,在一些交通不便的地区实施起来十分困难。
(2)工艺技术较复杂,对操作者的要求高。
(3)部分泡沫具有一定的毒性和腐蚀性,会对环境造成一定的污染。

第三节 泡沫流体的组成和性能

一、泡沫流体的组成

1. 气相

泡沫的气相组分多为空气、天然气、氮气以及二氧化碳。考虑到空气和天然气存在易燃易爆等不安全因素,故在石油天然气钻井作业中一般多用氮气和二氧化碳作为气相。

2. 液相

泡沫中的液相成分可以是水、醇、烃和酸。目前,国内常用的一般是水基泡沫,但对于某些具有特殊要求的油气井中也常用到醇基、烃基或酸基泡沫。

(1)淡水、地层水或盐水均可以用来配制泡沫。国外用地层水配制泡沫,其发泡体积低于淡水或盐水配制的泡沫,有利于防止地层黏土膨胀。水基泡沫液相中常加入氯化钾或有机抑制剂、羟基铝或阳离子黏土稳定剂及各种增黏剂。水基泡沫液配制方便、价格便宜,并且与交联冻胶配合易形成稳定的泡沫,除水敏性地层外,一般均可应用。

(2)醇具有表面张力低、易挥发等特点,故适用于水锁及强水敏性地层,有利于保护油气层。但此类泡沫基易燃、成本很高、携砂能力差,在含沥青、石蜡的油井中易形成固体沉淀。

(3)烃基泡沫基液可以是原油或经过加工后的柴油、煤油或凝析油。原油价格低廉,但含有石蜡、沥青,且不易形成稳定的泡沫。炼制油与氮气易形成稳定的泡沫,但成本高,易着火,不安全。烃基泡沫易改变岩石的润湿性,不宜用于天然气井。

(4)盐酸、氢氟酸、甲酸、醋酸及其混合物作为泡沫中的基液,加入增黏剂有助于泡沫稳定,泡沫酸可用于含钙质砂岩或灰岩。

3. 发泡剂(起泡剂)

泡沫钻进技术的关键因素是泡沫剂,它是表面活性剂中的一种,在搅拌的条件下易定向吸附在气、液两相的界面上形成泡沫。泡沫剂的类型很多,根据来源的不同,分为天然泡沫剂和人工合成泡沫剂。由于泡沫钻进用的泡沫剂与其他行业所用的泡沫剂工作条件不同,故对泡沫剂的要求也不同,其分子结构与其他行业所用的泡沫剂近似,但其中的 HLB 值不同。在泡沫钻进中经常使用的是人工合成的泡沫剂,多以阴离子型、非离子型、复合型及高聚物型为主,而两性型及阳离子型的泡沫剂则很少使用,通常在调节泡沫剂的性能(如提高泡沫剂的发泡效率)时才会使用。

(1)阴离子型泡沫剂。

1)羧酸盐(RCOOM)。发泡能力低,抗钙镁离子的能力差,受 pH 值的影响较大,在钙镁离子及低 pH 值的环境下生成不溶物,但其价格便宜。在泡沫钻进中,不经常采用此类泡沫剂。

2)硫酸盐($ROSO_3M$)。广泛使用于日用化工行业。其发泡能力和泡沫质量较高,但溶解能力稍差且不易制成浓度较高的水溶液,在富含钙、镁离子的环境下发泡能力和稳定性降低。

3)磺酸盐 R—⟨⟩—SO_3M。发泡能力和泡沫质量都比较高,溶解性好,耐酸碱,抗钙镁离子的能力强。直链的磺酸盐的生物降解能力可达 94%~97%,是泡沫钻进中常用的泡沫剂之一。

(2)非离子型泡沫剂。非离子型泡沫剂在水中不电离,所以最大优点是有很高的抗钙镁离子能力,发泡能力不受水质及 pH 值的影响,故应用范围较广,很多性能都超过了离子型泡沫剂。其最大缺点是溶解速度比较慢,需要加入大量的助溶剂。同时,其生物降解能力比较差,对环境的影响比较大。在泡沫钻进中经常使用的是脂肪醇聚氧乙烯醚、烷基酚聚氧乙烯醚、聚氧乙烯烷基酰醇胺和氧化叔胺等。

(3)复合型泡沫剂。复合型泡沫剂是近年发展起来的一种新型泡沫剂,由于其性能优越,所以应用范围日益扩大。它在阴离子型发泡剂的基础上,在亲油基与亲水基之间插入具有一定极性的亲水基团,使泡沫剂的性能(无论是溶解性、分散性、耐低温性、发泡能力,还是抗硬水性)都有很大的提高,且其生物降解的性能较好(可在 2~3d 内完全降解),不污染环境。此类型经常使用的泡沫剂是脂肪醇聚氧乙烯醚硫酸脂钠盐(简称 AES)。我国目前所使用的大部分泡沫剂都属于这一类,如 DF-1 型、ADF-1 型及 CDT-813 型等。

(4)高聚物型泡沫剂。这种类型的泡沫剂在泡沫钻进中的应用还不十分广泛,只在国外有报道。这种泡沫剂的分子量在 3 000~5 000。其特点是在一个长链上有多个亲水基团或极性基团,起泡能力强,抗钙镁离子能力强。此外,由于其分子量大,故稳泡能力和排水能力都很强。缺点是合成工艺复杂,成本高。

好的发泡剂应具有以下特征:

1)起泡性能好。泡沫基液与气体接触后可产生大量泡沫,泡沫的体积大,膨胀倍数高。

2)泡沫稳定性强。长时间循环,高温下性能稳定。

3)抗污染能力强。与储层中岩石、液体及入井液配伍性好。遇到原油、盐水、碳酸盐岩及各种化学试剂时,性能稳定。

4)凝固点低,具有生物降解能力,毒性小。

5)配制泡沫的基液用量少,来源广,成本低,亲油亲水平衡值(HLB)在 9~15 范围内。

4.泡沫稳定剂

常用的泡沫稳定剂有:XC、FSO、聚乙烯醇(PVA)、PAM、HEC 等。

二、泡沫流体的性能

泡沫钻进涉及到的泡沫及泡沫剂性能指标很多,下面将对泡沫流体的若干主要性能进行介绍。

1.泡沫质量分数

泡沫的稳定性和流变性取决于泡沫质量分数。泡沫质量分数即:气体量/(气体量+液体量),或气体体积与泡沫总体积之比。泡沫质量分数用 Γ 表示。最佳泡沫质量分数为 0.98~0.75,或含液量 2%~25%。当气量大于这一范围时,就形成雾。当气量小于 45% 时,在井底容易形成近似牛顿流型的混合体。在这两种情况下泡沫的结构特性差,携带岩屑能力也差。图 3-4 和图 3-5 表示了不同泡沫质量分数情况下泡沫的结构状况和黏度与动切力的关系。

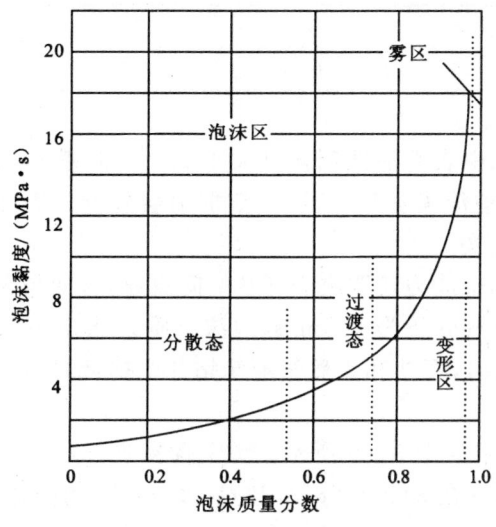 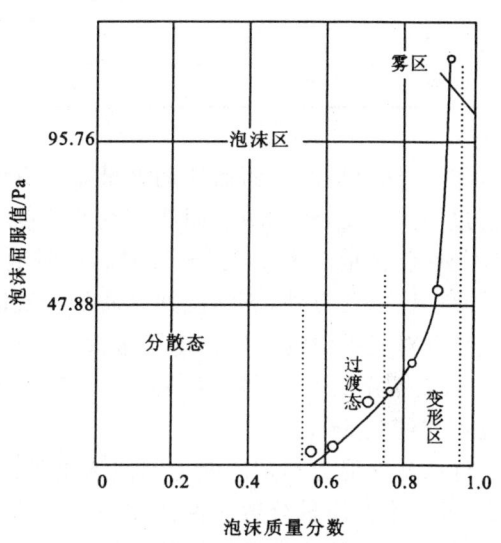

图 3-4 泡沫黏度随泡沫质量分数的变化　　　　图 3-5 泡沫屈服值随泡沫质量分数的变化

Mitchell 把泡沫流体按其质量分数差异划分为四个区域:第一个区域在 0%~52%,称为泡沫分散区,此时气泡是球形且互相不接触,属于牛顿流型;第二区域在 52%~74%,称为泡沫干扰区,气泡开始干扰和冲突,球体逐步聚集,黏度和动切力增加;第三区域在 74%~96%,气体由球形变成平行六面体,这时液体属于宾汉流体或带屈服值的假塑性流体,是典型的稳定泡沫区;第四区域为雾区。

2. 泡沫的悬浮性和携砂能力

泡沫的悬浮和携砂能力是钻井作业要求的重要性能。悬浮性受静切力的影响,携砂能力主要受动切力和黏度的影响。

钻屑或砂粒的体积一般比气泡要大许多倍,砂粒基本上被气泡撑托着。砂粒要下沉,就要迫使气泡变形或挤出一条通道时才能发生。由于砂粒的质量分数不足以使气泡变形,因此泡沫的悬浮能力是很强的。根据一些科学工作者实测,砂粒在泡沫中的沉降速度极小,泡沫的悬浮能力比水或冻胶液大 10~100 倍。直径为 0.5~0.8mm 的压裂砂在泡沫质量分数为 70%~80% 的泡沫流体中,自然沉降速度仅为 $0.3 \times 10^{-5} \sim 0.6 \times 10^{-5}$ m/s。因此砂粒在高质量分数的泡沫中的沉降速度可忽略不计,这对携砂很重要,也很有利。

前苏联钻探工作者研究了不同类型泡沫流体携带砂岩和碳酸盐岩岩屑的能力,得出如下结论。

(1)统计数据表明,稳定的非离子与阳离子复合表面活性剂泡沫携带砂岩颗粒的能力强,而用非离子表面活性剂和阴离子携带碳酸盐岩类砂粒较好。单一表面活性剂稳定的泡沫不如复合表面活性剂泡沫的携砂能力强。

(2)泡沫的静切力与湿度有密切关系,利用阴离子表面活性剂做实验得出的数据如表3-2所示。可以看出,泡沫湿度增加,静切力下降,湿泡沫是表面活性剂不足造成的。湿泡沫的出现,导致携砂能力下降。

表3-2 静切力与湿度的关系

湿度/%	2.5	3.9	4.9	5.8	7.2
静切力/Pa	0.9	0.81	0.75	0.67	0.58

(3)选择合理的表面活性剂含量非常重要。泡沫中表面活性剂含量大于1.5%后,静切力不会进一步提高,泡沫中表面活性剂的浓度太高,则泡沫失去均一性,携屑能力会降低。表面活性剂最佳含量应为0.3%~0.5%,这时泡沫质量最好。

除了以上几点外,不同洗井介质的清洗能力和携带能力还取决于环状空间流速,石油与天然气钻井对三种清洗介质拟定了最大流速极限值,空气介质为1.5m/s,泡沫介质为0.26~0.51m/s,液体介质为0.51~1.53m/s。有的研究者提出,石油和天然气泡沫钻井中携带岩屑的速度不超过2.5~3.75m/s。

泡沫悬浮能力和携砂能力与泡沫质量分数的关系如图3-6所示。为了保持良好的举升能力,井底泡沫质量分数应保持在60%以上,井口保持在84%~98%,超过98%以后,泡沫变成雾,稳定的泡沫流体已失去稳定性,携砂能力立刻下降。

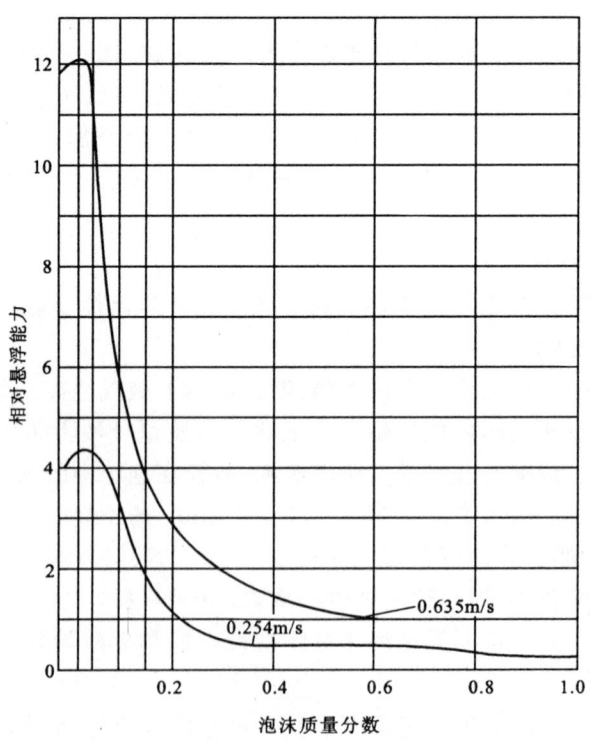

图3-6 不同泡沫质量分数与携砂能力的关系

3. 泡沫的滤失性能

泡沫的滤失性与泡沫本身的稳定性及滤失到储层的滤液多少直接相关。泡沫具有很好的防滤失作用，在相同的条件下，其滤失情况好于交联冻胶。

泡沫滤失量主要与本身的特殊结构有关。泡沫气相与液相之间有界面张力，泡沫流体进入地层的前后其泡沫形态有很大变化，进入微细孔隙时，需要有较大能量来克服表面张力和气泡变形。动态滤失试验数据可说明这一问题，当岩心渗透率低于 $1 \times 10^{-3} \mu m^2$ 时，泡沫通过岩心后完全被破坏，变成气相和液相。随着岩心渗透率的提高，泡沫组分进一步增加。当渗透率达到 $70 \times 10^{-3} \mu m^2$ 时，测量到渗滤过来的流体都是泡沫。这意味着高渗透介质中，气泡变形很小，或根本不发生变形，以致对泡沫的滤失性能影响较小。

影响滤失性的因素有如下几个。

（1）岩心渗透率对泡沫滤失量影响最大，当岩样渗透率增加两个数量级时，滤失系数增加一个数量级。

（2）泡沫黏度对滤失量也有重要影响。随着液相黏度不断增加，泡沫滤失系数明显下降。

（3）泡沫中的增稠剂有造壁功能，对滤失性也有一定影响，当泡沫质量及压差等一些参数发生变化时，影响则更为明显。

（4）温度对滤失系数也有明显影响。随着温度的增加，滤失量缓慢下降。

此外，泡沫的结构、气泡的分布对滤失量也有一定的影响，表面活性剂类型则对滤失量影响不大。

4. 泡沫的热物理性能

稳定的泡沫流体是一种多相体系，因而泡沫热容量取决于其组成并服从叠加法则。可以根据组分热容量与其在多相不均匀体系中的含量成正比来计算泡沫的热容量，由于气体的热容低于液体，所以泡沫的热容低于液体。

$$c_f = f_L c_L + f_g c_g + f_s c_s \tag{3-1}$$

式中：c_f、c_L、c_g、c_s——泡沫、液相、气相和表面活性剂的热容，J/(kg·K)；

f_L、f_g、f_s——各组分的体积含量。

为了确定其导热系数，可根据 Tuxomupobb-k 给出的公式进行计算：

$$\lambda_f = \frac{2}{3} \lambda_L \phi + \lambda_g (1 - \phi) \tag{3-2}$$

式中：λ_f、λ_L、λ_g——泡沫、液相、气相的导热系数，W/(m·K)；

ϕ——泡沫中液相充满度，%。

5. 泡沫的腐蚀性

泡沫钻进时，泡沫要和设备、钻具接触，因此需要研究泡沫的腐蚀性问题。用质量法来进行相对腐蚀作用评估，以金属被腐蚀破坏的厚度来确定其抗腐蚀性，并以每年的毫米数来表示其腐蚀级别。

研究表明，金属在泡沫中呈现出耐腐蚀性低的特性。这是由于泡沫中有大量空气，它与水分一起加速了金属的氧化过程。在钻井作业中应考虑泡沫流体的腐蚀性。例如，重要部件应尽可能用不锈钢材料或用有表面涂层的材料，停钻后立即用清水清洗设备和工具。在泡沫井中可加缓蚀剂来降低泡沫的腐蚀性。调高泡沫的 pH 值也有防腐效果，一般情况下，pH 值取 8~9。

6. 泡沫的导电性

由于泡沫的连续相是液体，所以它具有导电性。泡沫的导电性与泡沫的发泡倍数有关。

$$\frac{g_L}{g_f} = \frac{3}{2}k_f \qquad (3-3)$$

式中：g_L、g_f——比电导泡沫液和泡沫的电导率，S/m；

k_f——泡沫的发泡倍数。

A.A.巴拉基列夫和 B.K.季霍米列夫进行了添加防冻剂（食盐和氨）的发泡溶液和由其形成的泡沫的导电性实验研究。所有溶液和泡沫的电阻关系曲线都有拐点，曲线拐点与溶液的冻结温度相一致。泡沫的脱水量（析出液体）随温度的降低而减小，这可由溶液的黏度增大来解释。图3-7很好地说明了上述情况。溶液的导电性随着氨浓度的增大而降低，原因是氨是弱电解质。由加有氨的烷基苯磺酸钠溶液而得到的泡沫，其温度变化过程中导电性的变化如图3-8所示。在开始的2min内泡沫的导电性急剧减小，而后趋于稳定。这一点可用泡沫脱水量的下降来解释。后来泡沫脱水动作停止了，这时的导电性取决于泡沫分散度的大小。

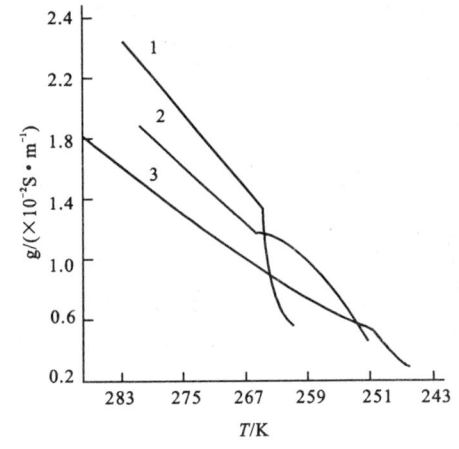

图3-7 泡沫导电性与温度的关系
1—含1%HII-1+6%氨；2—含1%HII-1+12%氨；
3—含1%HII-1+24%氨

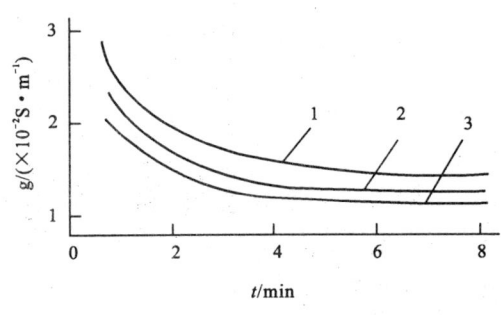

图3-8 温度不同时，含1%HII-1和
24%氨的泡沫导电性的变化
1—温度为280K；2—温度为267K；3—温度为255K

7. 发泡剂的生物降解性能

表面活性剂的生物降解性能取决于其分子结构、浓度、特定生物体的存在和环境条件。阴离子表面活性剂生物降解性能按下列顺序逐渐降低：①直链的皂类；②直链的硫酸盐；③直链的烷烃和烯烃磺酸盐；④直链烷基苯磺酸盐；⑤直链的醇硫酸盐和皂类；⑥支链醚硫酸盐；⑦支链烷基苯磺酸钠。支链程度越高，生物降解越不完全。但也有资料表明，烷基苯磺酸盐中的苯环是能生物降解的，而且如果烷基很短，也易于生物降解。

非离子表面活性剂中，聚氧乙烯脂肪醇醚、聚氧乙烯烷基酚醚的生物降解性能最差，而且，分子支链越多和环氧乙烷基聚合度越高，生物降解性能越差。

8. 发泡剂的毒性

发泡剂的毒性与其分子结构和浓度有关。阳离子型的毒性最大，阴离子的次之，非离子型的最小。

阴离子表面活性剂的毒性由大到小的次序为：直链十二烷基苯磺酸钠（LAS）、烷基苯磺酸钠(ABS)、烷基醚磺酸脂盐(AES)等,其中以 LAS 的毒性最大。但是,包括 LAS 在内的各种阴离子表面活性剂,当其浓度在 5 000mg/L(0.5%)以下时,对动物不会产生特殊的损害。联合国世界粮食组织和世界卫生组织的研究者认为:相对来说,LAS 可视为无毒的,当饮用水(或地面水)中 LAS 的含量达到 0.5mg/L 时,在美国或前苏联仍认为是安全的。

非离子表面活性剂中 AEO 的毒性比 OP 的小,随着分子中憎水基碳链的增长和环氧乙烷聚合度的增加,毒性降低。对动物进行非离子表面活性剂局部耐受性实验证明,非离子表面活性剂的最大耐受浓度为 100%。这就是说,一般认为非离子表面活性剂是无毒的。

第四节 泡沫钻进的主要设备

一、地矿系统常用的泡沫钻进设备

泡沫钻进设备除正常钻进所需的设备外,还有空压机、泡沫注入泵、泡沫发生器、流量计、消泡装置、孔口密封装置及各种控制阀门、仪表、管线等。如果孔内的压力较大时,需要较高的注入系统压力,则需专门配备泡沫增压泵。

1. 空压机

空压机是泡沫钻进的重要设备之一。泡沫钻进对空压机的要求是中压、大风量、体积小、质量轻等。对于常规口径的钻孔,一般风量为 $1.5 \sim 15 m^3/min$,风压为 $0.4 \sim 4MPa$。在选择空压机时,其风量、风压应扩大 25% 左右。当孔径比较大时,可将几台空压机并联使用。

2. 泡沫注入泵

泡沫注入泵是泡沫钻进的又一专用设备,其作用是将泡沫液从贮液箱中吸出并注入到泡沫发生器中,使泡沫液与压缩空气在泡沫发生器中混合,形成稳定的泡沫。

对泡沫泵的基本要求是:排量为 $0 \sim 100L/min$ 时,最大压力应比空压机压力高 $0.5 \sim 1.0MPa$,达到 $4 \sim 5MPa$。泡沫泵的类型则应选用流量可以调节的多缸柱塞泵。

3. 泡沫发生器

泡沫发生器的类型很多。经常使用的泡沫发生器,按结构有如下几种:①利用空气气流与液体液流多次互相碰撞而产生泡沫(图 3-9);②利用空气的鼓泡作用而产生泡沫;③在压力作用下经喷雾器喷在网上产生泡沫;④利用旋转的叶片式涡轮的搅拌作用,使空气和泡沫液混合而产生泡沫。

涡轮式泡沫发生器从理论上讲是最理想的,因为这种泡沫发生器的最大特点是:一旦空气进入涡轮以后,就会产生一个自增压的效应,这对于进行泡沫钻进是非常有利的。只是这种泡沫发生器的价格昂贵,故没有在实际生产中得到应用。目前大多数生产单位采用的都是孔网式和三通式的泡沫发生器。

4. 孔口密封装置

孔口密封装置在泡沫钻进中也是比较重要的设备。目前所使用的多数都是转盘式的,但由于结构和工艺的限制,这些密封装置的使用寿命都不长,需要进一步研究。另外,在进行泡沫钻进时,对钻具的密封性也有一定的要求,如在正常钻进时,所使用的钻具不应产生泄漏,否则应采取密封措施。

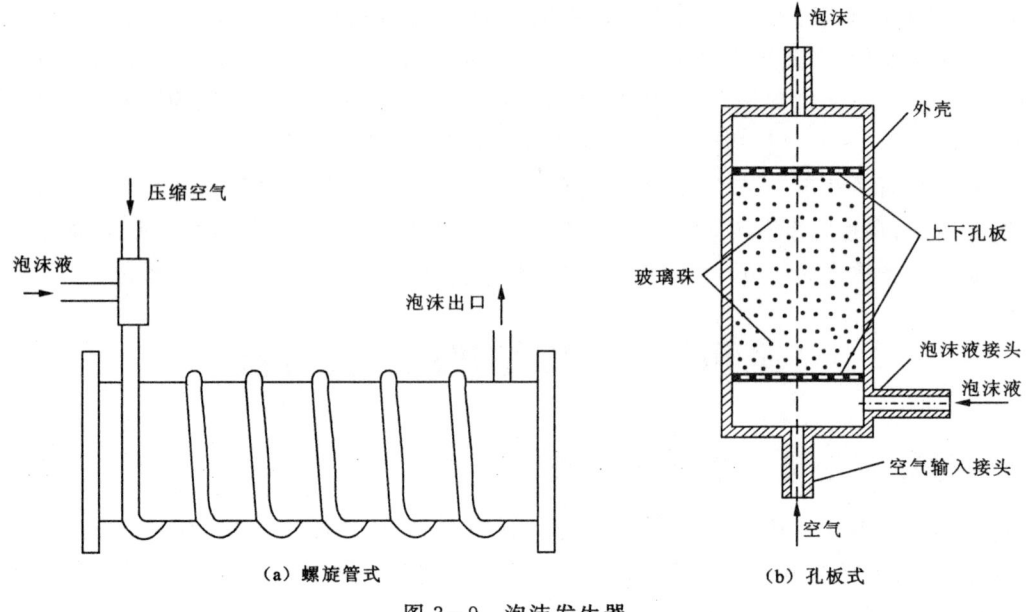

图 3-9 泡沫发生器

5. 泡沫增压装置

泡沫发生器只适用于浅孔且压力不大的情况,而在深孔钻进或孔内有比较大的涌水时,将会使泡沫的循环压力变得很大,此时就必须使用专门的增压型的泡沫增压泵。

增压型泡沫增压泵按其结构的不同有两种类型:其一是泡沫注入泵与泡沫发生器为一个整体,其结构如图3-10(a)所示。这种泡沫增压装置的整体性强,但需专门进行制造,使其成本增加很多,故在施工现场使用得不多;其二在泡沫钻进中应用得最多的是结合型泡沫增压泵,其结构原理如图3-10(b)所示。它是利用现有水泵改装,由三个缸套形式做成的压缩腔室组成。缸套被垂直地安装在水泵的三个压送端,每一压缩腔室都有单独的阀组,每一压缩腔所产生的泡沫均注入到泡沫稳压罐中,经稳压后再注入钻孔中。

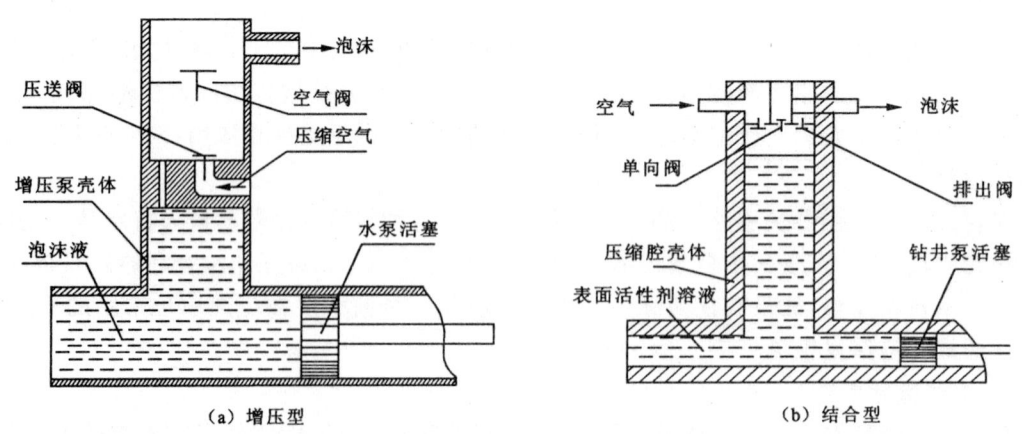

图 3-10 泡沫增压灌注泵的结构原理示意图

这种泡沫增压泵的增压效果比较明显,其容积效率也比较高。吉林大学建设工程学院采用这种方案先后在 BW250/50 泥浆泵的基础上,成功地研制出了用于小口径泡沫钻进用的泡沫增压灌注泵。2000 年,又在 BW1100/50 泥浆泵的基础上,研制出了用于水文水井钻孔用的泡沫增压灌注车,经在宁夏西海固地区的实际应用中获得了良好的经济技术效益。

二、石油系统常用的泡沫钻进设备

根据泡沫钻井工艺的要求,泡沫钻井装备必须能满足各种条件下(大井眼、小井眼)提供气液比合适的泡沫,即可以任意调节气液比,能承受相应的压力,并且有与钻井设备配套的连接件。泡沫和空气经过泡沫管汇装置后,就能产生合格的泡沫(同样有一个气液比的可调要求),另外要有一个效率高的泡沫发生器。基于这种要求,泡沫作业装备共由六大部件组成,如图 3-11 所示。

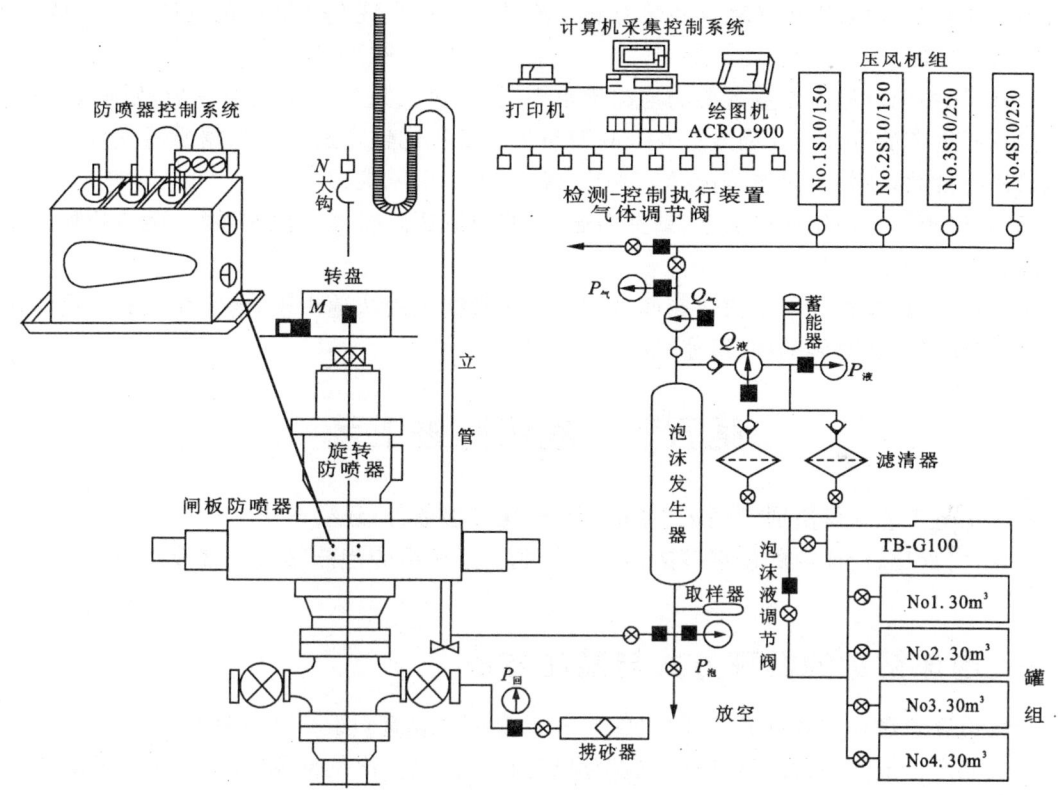

图 3-11 泡沫钻井系统简图

泡沫液按照设计要求配制好后,用供液泵输送到管汇车,经滤清器、蓄能器、液体流量计、压力表和单流阀进入泡沫发生器。为了防止泡沫堵塞、影响涡轮流量计的工作性能,在该供液系统中,设计了两个滤清器,以便轮换使用。另外还有一条回流管及闸阀,以便调节泡沫液流量的大小。压风机车将空气输送至泡沫发生器,途经孔板差压式流量计、压力表及单流阀,供气管汇上也有一个放空口,用于调节气量。泡沫液进入泡沫发生器后,经过空气的吹混击碎,即可生成泡沫,进入泡沫发生器的泡沫液和空气都要有一定的比例,泡沫合格后即可进入钻井作业。为了检查泡沫发生器的发泡质量,可以设计一个采样口,以便能随时采集泡沫进行性能测定,并指导进液进气量的调节。

钻井时，泡沫从立管经过水笼头、钻具至井底，携屑后返回井口，经过防喷器、钻井四通、防喷管线至捞砂管汇，然后放到污水池中。如果是泡沫洗井，则泡沫通过输送管线至采油井口。若正洗，则从油管进入井底，从环状空间返回地面；若反洗，则从环状空间进入井底，从油管中返回地面，排至污水池。

(1) PC-160型泡沫车。它将泡沫发生器、供气量的调节计、供液量的调节计等都设计安装在一辆车上，将气体流量及压力、液体流量及压力等都集中在一个仪表箱上。在供液管汇和供气管汇上都装有调节阀和单流阀，进液管汇上还设计安装了滤清装置及减振装置。

(2) 数据采集车。采用美国ACRO公司的ACRO-900数字采集系统、微机、打印机和绘图仪等。可以采集、储存、显示及打印泡沫作业的各种参数，并能分析处理数据，绘制曲线图。

(3) 配液供液系统。由于泡沫材料的黏度大，采用两台大型离心泵和搅拌器的大罐，供液采用多级柱塞泵，使之工作平稳。并装有涡轮流量计。将配液泵和供液泵设计在一个撬座上，对工作较为方便。

(4) 供气系统。泡沫作业需要的泡沫量是不同的，供气量的大小也有一定范围，选用蚌埠压缩机总厂生产的S10/150型或S10/250型空气压缩机比较合适。可根据所需气量的大小选用压风机的台数，视井的深浅可选择25MPa或15MPa压风机力。

(5) 井口装置。使用井口法兰、钻井四通、单闸板液压防喷器及控制系统、旋转防喷器及放喷管线。

(6) 地面连接管线。采用快速装卸，输气、输液管线采用快速由壬，电缆线接头采用快速接头，以便在现场安装时能准确、迅速、安全。

第五节 泡沫钻进工艺

泡沫钻进工艺除解决通常钻进中的压力、转速等参数外，还要解决空压机的风量、风压、泡沫灌注量、气液比、泡沫液的浓度等诸多技术问题。下面简介泡沫钻进中常涉及的一些工艺问题。

一、泡沫钻进的循环方式与灌注方法

泡沫钻进的循环方式有开式循环(图3-12)和闭式循环(图3-13)两种。

开式循环是泡沫携带岩屑到地表后即废弃掉，泡沫是一次性使用；闭式循环是泡沫携带着岩屑到地表后，将岩屑与泡沫进行分离，消泡以后将泡沫液回收，重复使用的一种循环方式。前者比较简单，但泡沫剂的消耗量比较大，后者的循环系统比较复杂，需要专用的机械消泡装置，消耗的能量也比较大。在实际工作中，可根据实际情况进行选择。

泡沫的灌注方法大体上也有两种：一种是间歇式循环，另一种是连续式循环。

1. 间歇式循环

为了节省泡沫剂的用量，降低成本，在大口径钻井施工中经常采用这种方法。具体的操作方法是先使用空气钻进，在孔内岩屑不断增多、钻进效率明显下降时，再启动泡沫灌注泵，以全泵量集中向孔内灌注泡沫液，待压力达到2~2.5MPa时，稍提钻具造成孔内的暂时压降，形成瞬时井喷而将孔内的岩渣携带到地表，达到清孔的目的。

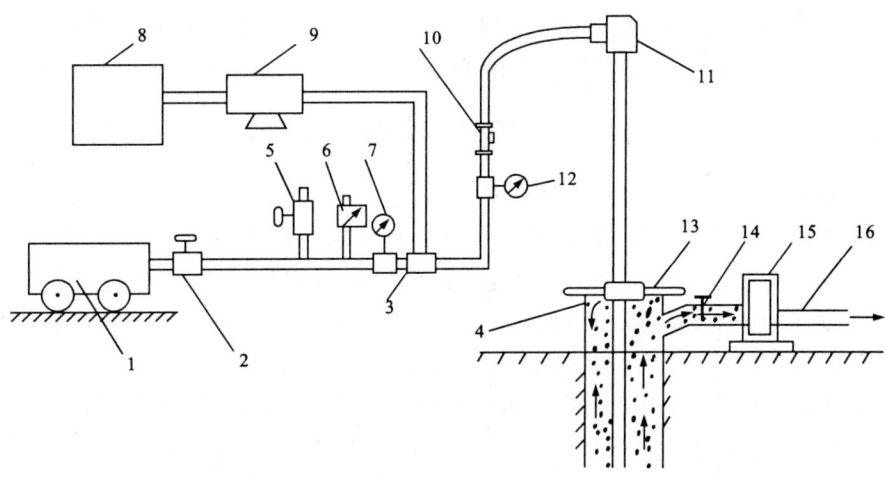

图 3-12　泡沫钻进中的开式循环方式

1—空压机；2—单向阀；3—泡沫发生器；4—井口套管；5—放空阀；6—压力表；7—空气流量计；8—泡沫液箱；9—泡沫泵；10—泡沫质量监测仪；11—水龙头；12—压力表；13—孔口密封器；14—背压阀；15—岩屑分离器；16—出口管

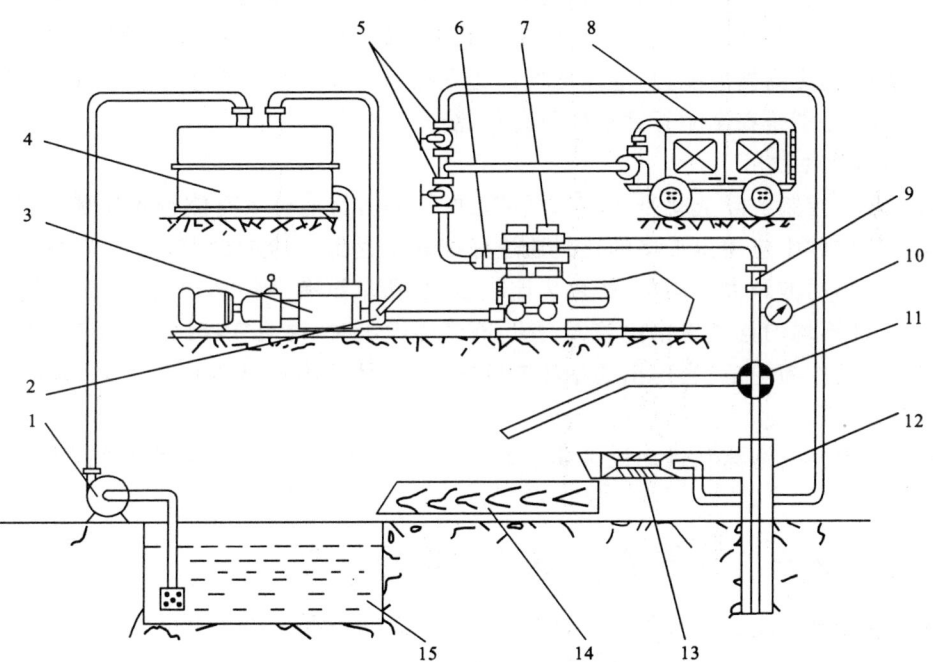

图 3-13　泡沫钻进中的闭式循环系统

1—输送泡沫液离心泵；2—泡沫液控制阀门；3—泡沫液灌注泵；4—泡沫液存贮罐；5—空气量调节阀门；6—泡沫泵；7—带压送泡沫泵的水泵；8—空压机；9—泡沫质量监测仪；10—压力表；11—三通阀；12—套管；13—喷射式消泡器；14—排水槽系统；15—沉淀池

2. 连续式循环

连续式循环是目前小口径钻进中经常采用的循环方式。它是先以小风量低风压启动泡沫泵,待其工作正常后再输入所需的风量,并控制泡沫的灌注量,直到一个回次结束。

二、泡沫溶液的浓度、气液比和泡沫质量的控制

1. 泡沫液的浓度

泡沫剂的临界胶束浓度都比较小(为0.02%～0.025%),在临界胶束浓度下是不能满足正常的泡沫钻进需要的。在泡沫钻进过程中,由于岩屑、孔壁和钻具等对泡沫剂的吸附作用,实际使用的泡沫剂的浓度,要比临界胶束浓度大得多。经过室内和大量的室外生产性试验并考虑成本问题,在一般的情况下,泡沫剂的浓度多在0.3%～0.4%。在此基础上,再考虑岩石的性质、孔内的含水量、孔深等情况,酌情予以适当地增加浓度,但最大浓度最好不要超过1.5%。深孔时且孔内的含水量比较大时,为了提高泡沫的携屑能力,可适当加入稳泡剂。此外,泡沫剂的质量也是影响泡沫剂浓度的一个重要因素,泡沫剂的质量好时,其浓度可以小些;质量差时,应适当增加泡沫剂的浓度。

2. 泡沫气液比的控制

气液比在泡沫钻进中是一个很重要的参数。它不仅影响钻进效率,也影响到钻头的正常工作和使用寿命。通常条件下,气液比在(200～100):1之间能够形成稳定的连续泡沫。在实际工作中,应根据地层情况而有所改变:在强裂隙、弱胶结的地层中钻进,其气液比应为(150～100):1;而在弱裂隙致密的岩层中,气液比宜在(50～100):1;在涌水的地层中钻进,为了降低管线的压力,提高携液能力,泡沫的气液比宜在(50～70):1之间。过大的气液比可能会造成烧钻事故,特别是在金刚石钻进中更是如此。

3. 泡沫质量的控制

泡沫质量的控制实际上就是对泡沫气液比的控制。目前还没有能有效控制泡沫气液比的仪器。在生产实践中应用得最多的还是通过仔细观察返出泡沫的形态,进而调整控制泡沫的气液比。当返出的泡沫大小均匀,颜色也比较白,在孔口没有气体逸出时,泡沫的气液比就比较合适;若泡沫不均匀且气泡也比较大,孔口有气体逸出时,说明气液比过大,应降低送气量或适当增加泡沫液的灌注量;当返出的泡沫湿度比较大,且返出速度也比较慢时,说明气液比过小,应增加送气量。

气液比的调整对泡沫钻进来说是非常重要的,要在实践中认真观察和总结,不断提高技术水平。

三、泡沫钻进的空气量、泡沫灌注量的确定

泡沫的上返速度主要取决于空气量的大小。泡沫的最低上返速度可用下式进行计算

$$v_F = 0.4(1-\beta)^{-0.417}\exp(0.00323\rho_s d_s g) \tag{3-4}$$

式中:ρ_s——岩屑的密度,kg/m³;

d_s——岩屑的颗粒直径,mm;

β——泡沫的充气度。

假设$\beta=0.84$,$\rho_s=2516$kg/m³,$d_s=0.4$mm,泡沫的上返速度为0.8866m/s。据此可以计算空气量的大小。

泡沫的灌注量是以钻进时所需的气液比来调节的。为满足不同地层的需要,泡沫泵的排量档级范围应取大些,这样可满足大多数地层和不同口径泡沫钻进的需要。在泡沫钻进中,泡沫的稳定性比在实验室里测定的要大得多。

泡沫的携屑能力与泡沫的静切力和稳定性有关,泡沫的静切力与泡沫的稳定性的大小与岩屑颗粒的大小也有关。通常,泡沫的静切力 τ_s 和泡沫的稳定性 T_s 随所含岩屑的量 μ_∞ 的增加而增大。当岩屑在泡沫中的含量占泡沫中液相质量的 0.10%～0.15% 时,泡沫的静切力和稳定性最大(图3-14)。但泡沫中的岩屑含量不能过大,因为泡沫的含屑量增加,泡沫的循环阻力也会越大。

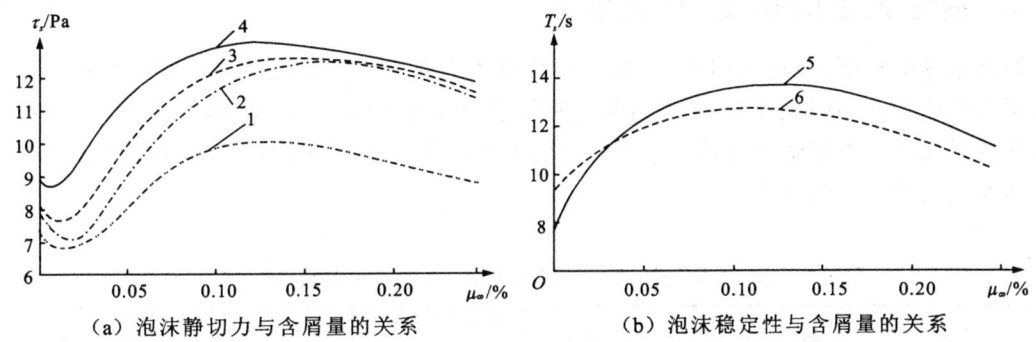

(a) 泡沫静切力与含屑量的关系　　(b) 泡沫稳定性与含屑量的关系

图3-14　泡沫静切力 τ_s、泡沫稳定性 T_s 与含屑量 μ_∞ 的关系图

注:图中曲线数字分别为不同浓度、温度、气液比、泡沫剂的种类及岩屑颗粒直径等条件下的试验曲线。

四、泡沫洗井时的注入压力

泡沫钻进时由于一些参数(如泡沫沿管路运动时的阻力系数、泡沫中气体含量或充气度、泡沫的流变参数等)难以确定,在确定泡沫灌注压力时,只能忽略某些因素而得到某些简化公式。

在钻孔循环系统正常钻进的条件下,由伯努利方程得到目前常用的泡沫注入压力 P_H 的计算公式

$$P_H = \sqrt{P_Y^2 + (\lambda_{cm1}\alpha_1 + \lambda_{cm2}\alpha_2)[1 - \exp(2bH)]/b} \qquad (3-5)$$

式中:$\alpha_1 = (G_L + G_G)^2 R_{cm} T/(2d_1 F_1)$;

$\alpha_2 = (G_L + G_G)^2 R_{cm} T/(2d_2 F_2)$;

$b = g/(R_{cm} T)$;

P_Y——管路末端的压力,MPa;

λ_{cm1}、λ_{cm2}——泡沫下降流和上升流的运动阻力系数;

G_L、G_G——液体、气体的质量消耗,kg;

R_{cm}——混合体的标准常数,$R_{cm} = G_G/[(G_L + G_G)R]$,$R$ 为气体常数;

T——钻孔循环系统的平均绝对温度,K;

d_1——钻杆内径,mm;

d_2——环状空间的等效直径,mm;

F_1、F_2——流体通过的通道横截面积,mm^2;

g——重力加速度,m/s^2;

H——钻孔深度,m。

按(3-5)式计算的输入压力和实测的输入压力相比,若两者相差不超过20%时,则可以用于预测泡沫钻进中的泡沫灌注压力值。

另外,在进行金刚石泡沫钻进时,金刚石钻头的水口数应比采用传统冲洗液时多一倍,水口的高度也要适当降低。这主要是因为泡沫流体的热容量比传统冲洗液的热容量小得多。同时,钻进时的转速最好不要超过800r/min。

五、泡沫钻进的钻压、转速参数

泡沫钻进中钻压、转速如何确定,关系到钻进能否正常进行,也影响到钻探效率。其确定方法可以参照岩心钻探规程,但在具体确定时还受多方面因素的影响,例如钻头的类型、泡沫液灌注量、气液比、地层的情况等。表3-3为地层条件一样的4个钻孔试验时所采用的钻压和转速及相关指标的情况表。

表3-3 试验孔所采用的钻压、转速和相关指标

孔号	钻压/kN	转速/(r/min)	平均机械钻速/(m/h)	台月效率/(m/台月)	备注
04	3～6	275～500	1.70	466.2	孔径76mm
023	3～8	275～375	0.74	280.4	孔径76mm
012	4.5～5.2	275～500	0.80	478.4	孔径56mm
044	14～38	500～610	1.83	580.16	孔径76mm

根据生产试验结果及小口径金刚石的钻进规程,泡沫钻进时,钻压可控制在10kN左右,转速可控制在500r/min左右。

六、金刚石泡沫钻进应注意的问题

(1)应根据岩层、孔深等情况合理设计泡沫钻进的钻孔结构,并且尽可能简化,在穿过地表覆盖层或风化层下入套管后即可正常钻进。

(2)为了有效地监控泡沫钻进的生产过程,应配备检测仪表,最主要的是空气流量计和压力表。

(3)钻进软地层时应控制机械钻速和回次进尺,以防排粉不畅而发生烧钻。

(4)钻进软硬互层地层时,尤其从硬到软时,应注意及时调整机械钻速。

(5)钻进开始时,应先启动泡沫液灌注泵,然后送入压缩空气;钻进结束时,应先关闭灌注泵,然后再关闭空气压缩机。

(6)应注意,即使在同一矿区钻进,泡沫的使用情况也因钻孔改变而各不相同。

(7)钻进中必须随时观察返出泡沫的流动状态和均匀性,判断孔内是否存在涌水或漏失的情况。

(8)根据钻进现场的具体情况,尽可能回收返出孔口的泡沫液,以减少泡沫液的消耗,降低

钻进成本。

第六节　泡沫流体的消泡与安全技术

泡沫钻进要求泡沫在孔内循环时具有稳定性，以利于携带岩屑和排水，而泡沫返出地表后又要求它尽快地消泡，以减少对施工环境的污染。但在实际生产中，由于泡沫剂一般都加有稳泡剂，所以生成的泡沫稳定性较好。所以消泡技术也是泡沫钻进工艺流程中必须关注的问题之一。

泡沫钻进不同于以冲洗液为介质的常规钻进方法。它需要额外安装专门的承压设备，如空压机、承压管路等，为此要特别注意人身安全和设备安全问题。

一、泡沫钻进中的消泡技术

泡沫是气体分散在液体中所形成的分散体系，它和许多分散体系一样，其界面自由能很大，属于热力学不稳定体系。它会自动减少表面自由能，故消泡是一个自发的过程。但泡沫钻进用的泡沫稳定性好，要使泡沫自行消泡需要有两个条件：一是很长的时间，二是有大容量的容器——沉淀池。当现场不具备以上条件时（例如施工场地受到限制），就不能等待它自行消泡，因此，消泡技术就显得十分必要。

1. 物理消泡法

物理消泡法是利用改变泡沫的黏度或其他物性的方法来使泡沫破裂。常用的方法有：热力法、真空法、声波法和低温电力法等。

（1）热力法。热力法是生产中广泛应用的一种古老消泡方法。其原理在于：通过升温让液体从泡沫的液膜中蒸发掉，在气流的作用下或通过泡沫直接与加热器接触的方法来消除泡沫。热力消泡的效果取决于水分的蒸发、泡沫液的浓度、表面张力及液体黏度的下降等综合因素。

（2）真空法。真空法广泛应用于油、气钻井行业的钻井液除气工作。真空处理借助气室和泡沫气泡中的压力差来消泡。这种方法需要配备石油钻井用的除气设备，投资较大。

（3）声波法。该方法借助孔口阀门关闭产生 0.15～0.20MPa 的阻力来消除泡沫。但这种方法带来的功率损耗大，且需要密封可靠的孔口设备。

（4）低温电力法。低温电力法是在低温条件下利用泡沫弹性下降的特性，使泡沫不能稳定存在。例如，一种方法是将低温放电装置放置于泡沫上面，根据泡沫的成分和状态，调节电压的大小控制泡沫的产生。该方法目前在钻井工作中还很少使用。

2. 化学消泡法

化学消泡法是利用化学消泡剂与泡沫剂发生化学反应而使泡沫破裂，达到消泡的目的。化学消泡是有效的方法，但由于消泡剂消耗量大而提高了工作成本。此外，化学消泡会污染泡沫剂，降低泡沫剂的发泡能力，因而使泡沫剂不能重复利用。这种方法常在钻井施工完后才能使用，以避免造成环境污染。

常用的消泡剂有：醇类（带支链的如二乙基己醇）、脂肪酸及脂肪酸酯、酰胺类（如二硬脂酰乙二胺）、磷酸脂（如磷酸三辛酯）、有机硅化合物（如硅油、其他卤化有机物）等。

3. 机械消泡法

机械消泡法是利用压力（如剪切力、压缩力和冲击力等）的急剧变化将泡沫消除。按其对泡沫作用的方式不同,分为离心法、液动力法、气动法和气压流法。钻探现场经常采用离心法,通过高速旋转的离心叶片装置来破除泡沫或击碎泡沫。液动力法和气动法是用压力液流或气流来消除泡沫。气压流法是靠压力的变化来消泡。

4. 自然消泡法

泡沫中各个气泡相交处(通常是三个气泡相交)会形成所谓的 Plateau 交界,此处泡沫液膜中的压力小于液膜的其他地方。自然消泡法通过泡沫间液膜的液体沿着 Plateau 界面流出,气泡间的气体扩散和一些单个气泡薄膜破裂来消泡。脱水收缩是泡沫在重力作用下破灭的基本过程,这一过程使泡沫的膜逐渐变薄,进而造成泡沫破裂而实现消泡。

上述四种消泡方法中,除化学消泡及物理消泡外,其他消泡方法的最大优点在于泡沫液可以回收重复利用,有利于降低成本,在实际工作中可根据具体情况选择使用。

二、机械消泡装置

机械消泡技术中应用较多的是喷射法消泡装置。这种消泡装置结构简单,消泡效率高,不需要熟练技术人员操作。常用的喷射消泡装置有两种类型。

1. 轴流式喷射器

它与喷射式反循环的工作原理相同,即借助高速气流所形成的射流带动泡沫一起流动,经承喷器、喉管及扩散器形成负压来实现消泡。

2. 隙缝式喷射器

其工作原理是:当平直的空气流沿曲面流动时,在靠近曲面的附近会产生负压,导致流体对曲面产生附壁效应。随着流体的流动和周围空气的混入,负压下降,在离开出口一定距离处就降低到零值,泡沫也就在此负压作用下实现消泡。

三、泡沫钻进中的安全技术

1. 泡沫钻进中的安全技术问题

泡沫钻进中经常遇到的安全技术问题有以下几个方面。

(1)承压设备、管路、仪表等突然爆裂,造成人身伤害及财产和设备的损失。

(2)由于现场人员误操作造成的意外伤害事故。

(3)采用间歇式泡沫注入工艺时,易造成大量岩屑粉尘外溢,使施工人员患呼吸道、五官疾病或皮肤病。

(4)泡沫钻进所用的绝大多数泡沫剂都有微毒性。阴离子型泡沫剂常会引起皮炎和皮肤过敏。使用粉末状泡沫剂时应该注意保护呼吸道,否则会刺激鼻黏膜和导致呼吸道疾病。

(5)泡沫钻进用的泡沫剂水溶液中含有大量的离子和一定量的空气,会对设备和机具产生比较强的腐蚀,因此需要注意对设备和机具的清洗工作。

2. 泡沫钻进中的安全技术措施

为充分发挥泡沫钻进的优越性,减少事故,实现安全泡沫钻进,必须做到以下几点。

(1)用于泡沫钻进的主要设备和专用辅助设备应按照地质勘探工作安全规程的规定进行布置和固定。明确标出使用泡沫钻进的孔段,并在孔口安装密封装置,以防泡沫流入井场。

(2)空压机的冷却系统必须远离输电线路,空压机的安装位置应远离井场,以减轻噪音影响。

(3)合理布置压气管道和泡沫输送管道,以方便安装、维护与检查工作的顺利进行。

(4)当压气管道中存在剩余压力时,禁止进行泡沫压送设备的拆卸、压气管路的维修、钻具加接和拧开密封塞等工作。

(5)每次下钻具之前,应检查钻杆柱内的止逆阀是否完好。提升钻具之前,应设法释放钻具内的压力。

(6)必须在压气管路上安装安全阀,以便当压力超过工作压力25%时可自动释放压力。

(7)泡沫钻进中应采用无毒的泡沫剂。泡沫钻进施工人员应配备涂有橡胶的手套、口罩等安全防护用品。当泡沫液溅入眼内时,应采用0.2%的硼酸进行冲洗。

(8)应在易被泡沫浸湿的设备及机具上涂抹油脂,以防止泡沫剂对设备和机具的腐蚀。

(9)升降钻具时必须戴防护眼镜,并采用透明挡板,特别在钻具发生堵塞时更应如此。

泡沫钻进具有很多的优点,良好的安全措施是实现这些优点的最根本的保证,因此要时刻注意防范和杜绝意外事故的发生。

第四章 孔内局部循环节水钻探新方法

第一节 实现孔内局部循环的基本方法

一、建立孔内冲洗液局部循环的方法与机具

在地表干旱无水地区,往往地下浅部漏水,漏水孔钻进是在复杂地质条件下经常遇到的钻探工艺问题。按照传统的工艺方法,必须用套管隔离或封孔堵漏的办法处理漏失段,尤其在我国西部缺水地区,经常从很远的地方往钻场送水。传统方法将极大地增加施工成本和时间消耗,同时堵漏材料还会造成环境污染。考虑到一般漏水孔所在的地层往往是浅层漏水,但中深部有地下水,如果能利用地下水作为钻井液,实现孔内局部循环来完成正常的钻进过程,并保证较高的钻探效率,将是最经济、最环保的钻进方法。

毫无疑问,上述技术思路是合理的,但它在实际地勘工作中的使用效果却不尽人意。为了具体评价孔内局部循环钻进的实际应用效果,首先必须对国内外已有的孔内局部循环钻进方法及其工具进行对比分析(表4-1)。

二、对现行孔内局部循环钻进工艺的评述

通过分析表4-1列出的孔内局部循环钻进手段,可把常用的孔内局部循环钻井方法按工作原理分为:无泵式、喷嘴式、孔内密封式、分水接头式、压风机升液式、活塞式等。

1. 无泵式孔内局部循环钻进技术

无泵式钻进方法[图4-1(a)、(b)]在第二章第一节中已专门作过介绍。用这种方法钻进漏水地层时,不需要开泵,只需在回转钻进的同时反复上下提动钻具,借助钢球的升、落动作来形成钻井液的孔底局部循环,实现冷却和排粉。这种钻进方法比较原始,并且频繁地升降钻具易造成钻具碰撞敲打孔壁而产生孔内事故,钻进效率很低。

2. 喷嘴式孔内局部循环钻进技术

该钻进方式在岩心管内装有喷嘴及扩散管等结构[图4-1(c)]。在回转钻进的同时,靠喷嘴处高速射流形成的负压来实现钻井液在孔底局部循环钻进,并采取岩心。这种钻进方法曾在国内外广泛应用,但是为了保证形成孔内的负压场,必须开大泵量。同时,在不同的孔径与地层条件下,还必须反复调整喷嘴的尺寸和它与扩散管之间的距离,为此将消耗许多时间。另外,由喷嘴接头处喷出的高速流体还可能破坏孔壁而造成孔内事故,故不适用于干旱缺水及地层不稳定的地区。

3. 孔底密封式局部循环钻进技术

该钻进方式是在取心钻具的上方安装封隔器[图4-1(d)],强制从分水接头处流出的水流沿岩心管外环状空间间、钻头水口进入岩心管内,形成孔底局部反循环钻进,并采取岩心。

这种钻进方法也必须消耗大量的地表水来冲洗钻孔,而且安装封隔器的位置要求孔壁致密完整,否则将失去密封效果。故也不适用于干旱缺水及地层不稳定的地区。

表4-1 国内外实现孔内局部循环的钻进方法及其工具分类表

序号	钻进方法	建立钻井液局部循环的方法	能量传递方式	动力来源	建立孔内局部循环的执行环节
1	无泵	强制性上下提动钻具	机械	钻机升降机或立轴	钻杆+岩心管接头中的钢球+沉淀管
2	脉动	周期性地改变钻杆中的水位	气动	压风机	把压缩空气送往钻杆内腔,用于不返水钻孔
2	脉动	周期性地改变钻杆中的水位	气动	真空泵	使钻杆内腔形成负压,孔内反循环
3	空气升液器	送入压气改变管内外液体密度	气动	压风机	往升液管送入压缩空气,用于反向冲孔
4	离心式	潜水离心泵叶片回转造成压头	电动	电动机	转子,形成孔内反循环
5	螺杆(叶片)式	螺杆回转时压入或抽吸冲洗液	机械	钻机回转器	组合钻具,用于反向冲孔
6	螺旋式	用螺旋泵压入或抽吸冲洗液	机械	钻机回转器	螺旋泵叶片及专用钻杆,形成孔内反循环
7	活塞式	强制往复式潜水泵中活塞往返运动	机械	钻机升降机或立轴	互动式钻杆使活塞或柱塞位移,形成孔内局部循环
8	活塞式	强制往复式潜水泵中的活塞往返运动	机械	钻机升降机或立轴	带卡接头的绳索,形成孔内反循环
8	活塞式	强制往复式潜水泵中的活塞往返运动	机械	钻机回转器	钻杆+深水泵
8	活塞式	强制往复式潜水泵中的活塞往返运动	机械	钻机回转器	带复线凸缘的轴+反循环双管钻具
8	活塞式	强制往复式潜水泵中的活塞往返运动	气动	潜水振动器	连接气动马达与往复式潜水泵活塞杆
8	活塞式	强制往复式潜水泵中的活塞往返运动	气动	气动马达	连接水马达与往复式潜水泵活塞杆
9	活塞式	强制往复式潜水泵中活塞往返运动	水力	水马达	以阀体静止、阀座运动的方式形成孔内循环
9	活塞式	强制往复式潜水泵中活塞往返运动	水力	钻探泵+电磁脉动阀门	装有时间继电器的电磁铁控制阀门形成孔内循环
10	喷嘴式	喷嘴处高速射流形成负压	水力	钻探泵+喷嘴	借助专用喷嘴接头钻具,形成孔底局部反循环
11	柱塞式	强制往复式潜水泵中柱塞往返运动	水力	钻探泵+脉动式双向阀	借助脉动往复式潜水泵在一段钻具范围内形成孔内局部循环

4. 分水接头式孔底局部循环钻进技术

该钻进方式采用的是双管取心钻具,在钻具的上方安装专用分水接头[(图4-1(e)]。同时,所用的钻头没有大水口,靠钻头唇面形成密封,强制从分水接头处流出的水流沿岩心内外管之间的环状空间进入岩心内管,形成孔底局部反循环钻进,并采取岩心。这种钻进方法也必须消耗大量的地表水来冲洗钻孔,而且靠钻头唇面形成的密封往往不可靠。该方法在缺水的西部地区不适用。

5. 压风机升液式钻进技术

该钻进方式是在整个钻杆柱内下入压风管[图4-1(f)],送入压缩空气,通过空气升液器

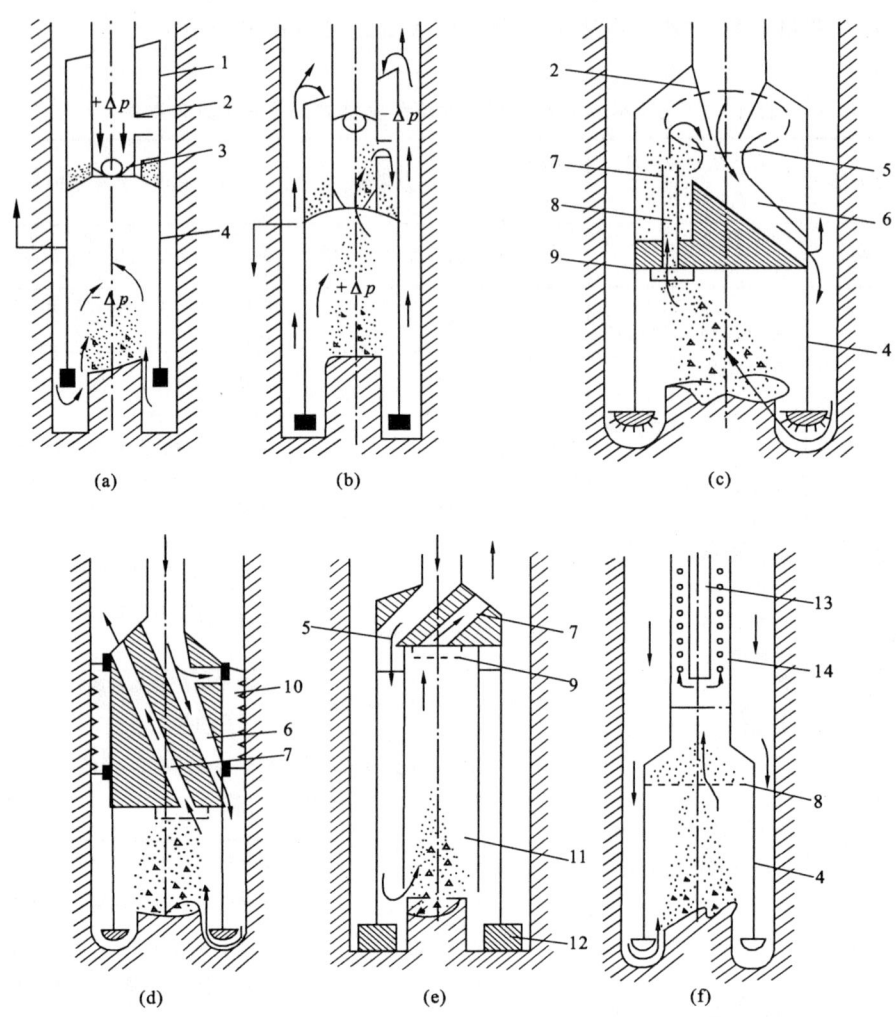

图 4-1 国内外传统式孔内局部循环钻进技术示意图

(a)(b)无泵式孔内局部循环钻进技术；(c)喷嘴式孔内局部循环钻进技术；(d)孔底密封式局部循环钻进技术；(e)分水接头式孔内局部循环钻进技术；(f)压风机升液式孔内局部循环钻进技术

1—取粉管；2—钻杆；3—钢球；4—岩心管；5—分水接头；6—分水通道；7—回水通道；8—岩粉；9—滤网；10—孔底密封圈；11—内管；12—钻头；13—风管；14—升液器

的工作原理形成全孔或局部反循环钻进，并采取岩心或岩屑。这种钻进方法不必消耗地表水，但是必须在地表安装压风机及其动力机，必须使用大通孔直径的钻杆柱，设备庞大。可用于大口径水井钻进，但对于需要钻大量小口径勘探孔的、交通不便地区（如中国西部地区）有很大的局限性。

国内多年来基本上是沿用国外成熟的无泵式孔底局部循环、喷嘴式孔底局部循环、分水接头式孔底局部循环技术。从表 4-1 可以看出，其中柱塞式孔底局部循环的方法很有前景。它借助钻探泵和脉动式双向阀，通过水力来实现往复式潜水泵中柱塞的往返运动，从而在一段钻具范围内形成孔内局部循环，完成排粉、冷却钻头的任务。如果通过脉动式双向阀的特殊功能，使来自钻探泵的地表水能够不流入漏失地层，且被重复利用，则可达到实现节水钻探的目的。

表4-1列出的其他建立孔底局部循环的方法过于复杂，需要往孔内下入离心泵或轴流泵，所以很少应用。

三、实现孔内局部循环节水钻探的基本原则与思路

人们研究孔底局部循环钻进方法的初衷有两条：一是在复杂地质条件下解决提高岩矿心采取率的问题；二是解决在上部地层漏失情况下实现正常钻进的问题，也就是解决节水钻探的问题。

在前述关于国内外孔内局部循环钻进方法分析的基础上，针对干旱地区往往地表缺水、地下浅部漏水而深部有水的实际情况，笔者提出节水钻探的创新思路。即借助脉动式双向阀的特殊功能，使来自钻探泵的地表水既不接触漏失地层，又能驱动往复式潜水泵中的柱塞往返运动形成孔内局部循环，且被重复利用，则可达到实现节水钻探的目的。因此，实现孔内局部循环的基本原则可归纳如下。

(1)钻进过程中基本不消耗或尽量少消耗地表水。

(2)保证孔内往复式潜水泵柱塞往返运动所需的地表泵泵压不超过现有地表泵的额定值。

(3)必须保证孔内局部循环达到一定的强度。即孔内往复式潜水泵的实际泵量足够大，能够保证正常钻进所需的流量。

(4)必须保证孔内局部循环的可靠性。往复式潜水泵的性能要稳定，能够适应孔内复杂工作情况，当钻进条件变化时，往复式潜水泵能保证必须的冲洗强度，实现正常连续钻进。

(5)设计的孔内局部循环节水钻探系统能够实现正常取心，具有较好的防治孔内事故能力。

在孔内浅部漏水但一定深度以下有水的情况下，可通过往复式潜水泵来实现孔底局部循环节水钻探。这种节水钻探技术的思路国内尚未见到相关报道，其基本技术思路是：在地表往复泵的出口处加一个脉动式双向阀，当地表往复泵活塞正向行程时，脉动式双向阀作为普通的锥阀使用，泵腔中的水通过脉动式双向阀进入高压管线中形成水力脉冲驱动往复式潜水泵的柱塞完成正向行程；当地表泵的活塞反向行程时，在复位弹簧和往复式潜水泵工作柱塞底面所受静水压力的共同作用下往复式潜水泵的柱塞完成反向行程，高压管线中的水通过脉动式双向阀的反向阀回到泵腔中。往复式潜水泵的柱塞以下设有吸水阀和排水阀，吸水阀和排水阀协同往复式潜水泵柱塞的动作完成吸水和排水过程，形成孔内局部循环。往复式潜水泵的柱塞把地表水和地下水分隔开，地表水和地下水成为两个完全独立的水路系统。地表水只作为一种动力媒介，钻进过程中基本不消耗地表水。

按照上述技术思路，必须从下述几个方面对表4-1中的"潜水柱塞泵+脉动式双向阀"方案加以改进。

(1)冲洗液循环应是有压头的，强制性的。

(2)为了提高往复式潜水泵的吸水效率，应合理设计连接吸水口与管外空间的通道，以防止液体在离心力的作用下被甩出；同时，应利用回转时形成的水头，强制性地向泵腔内送入液体。

(3)为了提高运行的可靠性，往复式潜水泵在结构上要做到：

1)在柱塞反向行程时能对水击现象进行补偿；

2)合理设计阀的位置，防止它在离心力作用下产生侧向运动；

3)防止往复式潜水泵的零件在柱塞中被卡死。

(4)脉动式双向阀是借助水锤驱动潜水式柱塞泵的重要装置。前人设计的脉动式双向阀结构太复杂,供水效率也不高,必须研制新型脉动式双向阀使其具备便捷性和通用性,即在结构上要做到:

1)可在没有外部能源的条件下运行;

2)可用于任何水锤驱动的往复式潜水泵;

3)能够保持高压管线中有一定的剩余压力,以自动补偿管线中液体的渗漏情况。

第二节 孔内局部循环节水钻探系统的结构

一、往复式潜水泵的结构

往复式潜水泵是实现孔内局部循环的重要部件。如图4-2所示。往复式潜水泵的结构主要包括:安装在工作腔2内的传动柱塞1,安装在泵腔4中的工作柱塞3,把它们相互连接起来的连杆5和套在杆5上的工作弹簧6。连杆与工作柱塞3之间用铰接的方式相连。在传动柱塞1和弹簧6之间,在杆5上自由地套装了上支撑环7。而弹簧6的下部装有下支撑环8,它也是自由地套装在杆5上,而且下支撑环8有一定的向上位移间隙。泵的缸体9与吸水阀体10相连,而吸水阀体10又与排水阀体11相连。在吸水阀体10中布置了带弹簧13的吸水阀12和限位环14,进水腔15通过进水眼16与管外空间(即钻孔内的水位)相通。通过几个直孔17把泵腔与出水腔18连接起来。在排水阀体11上安装了带弹簧20和限位环21的排水阀19。往复式潜水泵通过接头24和接头25与钻杆连接,在钻进过程中与钻杆一起回转。传动柱塞1用密封圈27实现密封,而工作柱塞3用密封圈28实现密封。

在工作柱塞3上加工了中心通道29和与之相连的侧向通道30,它们形成的水路使连杆的空间31与泵腔4连通。在中心轴向通道上装有辅助阀32和弹簧33。

由于地表往复泵安装了脉动式双向阀(脉动式双向阀的结构及其工作原理详见本章第三节二),当地表往复泵正向行程时,来自地表往复泵的水力脉冲传递到往复式潜水泵的工作腔2,在冲洗液的水压作用下往复式潜水泵的传动柱塞1以及和它连在一起的连杆5、工作柱塞3向下移动,压缩工作弹簧6,并把泵腔4内的冲洗液通过直孔17压至出水腔18,进而打开排水阀19,使冲洗液通过钻杆流向孔内岩心管,完成往复式潜水泵的排水过程。

当地表水泵反向行程时,由于脉动式双向阀的作用使地表压力管路及往复式潜水泵以上钻杆柱中的水压力下降,工作弹簧6通过上支撑环7从下面作用于传动柱塞的端部。与此同时,来自管外空间的冲洗液的静水柱压力通过进水眼16、进水腔15、吸水阀12和泵腔4作用于工作柱塞3的下端,使传动柱塞1和工作柱塞3向上移动。这时管外空间的冲洗液经过打开的吸水阀12灌满泵腔4,这样就完成了往复式潜水泵吸水过程。当地表往复泵又开始正向行程时,来自脉动式双向阀的下一个水力脉冲又来到了,在它的作用下柱塞又向下移动,从腔体内把冲洗液压向孔内,即又开始一个新的循环。

当工作柱塞反向行程时,靠位于上限位的上支撑环7和下支撑环8之间的弹簧6的弹性压缩可以吸收水击的能量,因为下支撑环8可以在工作柱塞3的作用下向上位移。

由于往复式潜水泵所有的阀体(吸水阀、排水阀、辅助阀)都布置在泵的几何中心轴上,即钻杆柱的回转轴上,所以把离心力对阀体的有害影响降至最低,从而可提高往复式潜水泵的工作效率。这种布置方式允许我们把往复式潜水泵进水阀体的尺寸设计得尽量大些,以保证钻孔有效冲洗所需的泵量。

当连杆所在的腔体31内充满液体时,部分液体可从密封不好的接头处排出,而当工作柱塞3反向行程时,液体将沿着通道30、29进入泵腔体4,从而使往复式潜水泵的效率进一步提高。

进水眼16相对于进水腔15取切线方向布置,而不是径向布置,可极大地防止离心力对泵腔吸水的影响。由于进水眼的方向与钻具回转方向一致,故造成的管外液体的速度水头可把离心力的有害影响降至最低,使往复式潜水泵的吸水效率进一步得到大幅度提高。

二、地表专用单缸柱塞泵的结构

我们把节水钻探往复式潜水泵设计出来之后,为了提供驱动往复式潜水泵的水力脉冲,曾尝试把传统的BW-250地表三缸往复泵卸掉两个缸的活塞,只保留一个缸工作。这样一来,它向孔内提供的便是明显脉动的水力动能。试验结果表明,这种方式可以实现节水钻探,但BW-250泵不仅笨重,而且每次拆卸地表三缸往复泵太麻烦,其工作可靠性和稳定性也不理想。于是产生了专门设计开发节水钻探用单缸柱塞泵的想法。

单缸柱塞泵的主要作用是产生脉冲压力,驱动孔内节水液动器工作,并不需要大量抽取地表水,只要单缸柱塞泵能够提供4～6MPa的压力、40～90L/min的泵量、150～250次/min的冲次即可。但目前我国还没有符合上述要求的单缸柱塞泵系列。我们研发了与节水钻探配套的小型专用单缸柱塞泵,其结构简单,体积小,质量轻,操作方便,便于现场使用。

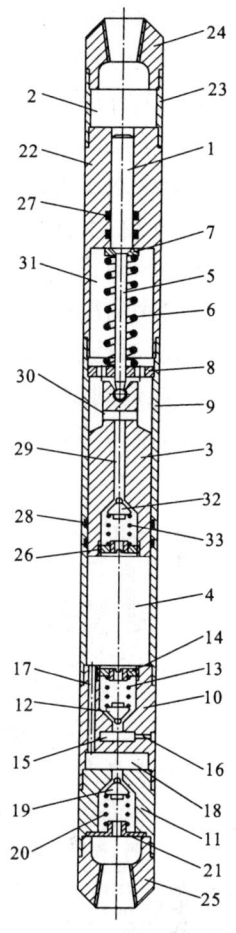

图4-2 往复式潜水泵结构示意图
1—传动柱塞;2—工作腔;3—工作柱塞;4—泵腔;5—连杆;6—工作弹簧;7—上支撑环;8—下支撑环;9、22—缸体;10—吸水阀体;11—排水阀体;12—吸水阀;13、33—弹簧;14—限位环;15—进水腔;16—进水眼;17—直孔;18—出水腔;19—排水阀;20—弹簧;21—限位环;23、24、25—接头;26—限位螺丝套;27、28—密封圈;29—中心通道;30—侧向通道;31—连杆空间;32—辅助阀

地表专用单缸柱塞泵的结构如图4-3所示,主要包括电动机1,皮带2,减速箱3,曲柄4,连杆5,缸套7和柱塞6。还包括普通单向吸水阀8及脉动式双向阀9,分水阀10,出水管12及压力表13等。电动机输出的高转速通过皮带2传递到减速箱的大皮带轮实现一级减速,大皮带轮与一小齿轮安装在同一根轴上,小齿轮与安装在曲柄4上的大齿轮啮合实现二级减速,曲柄4通过连杆5带动缸套7中的柱塞6作往复运动。设计了两个不同直径的缸套,可以根据调节泵量的需要更换缸套。

地表专用单缸柱塞泵与普通单缸泵的不同之处主要表现在脉动式双向阀和分水阀上。

(1)在出水口处安装了脉动式双向阀。普通单缸泵出水口处的排水阀一般为单向阀,而加在专用单缸柱塞泵出水口处的排水阀是脉动式双向阀。脉动式双向阀9的放大结构示意图见图4-3(b),主要由以下几个组件构成:弹簧14,鞍形衬套15,阀体16,阀座17,反向球阀18,弹簧19及中心通道21。当地表单缸泵泵腔中的水压力大于出水管中的水压力时,脉动式双向阀相当于一个普通的出水阀。此时反向球阀关闭,整个阀体16上抬,压缩弹簧14,水从阀体16与阀座17之间的环状空隙中挤出,进入到出水管12中。当出水管中的水压力大于地表单缸泵泵腔中的水压力时,在弹簧14的作用下,阀体16与阀座17紧密配合,而反向球阀18压缩弹簧19开启,水便从出水管12中流回到泵腔中。脉动式双向阀的双向通道使得泵腔中的水可以通过脉动式双向阀形成水力脉冲,驱动孔内往复式潜水泵工作,而做完功的水又可以从脉动式双向阀的反向阀流回到泵腔中,从而实现节水钻探的目的。

(2)在出水口处脉动式双向阀的后方增加了分水阀10。分水阀不仅可以起到分水的作用,而且还可以起到安全阀的作用,当出水管内的水压力达到设定值时,分水阀开始分水,且分水流量可以通过调节间隙24的大小来控制。其放大的结构示于图4-3(c)。主要由下列构件

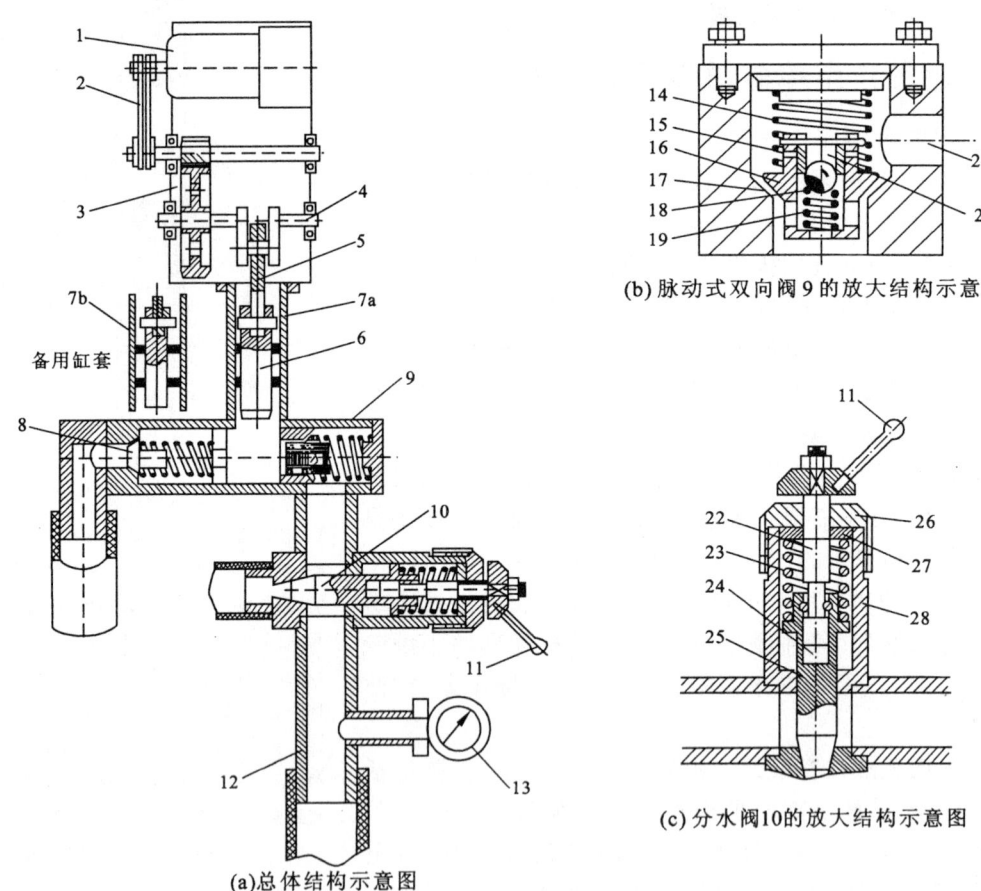

图4-3 地表专用单缸柱塞泵结构示意图

1—电动机;2—皮带;3—减速箱;4—曲柄;5—连杆;6—柱塞;7—缸套;8—普通单向吸水阀;9—脉动式双向阀;10—分水阀;11—手柄;12—出水管;13—压力表;14—弹簧;15—鞍形衬套;16—阀体;17—阀座;18—反向球阀;19—弹簧;20—出水口;21—中心通道;22—柱杆;23—弹簧;24—间隙;25—阀体;26—压盖;27—预压垫片;28—销钉

组成:手柄11,柱杆22,弹簧23,间隙24,阀体25,压盖26,预压垫片27及销钉28。柱杆22与阀体25通过销钉28连接,柱杆22与阀体25之间存在间隙24,允许柱杆22和阀体25之间有一定的相对位移。柱杆22与压盖26之间通过丝扣连接。由图可知,可以通过调整预压垫片27的厚度来调节弹簧23的预紧力,而弹簧23直接压在阀体25上,因而可以控制阀体25的开启压力,而阀体25开启量的大小(也即回水流量的大小),可以通过旋转手柄11来调整柱杆22与阀体25的相对位置,也就是用间隙24的大小来控制。

三、排气阀的结构

地表专用单缸柱塞泵产生的水力脉冲经出高压胶管、水龙头、主动钻杆及钻杆一直传递到孔内节水钻探往复式潜水泵的传动柱塞处,在此过程中,若传递的水力脉冲能量损失过大,则传动柱塞达不到额定行程,系统不能正常工作。

造成脉冲能量损失的原因主要有两条。

(1)高压胶管的膨胀。连接单缸泵与水龙头的高压胶管若采用普通帆布夹层胶管,则当水力脉冲来到,管内压力增大时,胶管会发生膨胀,像弹簧一样吸收掉脉冲能量。则孔底往复式潜水泵的传动柱塞和工作柱塞不可能被驱动,或被驱动的位移量不够,从而很难保证孔内局部循环。

(2)高压管线中的空气。由于各种原因(往复柱塞泵吸入空气、钻杆接头密封不严吸入空气等),高压管线及钻杆柱中不可避免地会混入一些空气,在冲洗液中形成气泡。空气是可压缩的介质,冲洗液中的大量气泡会出现类似于弹簧的效应,水击能量到来时气泡被压缩,地表单缸泵柱塞反向行程时,气泡又膨胀,从而吸收掉脉冲能量,很难保证孔内局部循环。

为了消除高压胶管膨胀的影响,我们选用带2~3层内钢丝编织层的铠装高压胶管,其膨胀变形的余量较小,取得了较好的防脉冲能量损失效果。

为了消除高压胶管线中的空气影响,我们先后研制了两种排气阀,把它安装在水龙头顶部。两种排气阀均取得了很好的排气效果,达到了防止脉冲能量损失的目的。

1. 手动排气阀

第一代排气阀为手动排气阀,其结构如图4-4所示。主要包括:杆阀1、阀座2(通过螺纹与水龙头顶部相连)、软管3、手柄4和杆杠5。常规状态下,在压缩弹簧的作用下,杆阀1与阀座2密切配合,通道关死,空气不能排出。

在节水钻探过程中,当观察到地表单缸泵压力表压力下降,此时可能有大量空气聚集在水龙头顶部,可以定期拉动与杠杆5相连的手柄4,杠杆5压缩弹簧同时带动杆阀1向下移动,杆阀1与阀座2之间的锥形环状通道便打开,聚集的空气经过锥形环状通道后,进入软管3中排除掉。

如果观察到软管3中排出的只是水,而没有空气,则说明此时混入的空气已经排除干净,可以停止拉手

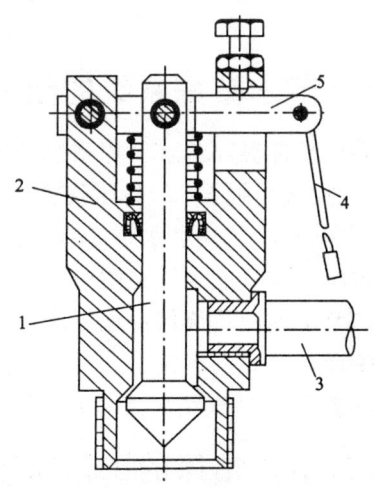

图4-4 高压管线上的排气机构
1—杆阀;2—阀座;3—软管;
4—手柄;5—杠杆

柄 4,进行正常的节水钻探。

2. 自动排气阀

第二代排气阀为自动排气阀,把它安装在水龙头顶部,能够自动排出管线中的空气而不排出水。其结构原理如图 4-5 所示。图 4-5(a)为排气状态,图 4-5(b)为关闭状态。

在节水钻探过程中,当管道中有空气积聚时,由于空气的密度小,因此其浮力也就小,浮子处于下端,通过杠杆 2 打开排气机构 5,气体从排气孔 1 中排出。当管道中没有空气时,冲洗液的浮力把浮子顶起,浮子处于上端,带动杠杆 2 关闭排气机构 5。

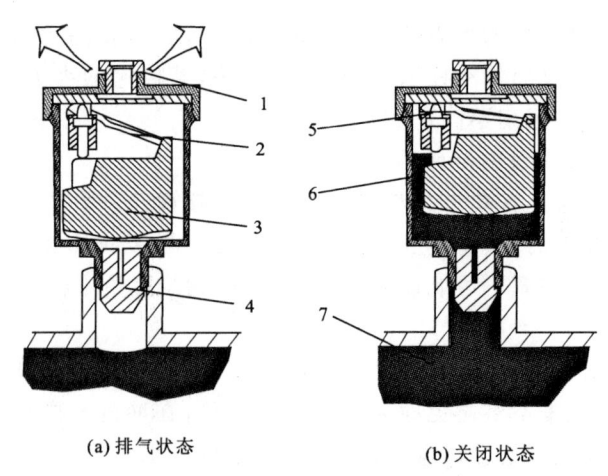

(a) 排气状态　　　(b) 关闭状态

图 4-5　自动排气阀工作原理图

1—排气孔;2—杠杆;3—浮子;4—滤塞;5—排机构;6—外壳;7—冲洗液

第三节　孔内局部循环节水钻探的工作原理

一、节水钻探系统的组成

孔内局部循环节水钻探系统的组成如图 4-6 所示。其地表设备包括:安装了脉动式双向阀 11 的地表单缸泵 12、高压胶管 9、排气阀 8 和水池 13;孔内钻具包括:钻头 1、岩心管 2、取粉管 3、钻杆 4、往复式潜水泵 5。由于地层严重漏失,又不便下套管或用水泥浆液等办法堵漏,所以地层水位只能维持在图中 6 所示的深度。也就是说,在孔内不返水的情况下,用图 4-6 所示的节水钻探系统借助地层水进行孔内局部循环可以实现正常钻进操作,而基本不用从远处往钻场送水或汽车拉水。由于冲洗液不可能排至地表,所以在岩心管 2 上端必须安装取粉管 3,并在每个回次结束之后必须清理取粉管。

二、节水钻探的工作原理

为了便于叙述节水钻探的工作原理,我们来分析图 4-7。其中,图 4-7(a)是图 4-6 节水钻探系统的原理示意图,图 4-7(b)是节水钻探系统中脉动式双向阀 5 的剖面结构图。脉动式双向阀实质上是个增压阀,阀体 16 被弹簧 15 压紧在地表钻探泵的阀座上,在阀体上开有

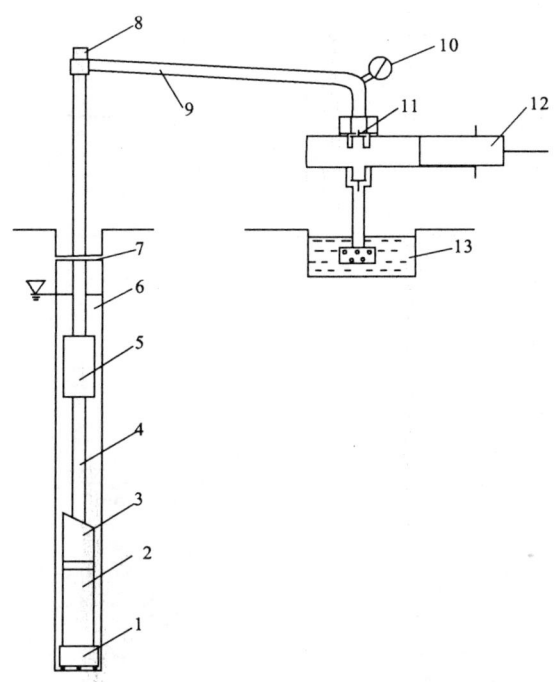

图 4-6 孔内局部循环节水钻探系统的组成示意图

1—钻头；2—岩心管；3—取粉管；4—钻杆；5—往复式潜水泵；6—地层水；7—漏失层；8—排气阀；
9—高压胶管；10—压力表；11—脉动式双向阀；12—地表单缸泵；13—水池

轴向中心通道，在轴向中心通道上装有反向阀17，它被弹簧18顶在阀体16的下端，弹簧18的预紧力可以调节。

当地表钻探泵的柱塞1开始工作行程时，吸水阀4关闭，脉动式双向阀5的阀体16在液体挤压作用下上升，弹簧15被压缩，地表钻探泵的缸体与高压管线连通。脉动式双向阀5的反向阀17这时在弹簧18和液体压力的作用下紧贴在阀体16的下端。直至高压管中充满了水之后，脉动式双向阀才作为增压阀开始工作。在包括孔内钻具、主动钻杆和整个管路系统充满了水之后，来自地表钻探泵的水力压力脉冲，经充满高压管线的液体传递，传到往复式潜水泵的传动柱塞9上，传动柱塞压缩弹簧10，同时通过连杆把水力脉冲传递给往复式潜水泵的工作柱塞11，驱使柱塞下方的液体经往复式潜水泵的排水阀13被挤出，从往复式潜水泵的缸体进入岩心管14，进而实现孔底排除岩粉、冷却钻头等目的。

当地表钻探泵的柱塞1反向行程时，地表钻探泵缸体中的压力减小（低于一个标准大气压），脉动式双向阀5的阀体16在弹簧15的作用下坐在地表钻探泵的阀座上；如果是传统的往返式泥浆泵，这时吸水阀4应该自动打开，从水池2中吸入地表水。但在节水钻探系统中，由于往复式潜水泵复位弹簧10和地层静水水柱压力的作用，往复式潜水泵的传动柱塞9和工作柱塞11将开始实现反向行程，这时高压管线中的水压力大于一个标准大气压。于是，来自高压管线的压力水将打开脉动式双向阀5的反向阀17并进入地表钻探泵的缸体中。同时，往复式潜水泵通过吸水阀12吸入孔内岩心管外环状空间中的水，即孔内钻杆柱、岩心管内腔和外环状空间间中的水实现了局部循环，冷却钻头，并以正循环的方式携带钻头处的岩屑从孔底上返，一部分沉淀在取粉管内，另一部分进入破碎的裂隙地层。

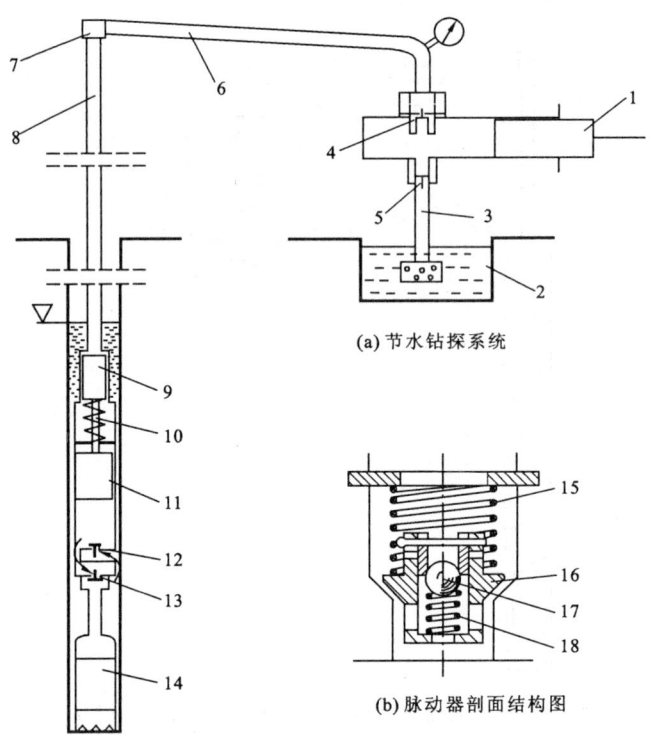

图 4-7 节水钻探工作原理示意图

1—地表钻探泵柱塞；2—水池；3—吸水管；4—吸水阀；5—脉动式双向阀；6—高压管线；7—水龙头；8—钻杆；9—传动柱塞；10—复位弹簧；11—工作柱塞；12—往复式潜水泵吸水阀；13—往复式潜水泵排水阀；14—岩心管；15—弹簧；16—阀体；17—反向阀；18—弹簧

在地表单缸泵柱塞的后续每一次工作行程中，都会有一部分水从地表泵缸体中被压出；而反向行程时，这部分水又重新返回到地表钻探泵的缸体内。从而在基本不消耗地表水的前提下完成了一次冲洗液在孔底的局部循环。

钻探过程中，高压管线中的水不可避免地存在部分泄漏，如何补偿这部分泄漏并保证整个节水钻探系统连续正常工作呢？可以预先调整脉动式双向阀弹簧 18 的预压紧力，维持高压管线中的压力大于一个标准大气压（由压力表监测，通常为 0.3~0.5MPa）。这样，如果钻探过程中出现部分泄漏，则高压管线中的水压力下降，压力表的读数将降至一个标准大气压。在这种情况下，地表钻探泵反向行程时，反向阀 17 在预压缩弹簧 18 的作用下处于关闭状态，而吸水阀 4 在地表钻探泵的缸体中出现负压的情况下被打开，并从水池 2 中吸入水。于是，该节水钻探系统可自动向高压管线中补充水，弥补钻探过程中出现的泄漏，从而排除了往复式潜水泵因出现泄漏而停止工作的现象，保证整个节水钻探系统连续、安全、可靠地运行。

第四节　孔内局部循环节水钻探关键部件的设计

一、总的设计思路

孔内局部循环节水钻探系统采用的技术方案是：由地表往复泵和脉动式双向阀产生的水

力脉冲驱动往复式潜水泵工作柱塞正向行程完成排水动作,由复位弹簧和静水压力差驱动工作柱塞反向行程完成吸水动作,往复式潜水泵通过吸、排水动作来完成孔内局部循环。

脉动式双向阀具有双向通道。当地表往复泵活塞正向行程时,脉动式双向阀作为普通锥阀使用,泵腔中的水通过它进入管线形成水力脉冲;当地表往复泵活塞反向行程时,脉动式双向阀的反向球阀打开,高压管线中的水回流到地表往复泵泵腔,地表水只作为一种动力媒介驱动往复式潜水泵形成孔内局部循环,钻进过程(除钻杆柱接头和水龙头出现漏水情况外)基本不消耗地表水。

孔内局部循环节水钻探系统的设计思路有两条主线。

(1)功能。设计的孔内局部循环节水钻探系统必须能和传统的钻机、泥浆泵、动力机"三大件"及普通回转钻头相匹配,在不降低钻探效率的前提下,能够大大降低钻进过程中的用水量,达到节水钻进的目的。

(2)结构和尺寸。任何设计都是功能性、经济性和安全性的统一。结构是完成功能的前提保证,应该用优化的结构设计来保证功能的顺利完成。经济性是指以最低成本(包括材料的节省)来实现设计。安全性是指设计出的东西要有足够的强度,在使用过程中不会发生因构件本身的强度、刚度不足而失效。经济性和安全性是一对相互牵制的矛盾,在许多设计中,尤其是设计出的产品造价很高时,往往要追求二者的最佳结合,这种结合的难度是很大的。

孔内局部循环节水钻探系统由于目前还处在试验研究阶段,设计要保证节水钻探系统的功能性和安全性,因此目前设计的重点放在结构尺寸优化设计和安全性上。首先从理论上对结构进行初步优化设计,钻具的尺寸主要根据钻孔尺寸、及时排除孔内悬浮岩屑和冷却钻头,实现正常钻进所需流量及地表往复泵的参数来确定。由于条件参数众多,而且整个钻进过程中的水力学现象非常复杂,加上一些不确定的因素(如泄漏等)的影响,几乎不可能完全通过理论计算的方法来确定所有构件的尺寸,只能根据条件参数(某些条件参数作适当的修正)来确定重要构件的尺寸和一些重要的参数。对设计的节水钻探系统要进行现场试验,以发现设计中存在的问题,对结构和尺寸作进一步优化,通过反复试验和设计修正使其趋于最优化。

1)孔内局部循环节水钻探系统的设计任务主要包括两部分。

①设计加在普通地表往复泵出水口的脉动式双向阀,它与地表往复泵配合使用可以在基本不消耗地表水的前提下,产生水力脉冲,驱动孔内往复式潜水泵实现冲洗液的孔内局部循环。

②设计加在普通岩心管上部的往复式潜水泵,在钻进过程中靠漏失层以下的水位完成孔内局部循环。

2)最终研制出的孔内局部循环节水钻探系统应具有如下特性:

①结构简单,工作可靠,方便现场使用;

②用该节水钻探系统实现孔内局部循环时,不需要反复提动钻具,除往复式潜水泵外不需要在钻杆柱中增加其他专用接头(如喷嘴接头、密封分水接头等),不需要消耗大量地表水,不需要其他外部能源,而且在孔内实现有一定压头的冲洗液局部强制循环,以保证稳定的节水钻进过程;

③该节水钻探系统的往复式潜水泵在孔内回转过程中,应保证往复式潜水泵的吸水效果,即应把从岩心管外部空间吸水的通道设计成有利于克服离心力影响的结构,而且可以强制性地向往复式潜水泵的腔体内供水;

④为了提高往复式潜水泵的运行可靠性,应重视组合钻具中活塞反向行程时的水锤现象,并在结构设计中对其进行补偿;

⑤为了提高往复式潜水泵在回转过程中的工作可靠性,往复式潜水泵中的吸水阀、排水阀应设计成不受离心力影响的结构;

⑥设计往复式潜水泵的运动机构时,应从结构选型设计上防止出现柱塞在管内移动受阻的事故。

孔内局部循环节水钻探系统的设计路径可以由图4-8大致反映。

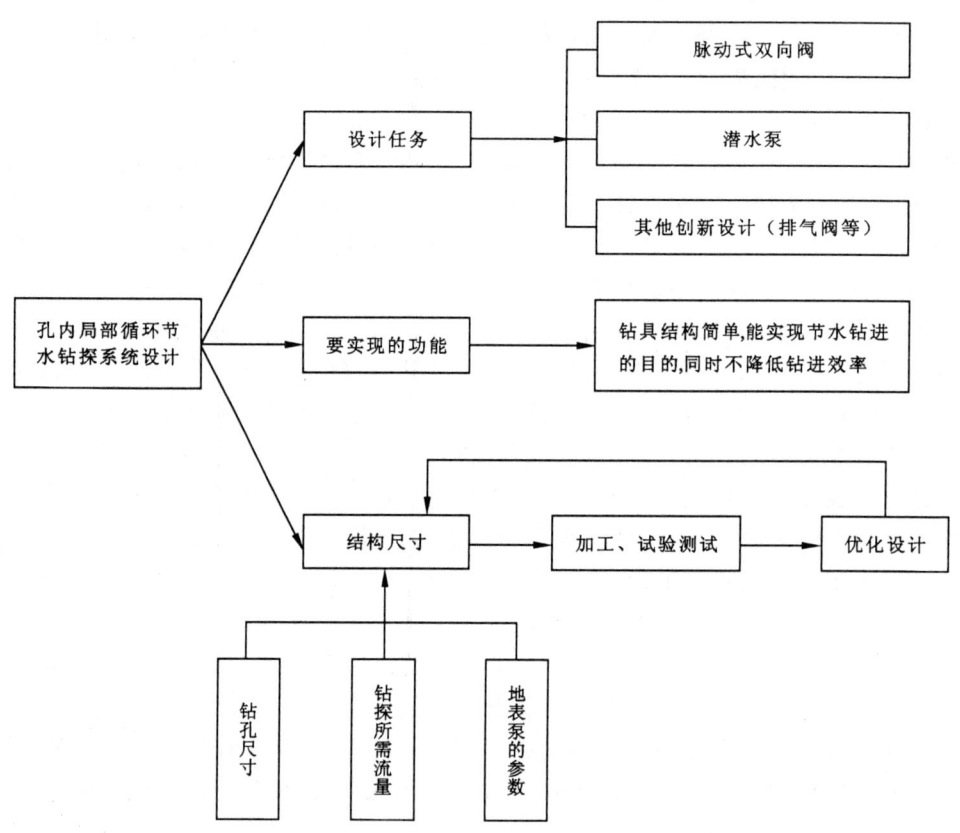

图4-8 孔内局部循环节水钻探系统设计框架图

二、往复式潜水泵的设计

1. 设计目标

为保证往复式潜水泵能够完成其功能(即利用水力脉冲实现孔内局部循环),往复式潜水泵的最终设计目标是往复式潜水泵实际输出泵量 Q_p 足够大,能够完成孔底排粉的任务。由于泄漏等因素,使得往复式潜水泵的实际输出泵量 Q_p 小于其理论值 Q,二者之间存在如下关系:

$$Q_p = QK_n \tag{4-1}$$

式中:Q_p——往复式潜水泵实际输出泵量,L/min;

Q——往复式潜水泵输出泵量理论值,L/min;

K_n——修正系数($K_n=0.90\sim0.93$)。

如果取实现孔内局部循环所需的往复式潜水泵实际输出泵量为100L/min，取修正系数$K_n=0.90$，可以算出往复式潜水泵输出泵量的理论值$Q=Q_p/K_n=100/0.9=111(L/min)$。

设计时应以往复式潜水泵的理论输出泵量值Q为计算依据。

2. 往复式潜水泵主要结构参数的确定

在确定往复式潜水泵的结构参数时，要考虑到地表往复泵的特点，以及要求往复式潜水泵达到的泵量。往复式潜水泵的泵量理论值为

$$Q=\frac{F_h \cdot h_h \cdot n}{1\,000}=\frac{\pi \cdot d_h^2 \cdot h_h \cdot n}{4\,000}\text{L/min} \quad (4-2)$$

式中：F_h——往复式潜水泵的工作柱塞横截面面积，cm^2；

d_h——往复式潜水泵的工作柱塞直径，cm；

h_h——往复式潜水泵的工作柱塞行程长度，cm；

n——柱塞的行程次数，次/min。

工作柱塞1min的行程次数等于地表往复泵活塞的行程次数。往复式潜水泵的试验表明，工作柱塞的直径d_h是往复式潜水泵中最重要的结构参数之一，可根据往复式潜水泵所在钻孔的直径尽量取大一些。往复式潜水泵工作柱塞的行程长度按下式确定：

$$h_h=\frac{1\,000Q}{F_h \cdot n} \quad (4-3)$$

由于往复式潜水泵的传动柱塞与工作柱塞刚性相连，故工作柱塞的行程长度h_h等于传动柱塞的行程长度h_n，即$h_h=h_n$。若知道地表往复泵的活塞直径d、行程长度h和往复式潜水泵传动柱塞的行程长度，便可确定传动柱塞所需的直径，即

$$d_n=d\sqrt{\frac{h}{h_n}} \quad (4-4)$$

把所得的d_n数值取整，使它接近于某个标准密封圈的尺寸，此后便可确定往复式潜水泵的泵量。考虑到$h_h=h_n$，由(4-3)式写出h_h的表达式，并代入计算泵量的(4-2)式，得

$$Q=\frac{\pi \cdot d^2 \cdot h \cdot n}{4\times 10^6} \cdot \frac{d_h^2}{d_n^2} \quad (4-5)$$

对地表专用单缸泵而言，在参数分别为$d=80$mm，$h=60$mm，$n=249$r/min和$d=50$mm，$h=60$mm，$n=249$r/min的条件下，往复式潜水泵的理论排水流量Q与其主要结构参数d_h和d_n的关系分别为

$$Q=75.1\frac{d_h^2}{d_n^2} \quad (4-6)$$

$$Q=29.32\frac{d_h^2}{d_n^2} \quad (4-7)$$

式(4-6)和式(4-7)的图形表示如图4-9和图4-10所示，可以根据要设计的往复式潜水泵的排量来选择合理的传动柱塞和工作柱塞的直径搭配。

用上述方法计算的排水流量为往复式潜水泵的理论排水流量，实际的排水流量Q_p要比理论排水流量Q小一些，还要增加一个修正系数K_n，具体公式见式(4-1)。想用理论计算的方法来确定修正系数K_n几乎是不可能的，因为它牵涉到许多因素，而且系统内部的水力学现象非常复杂，所以常用试验的方法来确定经验系数。通常取修正系数$K_n=0.90\sim0.93$。

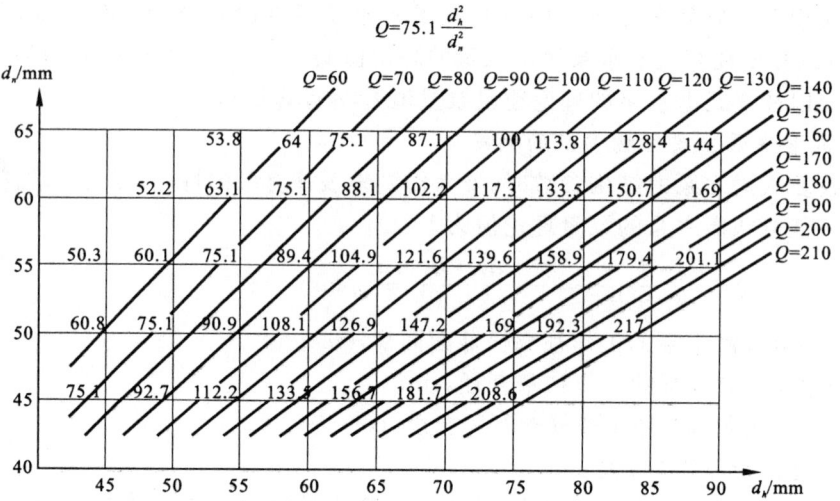

图 4-9　往复式潜水泵理论排水流量与传动柱塞和工作柱塞直径之间的关系
$Q=f(d_n,d_h)$, $d=80$mm, $h=60$mm, $n=249$r/min

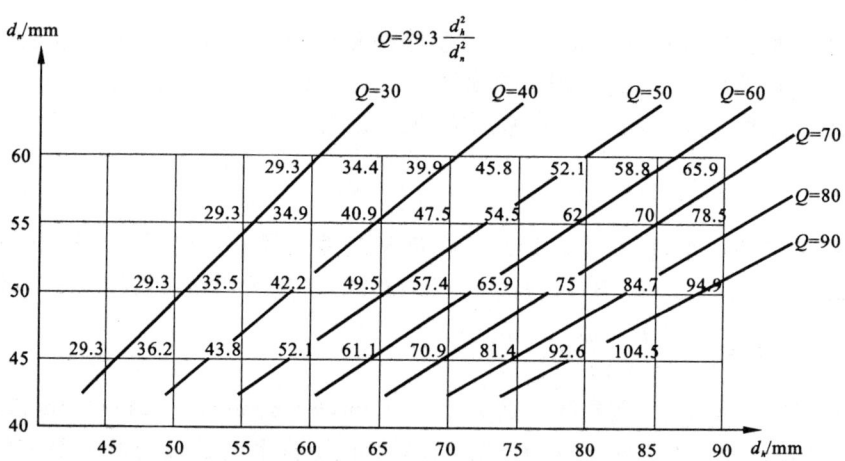

图 4-10　往复式潜水泵理论排水流量与传动柱塞和工作柱塞直径之间的关系
$Q=f(d_n,d_h)$, $d=50$mm, $h=60$mm, $n=249$r/min

往复式潜水泵能否有效地工作,完全依赖于地表往复泵给出泵压的大小。为了保证在最大载荷条件下往复式潜水泵的工作柱塞也能完成全部行程,必须保证作用在其下部的合力 $\sum C_H$ 小于作用在传动柱塞上面的合力 $\sum C_n$,即

$$\sum C_H < \sum C_n \tag{4-8}$$

(1) 作用在传动柱塞上部(参见图 4-11)的静态力。来自于钻杆内的液柱静水压力($H_{cm}+H_0+L_0$),此时忽略了传动柱塞、连杆和工作柱塞的高度。由于脉动式双向阀反向阀弹簧的预压紧作用,在高压管线中集聚的剩余压力 P_0 通常为 $0.3\sim0.5$MPa。

第四章 孔内局部循环节水钻探新方法

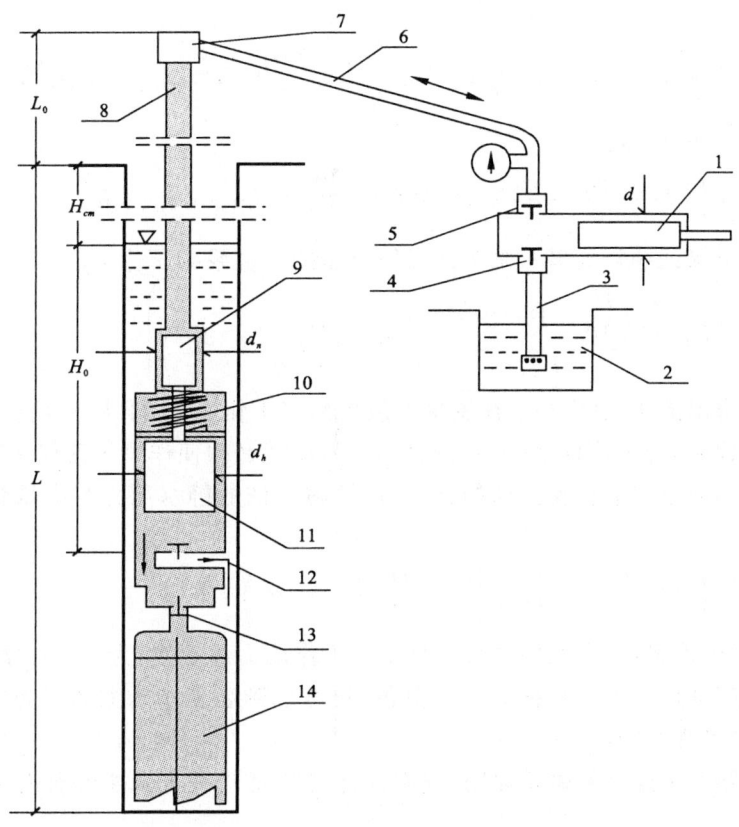

图 4-11 往复式潜水泵工作示意图

1—地表钻探泵柱塞；2—水池；3—吸水管；4—吸水阀；5—脉动式双向阀；6—高压管线；7—水龙头；8—钻杆；9—传动柱塞；10—复位弹簧；11—工作柱塞；12—往复式潜水泵吸水阀；13—往复式潜水泵排水阀；14—岩心管

在静态条件下，作用于往复式潜水泵传动柱塞上面的合力

$$C_{n,j} = \left(\frac{H_{cm}+H_0+L_0}{10} + P_0\right) \cdot F_n \tag{4-9}$$

式中：H_{cm}——由地表至孔内静水位的深度，m；

H_0——往复式潜水泵的吸水接头在静水位以下的潜水深度，m；

L_0——由水龙头至地面的高度，m；

P_0——由于脉动式双向阀反向阀弹簧的预紧作用，在高压管线中集聚的超过一个标准大气压的剩余压力，MPa；

F_n——往复式潜水泵传动柱塞的横截面面积，cm²。

(2)作用于往复式潜水泵工作柱塞下面的压力等于吸水阀以上液柱的静水压力

$$C_{H,j} = \frac{H_0}{10} \cdot F_h \tag{4-10}$$

往复式潜水泵工作时，作用在工作柱塞下面的合力由静水压力 $C_{H,j}$ 和往复式潜水泵工作弹簧的反力 R 叠加而成（为了简化运算，忽略了摩擦力和水的动阻力），即

$$\sum C_H = \frac{H_0}{10} \cdot F_h + R \tag{4-11}$$

而这时作用于柱塞上面的合力由传动柱塞上的静水压力与来自往复泵的工作压力叠加而成,即

$$\sum C_n = C_{n,j} + P_p \cdot F_n = \left(\frac{H_{cm} + H_0 + L_0}{10} + P_0 + P_p\right) \cdot F_n \quad (4-12)$$

根据(4-8)式的条件,可得到

$$\left(\frac{H_{cm} + H_0 + L_0}{10} + P_0 + P_p\right) \cdot F_n > \left(\frac{H_0}{10} \cdot F_h + R\right) \quad (4-13)$$

由上式可算出保证往复式潜水泵正常工作所需的往复泵泵压值 P_p

$$P_p > \left[\frac{\left(\frac{H_0}{10} \cdot F_h + R\right)}{F_n} - \left(\frac{H_{cm} + H_0 + L_0}{10} + P_0\right)\right] \quad (4-14)$$

由计算结果得出的 P_p 值应小于往复泵的最大额定工作压力,即 $P_p < P_{max}$。

完成工作行程后,为了使柱塞顺利实现反向行程,就必须使作用于工作柱塞下面的弹簧反力与静水压力之和超过传动柱塞上面的合力(钻杆内液柱的静水压力与高压管线中集聚的剩余压力之和),即

$$\left(R + \frac{H_0}{10} \cdot F_h\right) > \left(\frac{H_{cm} + H_0 + L_0}{10} + P_0\right) \cdot F_n \quad (4-15)$$

由(4-15)式可确定:当管线中来自往复泵的工作压力移走时,为了让柱塞向上位移(回到初始位置),弹簧应释放的力。根据 R 的计算值,再考虑到装置结构上的可能性及工作柱塞的行程,可求出工作弹簧的刚度。

根据设计思路及上述参数确定原则,我们设计的往复式潜水泵实际所需主要参数确定如下。

地表单缸泵的相关参数为: $d=80mm, h=60mm, n=249r/min$。往复式潜水泵泵量为: $Q_p = 100L/min$。则由(4-1)式可得往复式潜水泵泵量的理论值为: $Q = 100/0.9 = 111(L/min)$(修正系数 K_n 取 0.9)。

所设计的往复式潜水泵的外径为 $\phi89$,根据钻具尺寸,经过多次试算,工作柱塞的直径 d_h 确定为 $d_h = 63mm$,它与某一级标准密封圈的尺寸相同。

由(4-3)式可算出往复式潜水泵工作柱塞的行程长度,即

$$h_h = \frac{1\,000Q}{F_h \cdot n} = 180mm$$

工作柱塞的行程长度 h_h 等于传动柱塞的行程长度 h_n,即 $h_h = h_n$。

取地表往复泵的容积效率为 0.9,则存在下述等式

$$\pi \left(\frac{d}{2}\right)^2 \times h \times 0.9 = \pi \left(\frac{d_n}{2}\right)^2 \times h_n$$

把数据代入得

$$d_n = 45.96mm$$

对 d_n 取整,并使它接近于某个标准密封圈的尺寸,查机械设计手册可知最接近的密封圈为 45mm,因此取 $d_n = 45mm$。

假定地表至孔内静水位的深度 $H_{cm} = 12m$;往复式潜水泵的吸水接头在静水位以下的潜水深度 $H_0 = 5m$;水龙头至地表的高度 $L_0 = 3m$,往复泵泵压为 $P_p = 4MPa$。

由(4-14)式可得工作弹簧的反力

$$R < 7.1 \text{kN}$$

由(4-15)式可得工作弹簧的反力

$$R > 6 \text{kN}$$

则工作弹簧所受的最大载荷为6~7.1kN。取工作弹簧所受的最大载荷 $R_{max}=6.5$kN。

工作弹簧所受的最小载荷为静态条件下作用于往复式潜水泵传动柱塞上面的合力减去作用在工作柱塞下面的压力,即 $R_{min}=C_{n,j}-C_{H,j}$。

把(4-9)式、(4-10)式及数据代入上式,得

$$R_{min}=0.486 \text{kN}$$

工作弹簧的行程与传动柱塞、工作柱塞的行程相等,故工作弹簧的行程为

$$h=h_H=h_n=180 \text{mm}$$

工作弹簧的刚度

$$p' = \frac{R_{max}-R_{min}}{h} = \frac{6500-486}{180} = 33.4 \text{ (N/mm)}$$

3. 往复式潜水泵传动部分的设计

(1)设计原则。传动柱塞的主要作用是把水力脉冲的能量传递给工作柱塞,同时依靠工作弹簧复位完成传动柱塞的反向行程。在设计传动部分时,应考虑在保证工作稳定、可靠的同时,如何以最大的效率把水力脉冲的能量传递给工作柱塞,结构设计过程中应注意如下几点。

1)传动柱塞为细长型结构,其强度、刚度、稳定性要满足设计要求,减少台阶的设计,有台阶的地方要通过锥面、导角来过渡,以减小应力集中。

2)传动柱塞处要选取理想的密封形式,保证较好的密封效果,防止高压管线中的液体泄漏。

3)合理确定工作弹簧的刚度和预压缩量。

(2)传动部分的结构设计。传动部分的结构设计,首先要确保能够安全、可靠地完成其传递水力脉冲能量的功能,其次要从结构设计的角度来考虑如何最有效地实现能量的传递。根据其工作原理,我们把传动部分设计成如图4-12所示结构。

传动柱塞的上端留有一开口,这样有利于水力脉冲能量的传递,传动柱塞的中部直径略小于上部直径,台阶处通过锥度过渡,可以减小应力集中。传动柱塞的连杆上套有工作弹簧,可以实现工作柱塞的反向行程。

传动柱塞外围的密封设置把地表水和地下水分隔成两个独立的水路系统,其密封性能的好坏直接影响到往复式潜水泵能否正常工作。根据有关经验及密封特性,我们采用的密封结构参见图4-12,内密封采用三段式,密封圈选用高低唇"Y"型密封圈,外密封采用两组"O"型密封圈。

4. 工作柱塞的设计

(1)设计原则。

1)确定与上部传动柱塞的合理连接形式,以便有效地把上部能量传递给工作柱塞。

2)选择合理的密封形式,避免工作柱塞下的液体泄漏到传动柱塞的连杆腔内,减小往复式潜水泵的排出流量。

3)确保能够自行排除泄漏到传动柱塞连杆腔内的液体,使工作柱塞能顺利完成正反向

行程。

(2)工作柱塞的结构。工作柱塞正向行程时,驱动其下面腔室中的液体打开排水阀进入钻杆内腔直到岩心管、钻头;反向行程时,外环状间隙中液体通过水眼打开吸水阀进入工作柱塞下面的腔室,其结构如图4-13所示。

工作柱塞的上端通过球形铰链与传动柱塞相连,工作柱塞的下端设有单向泄水阀,当传动柱塞的连杆腔内有泄漏的液体时可从泄水阀排出,从而不影响工作柱塞正常的反向行程。工作柱塞的内密封采用三段式密封,选用高低唇"Y"型密封圈,外密封采用两组"O"型密封圈。

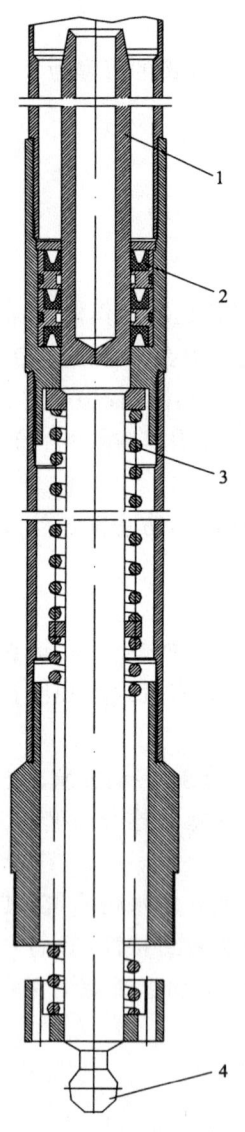

图4-12 传动部分的结构图
1—传动柱塞;2—密封圈;3—工作弹簧;
4—球形铰接头

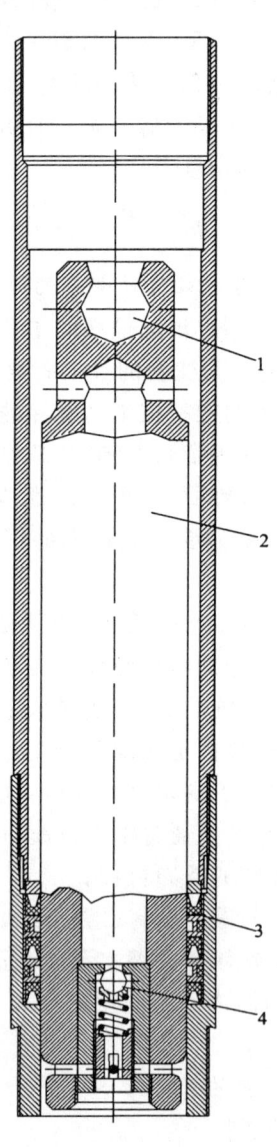

图4-13 工作柱塞部分的结构图
1—球形铰接母接头;2—工作柱塞;
3—密封圈;4—泄水阀

5. 吸排水阀的设计

(1) 设计原则。根据往复式潜水泵的工作原理可知，吸排水阀的主要作用是完成吸入和排出冲洗液的动作以形成孔内局部循环，其结构设计的好坏直接影响冲洗液的吸入和排出效率，从而最终影响往复式潜水泵的实际排出流量、孔内冲洗强度等，是整个设计中要着重考虑的关键部位之一。在吸排水阀的设计中，要注意如下问题。

1) 结构要简单。阀的结构不能太复杂，我们可以把它做成一个模块，方便拆卸、更换，甚至可以通过更换吸排水阀的方向，把往复式潜水泵改装成抽取地下水的装置。

2) 动作要灵敏。亦即阀的换向时间短，我们知道阀的换向频率与地表往复泵的活塞频率相等，吸排水阀必须动作灵敏才能适应地表往复泵活塞的高频率，而且还能够提高吸排水的效率。

3) 尺寸要小、质量要轻。在保证所必须的吸排水流量的前提下，尽量减小吸排水阀的结构尺寸。

4) 密封性要好。要求阀具有较高的密封性，即当阀关闭时不能出现漏水现象。

5) 阀体具有较高的稳定性。如果阀体的位置不稳定就会使阀处于一种浮动状态，这样必然会影响吸排水阀正常功能的实现，从而影响吸排水效率。

6) 阀的工作可靠性要高。这就要求阀在工作过程中，不能出现偏卡停动现象，因此阀的径向结构必须严格对称，同时要消除各种影响其平衡、稳定的因素。

(2) 吸排水阀的结构。吸排水阀结构如图 4-14 所示。吸水阀和排水阀是两个尺寸、结构相同的模块。它们安装方向相反，阀座中心都布置在回转轴上，这样可以避免离心力的影响，使阀的运动稳定。阀体的中间层为橡胶，确保阀体具有较高的密封性，当阀关闭时不会出现漏水。

吸水阀通道通过三个椭圆形的水眼与环状间隙相连，三个椭圆形的水眼不是分布在径向方向上而是分布在切线方向上，利用速度水头可以大大提高吸水效率。

排水阀通过九个排水孔与工作柱塞下面的腔室相连，工作柱塞下面腔室的冲洗液经过九个排水孔后打开排水阀进入钻杆内腔、岩心管到达钻头。

6. 提高往复式潜水泵工作效率的结构设计

(1) 提高吸水效率的结构设计。提高往复式潜水泵的吸水效率可以从下面两个因素来考虑：一是排除离心力的有害影响，二是尽量利用往复式潜水泵回转时的速度水头。

首先分析径向和切向两种吸水通道对往复式潜水泵吸水效果的影响，如图 4-15 所示。当往复式潜水泵不回转时，液体吸入泵腔体靠的是管外液柱的静水压力 C_T 和工作弹簧的反作用力 R，往复式潜水泵潜入的深度越深，则静水压力越大。压缩弹簧的反力 R 是变量，当柱塞位于下部时，它为 R_{max}；当柱塞位于上部时，它为 0。即作用于吸入液体的力在 C_T

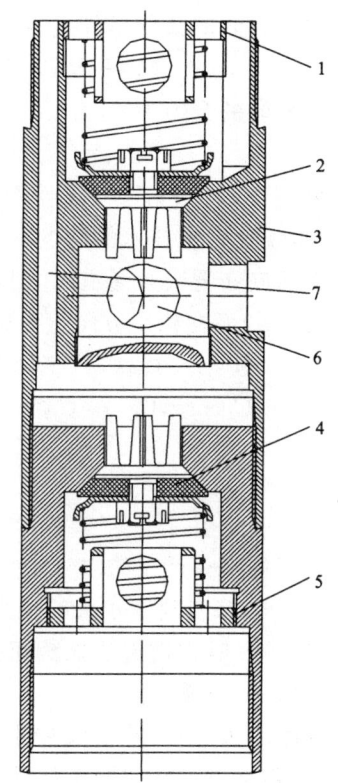

图 4-14 吸排水阀结构图
1、5—螺纹衬套；2—吸水阀；3—外壳；
4—排水阀；6—水眼；7—排水孔

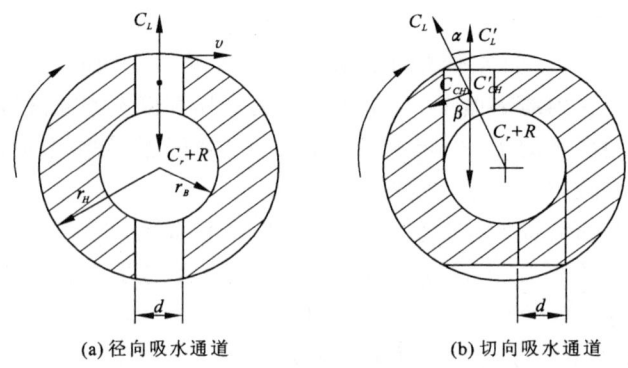

(a) 径向吸水通道　　　　(b) 切向吸水通道

图 4-15　离心力和速度水头对往复式潜水泵吸水效果的影响

$+R_{\max}$ 和 C_T 之间变化。

当往复式潜水泵随钻杆一起回转时出现了离心力。径向吸入通道[图 4-15(a)]中液体的受力为吸入方向的 C_T+R 及与吸入方向相反的离心力 C_L。

保证吸入的条件不等式为

$$(C_T+R) > C_L \tag{4-16}$$

在径向的合力为

$$C_{径合} = (C_T+R) - C_L \tag{4-17}$$

离心力 $C_L = mv^2/r$,当半径不变时,往复式潜水泵的转速增大,离心力明显增大;而转速增大,正是现代钻探技术的特点。

当切向布置吸入通道时[图 4-15(b)],作用于液体吸入方向上的力为 C_T+R 和速度水头的分力 C'_{CH},而在相反方向上为离心力的分力 C'_L。故作用在切向通道上的合力为

$$C_{切合} = (C_T+R) + C'_{CH} - C'_L \tag{4-18}$$

而　　$C'_L = C_L \cos\alpha, C'_{CH} = C_{CH}\cos\beta = C_{CH}\cos(90°-\alpha)$

于是　　　　　　　$C_{切合} = C_T + R + C_{CH}\cos(90°-\alpha) - C_L\cos\alpha \tag{4-19}$

速度水头　　　　　　　　　$h_{CH} = \dfrac{v^2}{2g}$

由速度水头产生的力　　　$C_{CH} = PS_0 n_0 \text{(N)}$

式中: P——来自速度水头的压力,MPa,$P=0.01h_{CH}$;

　　　S_0——吸入通道的横截面面积,m^2;

　　　n_0——通道数。

与离心力一样,速度水头的力与回转速度的平方成正比。随着 α 增大,C'_L 下降,而 C'_{CH} 增大,使得在通道尺寸相同条件下吸入的液量增大。

从结构上考虑,可以把 α 角由 $0°$(径向吸入通道)增大至 $45°$(切向吸入通道)。这时可能的最大合力为

$$C_{切合} = (C_T+R) - 0.707(C_L - C_{CH}) \tag{4-20}$$

由合力的表达式可知,当其余条件相同时,$C_{切合} > C_{径合}$。而且切向通道的吸入反力总是小于径向通道,即 $0.707(C_L - C_{CH}) < C_L$。所以,取内腔的切线方向布置吸入通道,可使往复式潜水泵的吸水效率大幅度提高。

(2)提高阀体稳定性的结构设计。阀体在往复式潜水泵回转时的稳定性也影响阀的工作效率。

许多往复式潜水泵把阀安装在离回转轴心 r 的某个位置上[图 4-16(a)]。当阀体坐在阀座上时,回转离心力被壳体的反作用力平衡了。但当阀体抬起时,离心力将使阀体向偏离回转轴线的方向位移,从而破坏了其工作稳定性,降低了吸水效率。

阀体对转轴的动量矩(脉动矩)为

$$L = mvr = m\frac{\pi r^2 n}{30} + \frac{1}{2}mr_1^2 \frac{\pi n}{30} \tag{4-21}$$

式中:m——阀体的质量,kg;
$\quad\quad v$——阀体的质心处跟随往复式潜水泵回转的速度,m/s;
$\quad\quad r$——阀体质心至往复式潜水泵回转轴线的距离,m;
$\quad\quad r_1$——阀体平均半径(设阀体近似为圆柱体),m;
$\quad\quad n$——往复式潜水泵的转速,r/min。

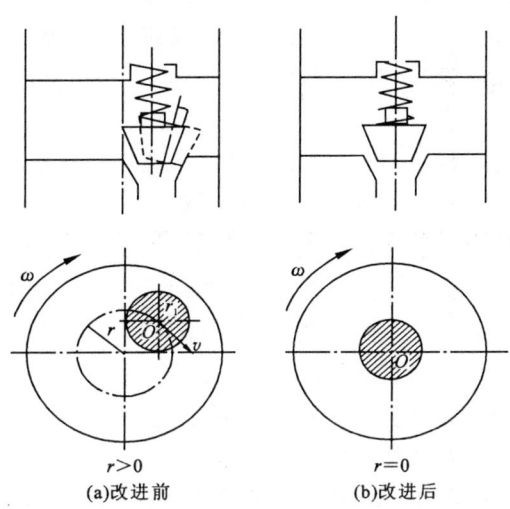

图 4-16 为克服离心力阀门结构的改进设计图

由(4-21)式可见,脉动矩与阀体的质量、阀体质心至回转轴线的距离及回转速度成正比。而往复式潜水泵的转速与钻进工艺有关,为了获取高的机械钻速,往往取高转速。阀体的质量取决于它的尺寸,应根据往复式潜水泵需要的供水量来确定。一般吸水通道越大,阀体的尺寸和质量也越大。阀体质心至往复式潜水泵回转轴线的距离这个参数是人为设计的。如果我们把阀座布置在往复式潜水泵的回转轴上[图 4-16(b)],则 $r=0$,于是,在 m、n 取任何值的情况下,脉动矩 L 都等于 0。这样一来,我们可以设计尺寸较大的阀体,使往复式潜水泵有大泵量,同时保证阀体在高转速下的工作稳定性。

(3)柱塞反向行程水击补偿的结构设计。如图 4-2 所示。被上下支撑环 7、8 定位的工作弹簧 6 套装在连杆 5 上,而连杆 5 与传动柱塞 1 和工作柱塞 3 相连。上下支撑环 7、8,工作弹簧 6,连杆 5,传动柱塞 1 和工作柱塞 3 可协同动作。在结构设计上为支撑环 8 留了一定的向上位移间隙,当工作柱塞反向行程时,工作弹簧 6 的弹性压缩可以吸收水击的能量。

(4)增加冲洗液的补充通道的设计。如图4-2所示。当柱塞杆所在的腔体内充满液体时,少部分剩余的液体可能从密封不好的接头处排出,而大部分在工作柱塞3反向行程时不会排至管外空间,而是沿着中心通道29、侧向通道30和已经打开的辅助阀32进入泵腔体4,并进一步沿着直孔17和出水腔18进入孔内,从而使往复式潜水泵的效率进一步提高。

(5)防止往复式潜水泵的零件在柱塞中被卡死的结构设计。如图4-2所示。连杆5与工作柱塞3为铰接,使它们之间允许出现一定程度的偏角和径向位移,可防止出现柱塞在往复式潜水泵壳体中被卡的情况。因为一旦被卡,这些零件将承受钻具传递给钻头的压力和扭矩,酿成事故。另外,铰接方式也使在往复式潜水泵中装配与拆卸柱塞的工作变得更加方便了,进一步完善了往复式潜水泵及其组合钻具的可操作性。

三、脉动式双向阀的设计

加在地表单缸柱塞泵出水口处的脉动式双向阀是保证整个孔内局部循环节水钻探系统能否正常工作的关键设备之一,也是设计的创新点之一。

普通泥浆泵出水口处的排水阀为单向阀,水只能从泵腔经排水阀进入出水管中,而脉动式双向阀具有双向通道,水既可以从泵腔经脉动式双向阀进入出水管,又可以从出水管经脉动式双向阀的反向球阀回到泵腔中,达到节约地表水的目的。同时,可以调节脉动式双向阀反向球阀的弹簧,使其预压力处在一个适当的值(大于一个标准大气压,通常为0.3~0.5MPa),当管路中出现泄漏时,系统能够自动从地表水池中向高压管路中补偿漏失的水。

脉动式双向阀的结构如图4-17所示。阀体3被弹簧1压紧在阀座4上。在脉动式双向阀上有一个轴向中心通道b,其中装有反向球阀5,它被弹簧6压在鞍形衬套2上,弹簧6的预紧力可以调节。在阀体3上部钻有几行小孔,而在鞍形衬套的通孔中加工了垂直的槽子,穿过槽子装有定位销。脉动式双向阀的下端d与泵腔连通,而上端c与高压胶管连接,当泵腔中的压力大于高压管道中的压力时,水可以从泵腔中经过通道a进入高压管道中;当高压管道中的压力大于泵腔中的压力时,水又可以从高压管道中打开反向球阀5经中心通道b进入泵腔中。

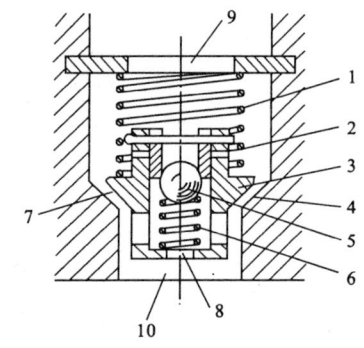

图4-17 脉动式双向阀结构图
1、6—弹簧;2—鞍形衬套;3—阀体;4—阀座;
5—反向球阀;7—环形通道;8—中心通道;9—
与高压水管连接;10—与泵腔连接

对于脉动式双向阀的设计,除了在结构上保证其功能外,最重要的是反复设计计算,确定出脉动式双向阀中弹簧的合理参数。地表专用单缸泵的柱塞正向行程时,脉动式双向阀只是作为普通锥阀使用,因此,脉动式双向阀出水阀的弹簧可以参考常规泥浆泵出水阀弹簧进行设计,在此不再详述。对于脉动式双向阀的反向阀弹簧的主要参数计算见表4-2。

四、地表单缸柱塞泵的设计

1. 分水阀的设计

通常,普通泥浆泵的分水阀和安全阀是分开的,当泥浆泵的泵量大于钻探过程中实际所需的泵量时,可以通过手动调节回水阀适当回一些水。当遇到一些异常情况憋泵时,泵压升高,超过安全阀设定的开启压力值时,安全阀中弹簧就会被压缩,安全阀自动打开,泄流降压。

设计的地表专用单缸泵的分水阀,实际上是集安全阀和分水阀功能于一体,集自动控制与手动调节于一体,其结构更简单、工作性能更可靠。当管路中的压力大于分水阀设定的开启压力时,分水阀中的弹簧会被压缩,分水阀泄流降压,起到安全阀的作用。同时,由于高压管路中或多或少会存在一些泄漏,设计时,会使地表单缸柱塞泵单个冲程的泵量略大于驱动孔内节水型液动冲击器柱塞满行程实际所需泵量。也就是孔内节水型液动冲击器柱塞达到满行程时,地表单缸泵的柱塞并没有结束工作行程,而是继续工作行程挤压泵腔中的水,因水是不可压缩的,故泵压必然急剧升高,分水阀会自动开启,分掉多余的泵量,起到分水的作用。且分水阀分水量的大小可由分水阀弹簧的刚度及阀柱杆 22 与阀体 25(参见图 4-3)之间的间隙大小来控制。

表 4-2 脉动式双向阀的反向阀弹簧的主要参数计算表

项 目		单位	公式及数据
原始条件	最小工作载荷 P_1	N	$P_1 = 0.5 \times 10^6 \times \pi \times 0.007^2 = 76.93$
	最大工作载荷 P_n	N	$P_n = 4.0 \times 10^6 \times \pi \times 0.007^2 = 615.44$
	工作行程 h	mm	11 ± 1
	弹簧外径 D_2	mm	$D_2 \leq 18$
	端面结构		端面并紧、磨平,支承圈为 1 圈
	弹簧材料		碳素弹簧钢丝 C 级
参数计算	初算弹簧刚度 P'	N/mm	$P' = \dfrac{P_n - P_1}{h} = \dfrac{615.44 - 76.93}{11} = 49$
	工作极限载荷 P_j	N	$P_j = P_n = 615.44$
	弹簧材料直径 d 与弹簧中径 D 及有关参数的确定		根据 P_j 与 D 条件,查手册并计算得 | d | D | P_j | f_j | P'_d | |---|---|---|---|---| | 3.5 | 16 | 614.66 | 1.699 | 362 |
	有效圈数	圈	$n = P'_d / P' = 362/49 = 7.39$ 查手册取标准值 $n = 7.5$
	总圈数	圈	$n_1 = n + 2 = 9.5$
	弹簧刚度 P'	N/mm	$P' = P'_d / n = 362/7.5 = 48.3$
	弹簧外径 D_2	mm	$D_2 = D + d = 16 + 3.5 = 19.5$
	弹簧内径 D_1	mm	$D_1 = D - d = 16 - 3.5 = 12.5$
	工作极限载荷下的变形 F_j	mm	$F_j = n f_j = 7.5 \times 1.699 = 12.7$
	节距 t	mm	$t = F_j/n + d = 12.7/7.5 + 3.5 = 5.2$
	自由高度 H_0	mm	$H_0 = nt + 1.5d = 7.5 \times 5.2 + 1.5 \times 3.5 = 44$

分水阀的弹簧是一个关键零件,下面将对分水阀工作过程中的受力进行分析,并对弹簧的参数进行计算,分水阀弹簧的主要参数计算见表 4-3。

分水阀开启前、后的受力状态参数分别如图 4-18 和图 4-19 所示。

表 4-3 分水阀弹簧的主要参数计算表

	项 目	单位	公式及数据
原始条件	最小工作载荷 P_1	N	$P_1=190$
	最大工作载荷 P_n	N	$P_n=280$
	工作行程 h	mm	$12<h<18$
	弹簧外径 D_2	mm	$D_2 \leqslant 18$
	端面结构		端面并紧、磨平,支承圈为 1 圈
	弹簧材料		碳素弹簧钢丝 C 级
参数计算	初算弹簧刚度 P'	N/mm	$P'=\dfrac{P_n-P_1}{h}=\dfrac{280-190}{12}=7.5$
	弹簧材料直径 d 及弹簧中径 D 与有关参数的确定		根据 P_j 与 D,查手册,用公式计算得 | d | D | P_j | P_d' | |---|---|---|---| | 4 | 35 | 532 | 45.6 |
	工作极限载荷 P_j	N	$P_j=1.9P_n=532$
	有效圈数	圈	$n=P_d'/P'=45.6/7.5=6.08$ 查手册取标准值 $n=6$
	总圈数	圈	$n_1=n+2=8$
	弹簧刚度 P'	N/mm	$P'=P_d'/n=45.6/6=7.6$
	弹簧外径 D_2	mm	$D_2=D+d=35+4=39$
	弹簧内径 D_1	mm	$D_1=D-d=35-4=31$
	旋绕比 C		$C=D/d=35/4=8.5$
	曲度系数 K		$K=1.17$ (查设计手册)
	节距 t	mm	$t=D/3\sim D/2=14.65$
	自由高度 H_0	mm	$H_0=nt+1.5d=6\times14.65+1.5\times4=94$

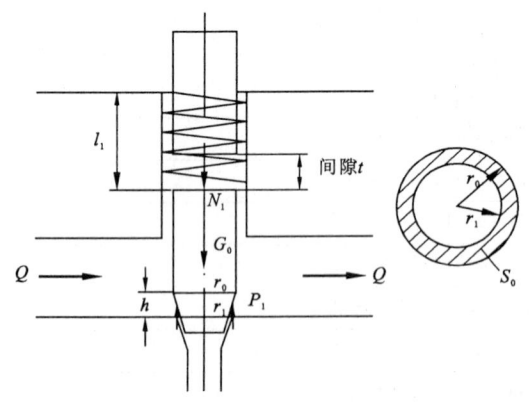

图 4-18 分水阀开启前的受力状态图

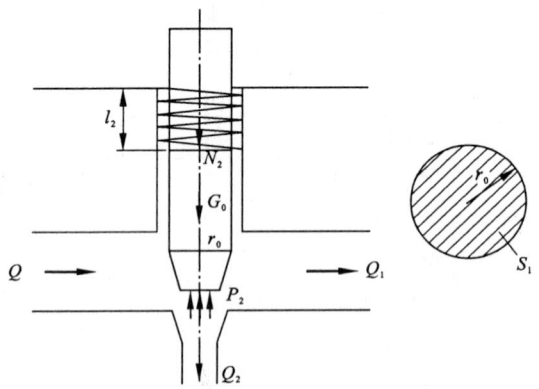

图 4-19 分水阀开启后的受力状态图

分水阀开启前,在水平方向所受的力相互抵消,合力为零。在竖直方向所受的力主要有:阀体的重力 G_0,弹簧的预压力 N_1 及水的竖直上抬力 P_1。

弹簧的预压力为 $\qquad N_1=Kx_0=K(l_0-l_1)$ \hfill (4-22)

式中：K——弹簧刚度系数，N/mm；

x_0——弹簧的预压缩量，mm；

l_0——弹簧的自由长度，mm；

l_1——弹簧预压缩后的长度，mm。

水的竖直上抬力为
$$P_1 = p_0 S_0 = p_0 \pi (r_0^2 - r_1^2) \quad (4-23)$$

式中：P_1——水的竖直的上抬力，Pa；

p_0——高压管线中水的压力，Pa；

S_0——水对阀体竖直方向作用力的有效作用面积，即图 4-18 中高为 h 的环形锥面在水平面上的投影面积（即画剖面线的圆环面积），m²；

r_0——阀体锥面以上截面的半径，m；

r_1——阀体锥面与阀座接触截面的半径，m。

阀体处于临界平衡状态时竖直方向受力的平衡方程为
$$\sum Y = 0 \quad (4-24)$$
$$N_1 + G_0 - P_1 = 0 \quad (4-25)$$
$$K(l_0 - l_1) + G_0 - p_0 \pi (r_0^2 - r_1^2) = 0 \quad (4-26)$$

分水阀开启后，阀体向上运动，压缩弹簧，此时高压管线中的水对阀体竖直方向作用力的有效面积增大，变为图 4-19 中的 S_1，一部分水（Q_2）通过分水阀流回水池，高压管线中的压力随之降低。

阀体在竖直方向所受的力主要有重力 G_0 和水的竖直上抬力 P_2。
$$P_2 = p_1 S_1 = p_1 \pi r_0^2 \quad (4-27)$$

式中：S_1——水对阀体竖直方向作用力的有效作用面积，m²；

p_1——分水阀开启后高压管线中的水压力，Pa。

弹簧的压力：
$$N_2 = K(l_0 - l_2) \quad (4-28)$$

式中：l_2——弹簧的自由长度减去预压缩量 x_0 及间隙 t 后的长度，m。

分水阀刚开启时，阀体所受的力：$P_2 > G_0 + N_2$，阀体压缩弹簧向上运动，经过行程 t 后顶在柱杆下面，除受重力 G_0、水的竖直上抬力 P_2 和弹簧的压力 N_2 外，还受到柱杆的作用力。随着泄水过程的进行，高压管线中的水压力 p_1 不断降低，水的竖直上抬力 P_2 也随之不断降低，当 $P_2 = G_0 + N_2$ 时，阀体处于临界平衡状态，随着高压管线中的水压力 p_1 进一步降低，阀体所受的力变为：$P_2 < G_0 + N_2$，阀体向下运动，分水阀关闭。

2. 电子压力监测报警装置的设计

进行节水钻探时，操作者在地表不可能直接观测到往复式潜水泵柱塞是否正常工作，唯一的判断依据是地表单缸柱塞泵的泵压值大小和脉动幅度。若采用抗震压力表，则部分压力脉动被抗震介质或抗震机构吸收掉了，压力表指针摆动不明显，给判断带来困难。若采用普通压力表，压力表指针摆幅很大，判断较直观，但在这种工作情况下，压力表指针摆动幅度和频率都很高，其工作寿命很短。于是，给我们提供了一个研制电子压力监测报警装置的课题。

电子压力监测报警装置如图 4-20 所示。该装置借助三通与抗震压力表一起安装在地表单缸泵的出水管上，二者测得的泵压值可以相互比较。

电子监测报警装置通过压力传感器来测量泵压。传感器把测得的泵压转换为电信号（模拟量),经 A/D 变换、数据采集和后续处理电路,通过数码管显示出泵压的最高值和最低值。同时,可以通过回复、设置、向上、向下及确定五个开关来设定泵压的最高和最低槛值——即节水钻探系统正常工作时的允许的泵压最高值和最低值。例如,当节水钻探系统正常工作时,其泵压为 0.5～3.5MPa,则可以把泵压的最高槛值设为 3.5MPa,把泵压的最低工作槛值设为 0.5MPa,当节水钻探系统的工作情况发生异常,实际监测到的泵压高于最高槛值或低于最低槛值时,电子压力监测报警装置都将发出报警,操作者可以及时采取适当措施使系统恢复正常工作。

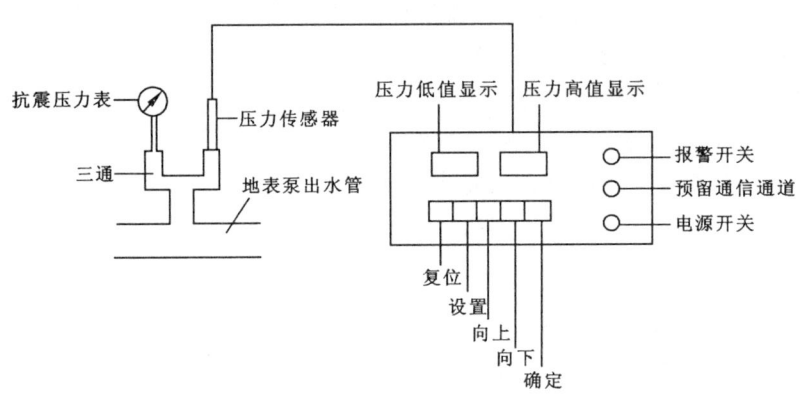

图 4-20　电子压力监测报警装置示意图

电子压力监测报警装置的实物如图 4-21 所示。

图 4-21　电子压力监测报警装置实物外观图

第五节　孔内局部循环节水钻探工艺

我们研制的孔内局部循环节水钻探系统可以和传统的钻机、泥浆泵(最好用专门设计的单缸柱塞泵)、动力机"三大件"及普通硬质合金或金刚石回转钻头相匹配,不必增加大型设备,就可以在不降低钻探效率的前提下,大大降低钻进过程中的地表水消耗量,达到节水钻进的目的。正因为它可以与传统的硬质合金或金刚石回转钻进配合使用,所以节水钻探对钻进工艺参数也没有特殊的要求。但孔内局部循环节水钻探毕竟是一种新工艺,用户在使用中仍需注意以下问题。

一、节水钻探系统的操作规程

1. 使用范围

(1)该节水钻具用于孔内有地层水的钻孔,孔内的地层水位要能够淹没粗径钻具和往复式潜水泵,以地层水作为冲洗液来实现孔内局部循环钻进,钻进漏失孔时节水效果最为明显。

(2)钻孔深度。节水钻探新技术可钻进的最大孔深主要取决于地表单缸泵能够提供的最大泵压,目前设计的单缸泵体积较小、质量较轻,可提供的最大泵压为6MPa,最大钻孔深度为400m,要钻进更深的钻孔,可选用耐压值更高的地表单缸泵。

2. 技术特性

节水钻探系统的主要技术参数见表4-4。其中,往复式潜水泵(图4-22)是实现孔内局部循环的关键,长度2m左右,外径可根据钻孔口径来设计。专用地表单缸柱塞泵(图4-23)是帮助往复式潜水泵实现节水钻探的动力来源,从图4-23可以看出它比传统的钻探泥浆泵体积小、质量轻,方便野外施工。自动排气阀(图4-24)也是必不可少的配件,用它排除管道中的空气才能保证往复式潜水泵在孔内正常工作。

表 4-4 节水钻探系统主要技术参数

指 标	往复式潜水泵的型号	
	HM89	HM108
往复式潜水泵		
外径/mm	89	108
工作柱塞直径/mm	63	75
传动柱塞直径/mm	40	50
往复式潜水泵的长度(不含上下接头)/mm	1 833	1 702
柱塞往复频率	等于地表钻探泵的活塞往复频率	
往复式潜水泵的流量/(L/min)	60~95	70~100
地表专用单缸柱塞泵		
冲程/mm	50	
泵量/(L/min)	62.8	
耐压值/MPa	6	
自动排气阀		
外径/mm	30	
高度/mm	60	
高压胶管		
耐压值/MPa	10	

3. 节水钻探操作规程

(1)准备工作。检查地表专用单缸柱塞泵在空载下是否能够正常工作,通过拆装来检查脉

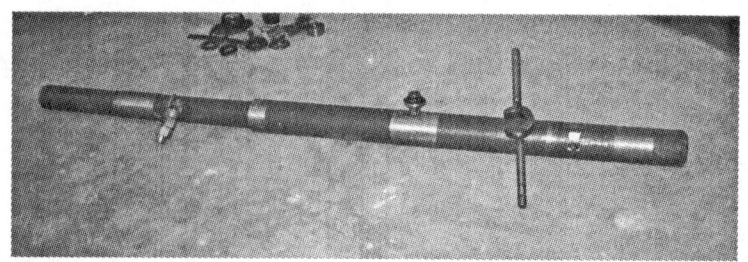

图 4-22 往复式潜水泵实物外观图

图 4-23 地表专用单缸柱塞泵实物外观图

动式双向阀的配套性和完好性,一定要用销钉调整螺丝和鞍形衬套定位,用螺丝刀通过中心孔试着压反向球阀,以确定地表单缸泵出水口处的脉动式双向阀能否正常工作。

(2)在地表对往复式潜水泵进行测试。卸去往复式潜水泵的排水阀,露出往复式潜水泵的工作柱塞,把往复式潜水泵平放在地上,用高压胶管把地表专用单缸泵和往复式潜水泵连接起来,启动地表单缸柱塞泵观察往复式潜水泵柱塞的冲程和频率,如果能够达到设计值,则说明往复式潜水泵工作情况正常,可以准备下孔。

(3)检查排气阀。正常情况下,排气阀在空气中正向放置(图 4-24)时,其阀门应该是开启的。应把

图 4-24 自动排气阀实物外观图

经过了检查的排气阀安装到水龙头顶部。

(4)测量钻孔内水位,并参考(4-8)式的要求,按照使往复式潜水泵传动柱塞上部的管柱内静水压力与工作柱塞下端的外环状空间间静水压力基本平衡的原则,估算出往复式潜水泵串接在钻杆柱中的合理位置。估算时,要注意传动柱塞的面积与工作柱塞完全不同。根据估算的往复式潜水泵串接在钻杆柱中的位置,把钻头、粗径钻具(带取粉管)、钻杆及往复式潜水泵下入钻孔中。

(5)启动地表专用单缸柱塞泵2~3min后,关闭柱塞泵,过1min后再次启动单缸柱塞泵,反复2~3次,自动排气阀就可把高压管线中的空气排净。

(6)将整个钻具慢慢放到孔底开始正常钻进。节水钻探钻进时就像普通回转钻进一样,根据所钻岩性、钻头类型和钻头口径来选择所需的钻压和转速即可。孔内局部循环的强度取决于地表单缸泵流量的大小,当钻进岩粉较少的硬岩时,地表单缸泵的回水阀可适当回一些水,这样往复式潜水泵工作柱塞的冲程就会小一些,由于频率不变,因此孔内局部循环的流量变小。相反,当钻进岩粉较多的软岩时,可少回一些水,加大孔内局部循环的强度。

4. 节水钻探操作注意事项

(1)节水钻探系统正常工作时,地表单缸柱塞泵的泵压一般维持在一个恒定的变化幅度内,例如0~3.5MPa。如果压力幅度突然变大,例如0~6MPa,此时可能是往复式潜水泵的柱塞被卡住,工作不正常,应立即停止钻进,排除故障。如果压力幅度变化突然变小,例如0~1MPa,此时可能是高压管线中混入了空气,或者是钻杆接头处发生严重泄漏,也应立即停钻,查明原因,直至压力恢复正常后再行钻进。

(2)由节水钻探的工作原理可知,往复式潜水泵在孔内的局部循环流量是间歇性的。流量由最大变为最小,又由最小变为最大,其平均值与所钻地层需要的流量相适应,但其瞬时的最大流量几乎为所需平均流量的两倍。因此,使用节水钻探机具钻进时,应当选用水口较大的金刚石钻头或硬质合金钻头。如果钻头的水口较小,会产生较大的上举力,造成钻具上下窜动,产生较大的震动,同时抵消部分钻压,降低钻速。

(3)钻进过程中如果出现高压管线或钻杆接头处严重泄漏,则孔内往复式潜水泵的工作行程达不到额定值。因此,当泵压峰值显著下降时,应考虑在钻杆接头处缠上黄油麻绳来提高其密封性。

(4)由于节水钻探系统只有孔内局部循环,岩粉不能直接带至地表,因此,每个回次必须带取粉管下孔。回次结束后,钻具提至地表时,应及时清理取粉管中的岩粉,否则容易造成卡、埋钻事故。

二、节水钻探系统可能出现的故障及排除方法

节水钻探系统可能出现的故障及排除方法详见表4-5。

三、节水钻探取心方法

在钻探过程中获取岩矿样品是钻探工作的主要任务之一。传统的卡取岩心方法往往是停止冲洗液循环后向孔内钻杆柱投卡料。但在进行节水钻探的条件下,由于孔内钻杆柱中有一段安装了往复式潜水泵,其传动柱塞和工作柱塞把管内水系隔开了,所以卡料投放不下去,必须在岩心管内安装专用卡心装置来卡取岩心。这也是在复杂地质条件下保证节水钻探质量的

重要环节。

表 4-5 节水钻探可能出现的故障及排除方法表

故障类别和特征	可能的原因	排除的办法
单缸泵脉动式双向阀故障		
(1)启动地表钻探泵后高压管线内没有 0.3~0.5MPa 的剩余压力	脉动式双向阀反向阀设定的预压缩量不够,主要原因: • 弹簧的剩余变形过量; • 弹簧损坏。	调整弹簧使它达到设定的预压缩量 更换弹簧
(2)高压管线中没有工作压力	脉动式双向阀的橡胶密封圈已损坏	更换新的橡胶密封圈
往复式潜水泵故障		
(1)在地表钻探泵和脉动式双向阀工作正常的情况下,往复式潜水泵的柱塞没有反向行程	两个柱塞之间的连杆腔体内充满了水,这些水是经损坏的密封圈或安装不正确的皮碗座处渗进来的,但又不能经工作柱塞中心通道排出	(1)拆开往复式潜水泵,倒出水; (2)更换已磨损的柱塞密封圈; (3)安装或更换橡胶密封圈,防止水往皮碗座与外壳间的间隙里泄漏; (4)检查衬套压紧弹簧的完好性,检查中心阀门的位置,排除故障,调整阀门的预压缩量,固定压紧衬套
(2)在地表泵正常工作的情况下,潜水工作柱塞的行程达不到设计值	脉动式双向阀反向阀的弹簧选配不正确,或弹簧的预压缩量调整不正确	调整脉动式双向阀反向阀弹簧的预压缩量
	高压管线中有空气	用排气阀把高压管线中的空气排出
排气阀		
排气阀的连接处漏水 排气阀处于常开或常关状态	接头未拧紧 弹簧损坏或变形了	拧紧密封圈或填料密封处的接头 卸开排气装置更换弹簧

1. 常用的取心方法

图 4-25(a)(b)(c)绘出了三种常用的典型岩心卡簧,它们主要用于中硬以上质地较致密、结构完整岩石的金刚石钻进或硬质合金钻进。其中内槽式[图 4-25(a)]加工时需要专用模具,外槽式[图 4-25(b)]和切槽式[图 4-25(c)]加工较简单。使用这类卡簧取心时,必须特别注意使卡簧与卡簧座的锥面之间、卡簧自由内径与岩心外径之间的间隙配合适度。如果稍有不适便无法保证取心的可靠性。

造成这类卡心工具失败的主要原因有:

1)岩石破碎,岩心呈小块状,其直径小于卡簧的卡紧内径;

2)岩石致密而坚硬,尤其当钻孔口径较大时,虽然卡簧抱住了岩心但只在岩心表面滑动而无法拉断它;

3)岩石中包含软的或特硬的包裹体,岩心表面不平,不圆,加之卡簧座的锥面长度不够,使卡簧无法抱紧岩心;

4)卡簧的刚度、高度与孔底工作情况不适应,在钻具振动和岩心的作用下,卡簧可能出现相对于岩心管轴线的偏转,从而无法抱住岩心。

对于软岩、破碎的、胶结性差的岩石可以采用如图4-25(d)(e)所示的簧片式卡心工具。其

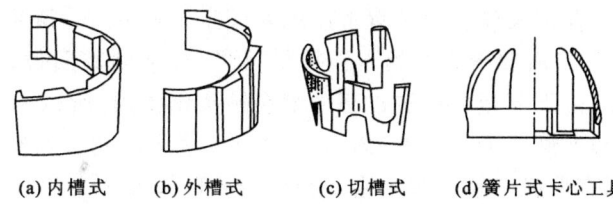

图4-25 常用卡心工具

簧片从张开到合拢的直径变化最大,有利于保证岩心碎块的采取率。但如果岩石很软,钢质簧片可能造成岩心的人为破坏,如果岩石很坚硬,则容易掰断簧片,所以必须保持簧片座在钻进过程中不旋转。

2. 可用于节水钻探的专用卡心工具

除了图4-25所示的传统卡心工具外,针对不同的复杂地层还可设计或选择专用卡心工具。

(1)矩形环式卡心装置如图4-26(a)所示。其钻头钢体上加工有斜向通孔,把钢筋制成圆角矩形环,套在钻头钢体的斜孔中。当岩心进入时,矩形环沿斜孔上移,起钻时在自重和岩心摩擦力的作用下,矩形环将处于最低位置,这时矩形环形成的内径小于岩心外径,从而卡住岩心。该机构主要用于空气潜孔锤钻进。因为潜孔锤钻进时钻具震动强烈,矩形环可以沿钻头钢体的斜孔上下跳动,而传统的内槽式、外槽式和切槽式卡簧可能自行下滑,造成岩心自卡,甚至堵塞。

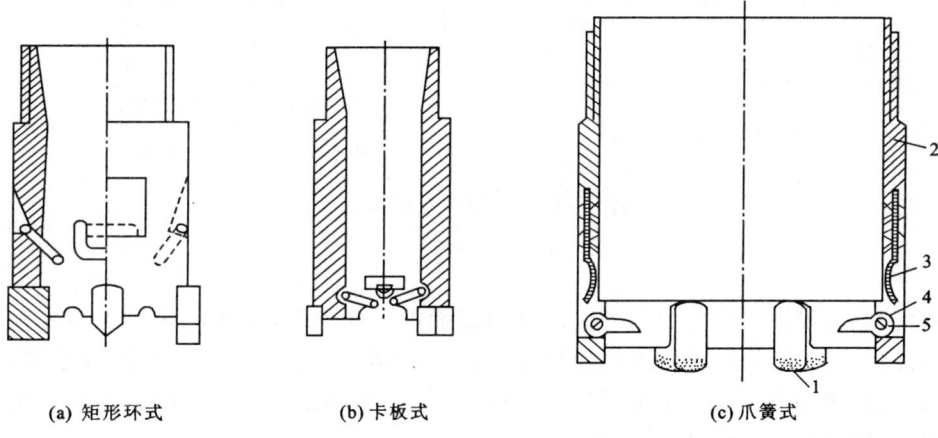

图4-26 专用卡心工具-1
1—切削具;2—钻头体;3—簧片;4—卡板;5—轴

(2)卡板式卡心装置如图4-26(b)所示。在钻头钢体上安装了可沿心轴转动的卡板,其转动范围不超过90°,最稳定的状态是接近水平位置。当岩心进入岩心管时,岩心推动卡板向上翻转,使通道内径大于岩心直径,所以坚硬的岩心不易破坏卡板。起钻时,卡板在自重和岩心摩擦力的作用下自动回到水平位置,完成卡心。该结构可在硬而破碎的地层中保证较高的

采取率。图 4-26(c)所示的装置包括切削具 1、钻头体 2、簧片 3、卡板 4 和轴 5,工作原理同前,只是在钻头体相应位置上用螺钉固定了簧片 3。簧片有两个作用:一是防止卡板翻转超过 90°,二是当需要卡心时给卡板提供反弹力,帮助其回位。该结构可用于中硬—硬地层的难取心地层,由于卡板在钻进过程中缩在钻头钢体内,所以卡板不易损坏。

(3)卡箍式卡心装置(图 4-27)由卡箍座外壳 1 和瓣形卡箍 2 组成。外壳有内锥面,在锥面上部有形成卡箍位移上限的凸台。瓣形卡箍 2 为阶梯形:上部为与外壳内径相配合的圆柱形,下部有外锥面,且向内加厚并刻有棘齿。棘齿的自由内径等于或略大于钻头切削具的内出刃直径,棘齿下部的内锥面将有助于岩心进入卡箍。卡箍用弹簧钢制成并经热处理。由于卡箍的纵向切口宽度大于外壳上下内壁的周长之差,所以很容易从外壳 1 的上端把卡箍放入到位。加之卡箍座的内锥度加长了,使卡箍对岩心的抱紧力增大。

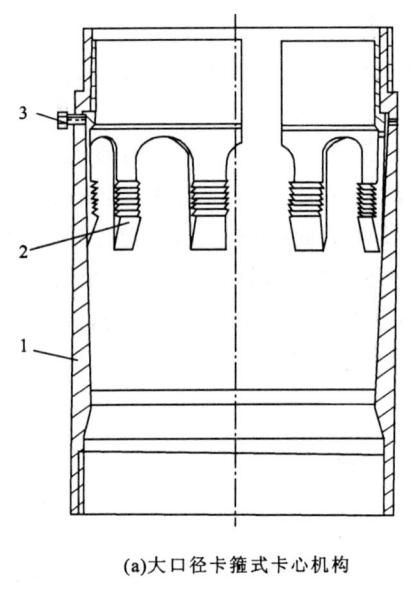 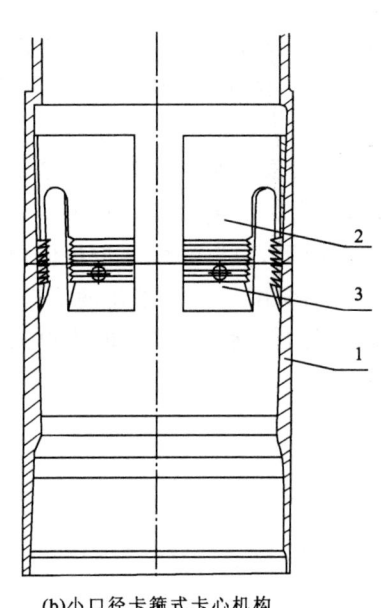

(a)大口径卡箍式卡心机构　　(b)小口径卡箍式卡心机构

图 4-27　专用卡心工具-2
1—外壳;2—卡箍;3—孔

由于卡箍上部设计了一个可与外壳圆柱内表面配合的台阶,从而可防止卡箍相对轴线偏转而变形,保证其稳定对中,这一点在大口径钻进时特别重要。回次结束时提升钻具,卡箍的棘齿与岩心表面接触并使整个卡箍沿锥面下滑,紧紧卡住岩心。岩石越坚硬,所需的岩心拉断力越大,则卡箍棘齿提供的卡紧力也越大。

起钻后,首先拧开岩心管,便可从卡箍中取出岩心。这种取心工具对于口径大于 150mm 的钻孔特别有效,Φ219mm 的卡箍机构曾成功地用于坚硬的角砾云母橄榄岩矿区详勘,并取得优异的取样效果,而其他取心工具往往无法拉断大直径岩心,而使取心失败。

在大口径卡箍[图 4-27(a)]外壳 1 上钻有螺孔,起钻后只要往里拧进螺钉压缩卡箍,使其自由直径减小便可方便地从外壳中取出。而直径小于 146mm 的钻孔可采用图 4-27(b)所示的卡箍,采用普通尖嘴钳夹住卡箍 2 上的孔 3 就可把卡箍取出来。这类卡箍也在许多矿区取得了很好的硬岩取心效果。

(4)卡瓦式卡心机构(图4-28)由壳体1、销轴2、卡瓦3和扭簧4组成。钻进过程中,卡瓦3借助扭簧4的力量被张开,紧贴在钻头内壁,使岩心容易进入。回次结束时提升钻具,卡瓦在岩心表面摩擦力的作用下沿锥面下滑,卡瓦收拢并卡紧岩心。卡瓦式卡心机构适用于中硬以上的地层,卡心效果好,但由于结构关系只适用于大口径钻探。

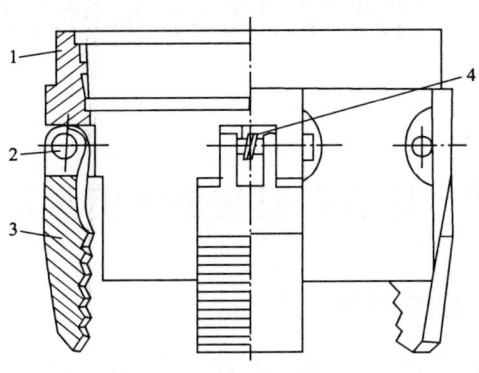

图4-28 专用卡心工具-3
1—壳体;2—销轴;3—卡瓦;4—扭簧

第五章 孔内局部循环节水钻探系统的数学模型及计算机仿真

第一节 地表单缸往复泵的运动规律

一、单缸往复泵的工作原理

在钻探生产中,往复式泥浆泵应用得最为广泛。孔内局部循环节水钻探系统采用单缸往复泵来给往复式潜水泵提供动力,往复式潜水泵能否正常工作,取决于地表单缸往复泵给出的泵压的大小。

单缸往复泵的工作原理如图 5-1 所示。它主要由动力端和液力端两大部分组成。动力端包括曲柄连杆机构、十字头和其他机械传动部件(图上未标出,如变速箱、离合器等),它是把原动机的能量传给活塞,并通过曲柄连杆机构把回转运动变成活塞的直线往复运动的动力传动机构。液力端包括泵头体、缸套、活塞、活塞杆、吸水阀和排出阀等部件,它的作用是通过活塞在缸套中作往复运动形成液缸容腔变化,完成能量转换,实现吸入或排送液体。所以,液力端是把机械能转换为液体压力能的机构。

当曲柄以角速度 ω 逆时针旋转时,从图 5-1 可见,活塞右移,由活塞、缸套、泵头体、吸入阀和排出阀等组成的密封腔容积增大,腔内压力降低(小于 1 个标准大气压力),水池中的液体在压力差的作用下经吸入管推开吸入阀进入液缸。这一过程是在活塞从左端点到右端点的整个行程中完成的,称为吸入过程。当曲柄继续回转,活塞从右端点向左运动,被吸入到液缸中的液体受到挤压,液体压力升高,吸入阀关闭,排出阀打开,液缸中的液体随活塞的运动被排送到排出管路中。这个过程称为排出过程。当曲柄以角速度 ω 继续旋转时,上述过程将不断重复出现,从而实现液体的输送。

二、单缸往复泵主要参数的计算

往复泵的基本工作原理及其主要参数的计算,以及泵工作的特点都与活塞在一个冲程内速度和加速度的变化密切相关。如图 5-1 所示,当曲柄转过 φ 角后,活塞的位移为 x,则

$$\begin{aligned} x &= DO - BO \\ &= (DF + FO) - (BC + CO) \\ &= l + r - (l\cos\beta + r\cos\varphi) \\ &= r(1-\cos\varphi) + l(1-\cos\beta) \end{aligned} \tag{5-1}$$

式中:l——连杆长度,m;

r——曲柄半径,m;

第五章 孔内局部循环节水钻探系统的数学模型及计算机仿真

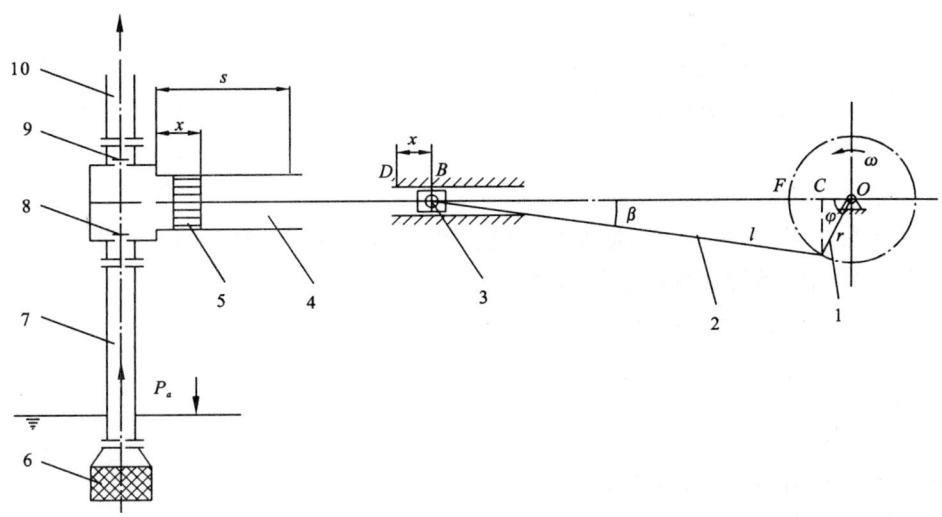

图 5-1 单缸往复泵工作原理示意图
1—曲柄；2—连杆；3—十字头；4—缸套；5—活塞；6—滤清器；7—吸入管；8—吸入阀；9—排出阀；10—排出管

φ——曲柄转角，rad；
β——连杆转角，rad。

因 $l\sin\beta = r\sin\varphi$，令 $r/l = \lambda$，则 $\sin\beta = \lambda\sin\varphi$。

$$\cos\beta = \sqrt{1-\sin^2\beta} = \sqrt{1-\lambda^2\sin^2\varphi}$$

将上式按牛顿二项式展开，且略去第二项以后的项，得

$$\cos\beta = 1 - \frac{\lambda^2\sin^2\varphi}{2}$$

再将展开后的上式代入(5-1)式中，整理后得到活塞的位移 x 为

$$x = r(1-\cos\varphi + \frac{\lambda}{2}\sin^2\varphi) \tag{5-2}$$

(5-2)式表明，当曲柄半径 r 和连杆长度 l 为一定值时，活塞位移 x 随曲柄转角 φ 而变化。因曲柄转角 φ 为时间的函数，所以活塞的位移 x 也是时间的函数。某角速度 ω 与 φ 角的关系为 $\varphi = \omega t$，即 $\frac{d\varphi}{dt} = \omega$，由式(5-2)对时间求一阶导数、二阶导数，即得到活塞的运动速度 u 和加速度 a。

活塞运动的速度为

$$u = \frac{dx}{dt} = r\omega(\sin\varphi + \frac{\lambda}{2}\sin2\varphi) \tag{5-3}$$

活塞运动的加速度为

$$a = \frac{d^2x}{dt^2} = r\omega^2(\cos\varphi + \lambda\cos2\varphi) \tag{5-4}$$

在往复泵中，为了改善曲柄连杆机构的受力状况，通常曲柄半径 r 和连杆长度 l 的比值较小。一般 $\lambda = \frac{r}{l} \leqslant 0.2$ 时，可以把连杆视为无限长，即令 $\lambda \approx 0$。这时活塞的位移、速度、加速度

的近似表达式为

$$\begin{cases} x = r(1-\cos\varphi) \\ u = r\omega\sin\varphi \\ a = r\omega^2\cos\varphi \end{cases} \quad (5-5)$$

式中：u——活塞的速度，m/s；

a——活塞的加速度，m/s²。

从上面的分析可知，往复泵的活塞作变速直线运动，因此，往复泵的流量也随时间而变化，往复泵在任一瞬间的理论流量的近似表达式为

$$Q'_{th} = F \cdot r\omega\sin\varphi$$

$$Q'_{th} = \frac{\pi F s n}{60}\sin\varphi \quad (5-6)$$

式中：Q'_{th}——理论瞬时流量，m³/s；

F——缸套内腔横截面面积，m²；

s——活塞行程，m；

n——活塞每分钟往复次数，min⁻¹。

第二节　地表单缸往复泵的压头

一、实际液体不稳定流的伯努利方程

液体在管道中的流动状态可以分为两种：一种是液体在管道内各点处的流动速度和压力只与该点所处空间位置有关，而与测量的时间无关，这种流动状态称为稳定流。另一种情况是，液体在管道中各点的流速和压力，不仅随该点所在空间位置不同而变化，而且也随测定时刻的不同而变化。即液体的流速和压力在变化着。这说明液体的流动过程中有加速度存在。这种液流称为不稳定流。由于往复泵工作时，活塞运动速度是按一定规律变化的，由活塞吸入液缸内或排出到管道中的液流受活塞运动规律的影响其流速也是变化的，所以在流动过程中存在加速度，从而产生了惯性水头，使液流压力发生波动。管道中各点的流速和压力不仅与该点在空间的位置有关，也与所讨论的时刻有关。因此，往复泵液缸内及其管道中的运动流体也属于不稳定流。理想流体不稳定流的伯努利方程式为

$$z_1 + \frac{v_1^2}{2g} + \frac{p_1}{\gamma} = z_2 + \frac{v_2^2}{2g} + \frac{p_2}{\gamma} + h_i \quad (5-7)$$

式中：z_1、z_2——管道中所选液流截面 1、截面 2 距基准面的高度，m；

v_1、v_2——管道中 1、2 处的流速，m/s；

p_1、p_2——管道中 1、2 处的压力，Pa；

γ——液体重度，kN/m³；

g——重力加速度，m/s²；

h_i——惯性水头，m。

可以看出，式(5-7)比理想流体稳定流的伯努利方程多一项 h_i，这一项就是流体变速运动产生的惯性水头，即

$$h_i = \frac{1}{g}\int_{S_1}^{S_2} \frac{\partial v}{\partial t} dS$$

式中：S——管道截面面积，m^2。

一般情况下，液体的不稳定流并不是用简单的数学方法能够解决的，但对于等直径管道，可以认为各点的流速和变加速度 $\frac{\partial v}{\partial t}$ 与其所在空间位置无关，即 $\frac{\partial v}{\partial t}$ 不变，则惯性水头为

$$h_j = \frac{a}{g} L \tag{5-8}$$

式中：a——液体加速度，m/s^2；
L——管路长度，m。

对于实际液体来说，还要克服液流的各种阻力水头 Δh_L。因此，实际液体不稳定流的伯努利方程式为

$$z_1 + \frac{v_1^2}{2g} + \frac{p_1}{\gamma} = z_2 + \frac{v_2^2}{2g} + \frac{p_2}{\gamma} + h_{i1\sim2} + \Delta h_{L1\sim2} \tag{5-9}$$

二、吸入过程液缸内压头变化规律

由第四章所述的孔内局部循环节水钻探系统的工作原理可知，当地表往复泵的活塞吸水时，来自高压管线的承压液体打开脉动式双向阀的反向球阀，并进入地表往复泵的液缸内。为研究地表往复泵吸入过程时液缸内压头变化规律，分别取地表往复泵液缸内活塞处液流截面 1 和往复式潜水泵工作腔内传动柱塞处的液流截面 2 为研究对象。设：地表往复泵液缸内活塞液流截面处的比位能为 $z_{吸1}$，地表往复泵液缸内液体的流速为 $v_{吸1}$，地表往复泵液缸内液体压力为 $p_{吸1}$，如以液缸中心线为基准面，则 $z_{吸1}=0$；往复式潜水泵工作腔内传动柱塞处的比位能为 $z_{吸2}$，往复式潜水泵工作腔内液体的流速为 $v_{吸2}$，往复式潜水泵工作腔内液体压力为 $p_{吸2}$；$h_{i1\sim2}$ 和 $\Delta h_{L1\sim2}$ 是液流截面 1 和液流截面 2 间液流的惯性水头和阻力水头；Δh_{vs} 是液流流经吸入阀的各种损失水头。把各项代入(5-9)式，整理后得到吸入过程液缸内压头变化的关系式为

$$\frac{p_{吸1}}{\gamma} = z_{吸2} + \frac{p_{吸2}}{\gamma} + \frac{v_{吸2}^2 - v_{吸1}^2}{2g} - h_{i1\sim2} - \Delta h_{L1\sim2} - \Delta h_{vs} \tag{5-10}$$

上式表明，在吸入过程中，液缸内的压头和往复式潜水泵工作腔内的压头之间存在压差。在此压头差作用下，除用于克服惯性水头 $h_{i1\sim2}$、阻力水头 $\Delta h_{L1\sim2}$ 和吸入阀的损失水头 Δh_{vs} 外，还使液体获得保持在液缸中流动所必须的速度水头，实现液体从往复式潜水泵工作腔内进入地表往复泵的液缸内。

由于往复泵活塞在液缸中的位移 x、速度 u 和加速度 a 随时间而变化，因此，在整个吸入过程中液缸内的压头将随着活塞的位移而变化。下面逐项分析(5-10)式中各项与活塞位移 x 的变化关系。

1. $z_{吸2}$ 和 γ

由于往复式潜水泵传动柱塞的行程长度很短，与往复式潜水泵和地表往复泵之间的高差相比很小，可以忽略不计，所以 $z_{吸2}$ 不变。γ 在确定的工况下也是定值，它与活塞位移 x 无关。

2. $p_{吸2}$

当地表往复泵的活塞开始吸水时,往复式潜水泵的传动柱塞在工作弹簧回复力和管外空间的静水柱压力作用下向上移动,将工作腔内的冲洗液压往地表往复泵的液缸内。在这个过程中往复式潜水泵工作腔内液体压力 $p_{吸2}$ 除与活塞位移 x 有关外,还与工作弹簧的刚度和管外空间的静水柱压力有关。

3. 速度水头差 $\dfrac{v_{吸2}^2 - v_{吸1}^2}{2g}$

从活塞的运动规律可知,当 $\lambda = \dfrac{r}{l} \leqslant 0.2$ 时,可以忽略连杆的影响,则液体在液缸中的液流截面流速即为活塞的速度

$$v_{吸1} = r\omega\sin\varphi$$

由活塞位移 $x = r(1 - \cos\varphi)$,得

$$\cos\varphi = 1 - \dfrac{x}{r}$$

根据液流的连续性条件,有

$$F_2 \cdot v_{吸2} = F \cdot v_{吸1}$$

$$v_{吸2} = \dfrac{F \cdot v_{吸1}}{F_2}$$

式中:F——缸套内腔横截面面积,m^2;

F_2——往复式潜水泵工作腔横截面面积,m^2。

把这些关系式代入速度水头差,得

$$\dfrac{v_{吸2}^2 - v_{吸1}^2}{2g} = \dfrac{1}{2g}\left(\dfrac{F^2}{F_2^2} - 1\right)(r\omega\sin\varphi)^2$$

$$= \dfrac{(F^2 - F_2^2)}{2gF_2^2}r^2\omega^2(1 - \cos^2\varphi)$$

$$= \dfrac{(F^2 - F_2^2)}{2gF_2^2}r^2\omega^2\left(\dfrac{2x}{r} - \dfrac{x^2}{r^2}\right)$$

4. 惯性水头 $h_{i1\sim2}$

地表往复泵液缸中和往复式潜水泵工作腔中液体的惯性水头与高压管线中液体的惯性水头相比,由于地表往复泵液缸和往复式潜水泵工作腔的长度很短,其值很小,可以忽略不计。这样,吸入过程中液流的惯性水头就是高压管线中液体的惯性水头,即

$$h_{i1\sim2} = \dfrac{a_s}{g}L_{1\sim2} = \dfrac{L_{1\sim2}}{g} \cdot \dfrac{dc_s}{dt}$$

式中:$L_{1\sim2}$——高压管线的长度,m;

a_s、c_s——高压管线中液流的加速度和速度,m/s^2、m/s。

根据液流的连续性条件,有

$$F_s \cdot c_s = F \cdot v_{吸1}$$

$$c_s = \dfrac{F \cdot v_{吸1}}{F_s}$$

式中:F_s——高压管内截面面积,m^2。

把这些关系式代入惯性水头,得

$$h_{i1\sim2} = \frac{L_{1\sim2}}{g} \cdot \frac{\mathrm{d}}{\mathrm{d}t}\left(\frac{F}{F_s} \cdot v_{\text{吸}1}\right) = \frac{L_{1\sim2}}{g} \cdot \frac{F}{F_s} \cdot \frac{\mathrm{d}}{\mathrm{d}t}r\omega\sin\varphi$$

$$= \frac{L_{1\sim2}}{g} \cdot \frac{F}{F_s} \cdot r\omega^2\cos\varphi = \frac{L_{1\sim2}}{g} \cdot \frac{F}{F_s} \cdot r\omega^2\left(1-\frac{x}{r}\right)$$

5. 阻力水头 $\Delta h_{L1\sim2}$

在地表往复泵液缸中和往复式潜水泵工作腔液流的阻力水头较高压管线中液流的阻力水头小得多,可忽略不计。这样,在吸入过程中的阻力水头就是高压管线中的阻力水头。它由沿程阻力水头和局部阻力水头组成,即

$$\Delta h_{L1\sim2} = \lambda_s \cdot \frac{L_{1\sim2}}{d_s} \cdot \frac{c_s^2}{2g} + \zeta_s \cdot \frac{c_s^2}{2g}$$

$$= \left(\lambda_s \cdot \frac{L_{1\sim2}}{d_s} + \zeta_s\right) \cdot \frac{c_s^2}{2g} = \left(\lambda_s \cdot \frac{L_{1\sim2}}{d_s} + \zeta_s\right) \cdot \left(\frac{F}{F_s}\right)^2 \cdot \frac{v_1^2}{2g}$$

$$= \left(\lambda_s \cdot \frac{L_{1\sim2}}{d_s} + \zeta_s\right) \cdot \frac{1}{2g}\left(\frac{F}{F_s}\right)^2 \cdot \left(\frac{2x}{r} - \frac{x^2}{r^2}\right)$$

式中:d_s——管道直径,m;

ζ_s——局部损失系数。

6. 吸入阀的损失水头 Δh_{vs}

吸入阀开启的损失由两部分组成:一部分是为克服阀的自重和弹簧的张力引起的阻力水头,另一部分是开阀的惯性水头。吸入阀开启后的损失水头主要是局部损失水头 Δh_{vs},并认为在吸入过程中通过阀隙的流速不变,所以把该值视为常数。这样,可以确定在吸入过程中,吸入阀的损失水头只有在开阀时要克服较大的阻力,其余过程的损失水头保持不变。

将以上各项代入(5-10)式中,得到吸入过程液缸内压头与活塞位移的关系式

$$\frac{p_{\text{吸}1}}{\gamma} = z_{\text{吸}2} + \frac{p_{\text{吸}2}}{\gamma} + \frac{(F^2 - F_2^2)}{2gF_2^2}r^2\omega^2\left(\frac{2x}{r} - \frac{x^2}{r^2}\right) - \frac{L_{1\sim2}}{g} \cdot \frac{F}{F_s} \cdot r\omega^2\left(1-\frac{x}{r}\right) -$$

$$\left(\lambda_s \cdot \frac{L_{1\sim2}}{d_s} + \zeta_s\right) \cdot \frac{1}{2g}\left(\frac{F}{F_s}\right)^2 \cdot \left(\frac{2x}{r} - \frac{x^2}{r^2}\right) - \Delta h_{vs} \tag{5-11}$$

三、排出过程液缸内压头变化规律

由第四章所述的孔内局部循环节水钻探系统的工作原理可知,当地表往复泵的活塞排水时,将地表往复泵液缸内的水通过高压管线压往往复式潜水泵的工作腔,在水压作用下往复式潜水泵的传动柱塞、工作柱塞向下移动,将往复式潜水泵泵腔 4 内(参见图 4-2)的冲洗液压向孔内,完成往复式潜水泵的排出过程。为研究地表往复泵排出过程液缸内压头变化规律,分别取地表往复泵液缸内活塞处液流截面 1 和往复式潜水泵工作腔内传动柱塞处的液流截面 2 为研究对象。设:地表往复泵液缸内活塞液流截面处的比位能为 $z_{\text{排}1}$,地表往复泵液缸内液体的流速为 $v_{\text{排}1}$,地表往复泵液缸内液体压力为 $p_{\text{排}1}$,如以液缸中心线为基准面,则 $z_{\text{吸}1}=0$;往复式潜水泵工作腔内传动柱塞处的比位能为 $z_{\text{排}2}$,往复式潜水泵工作腔内液体的流速为 $v_{\text{排}2}$,往复式潜水泵工作腔内液体压力为 $p_{\text{排}2}$;$h_{i1\sim2}$ 和 $\Delta h_{L1\sim2}$ 是液流截面 1 和液流截面 2 间液流的惯性水头和阻力水头;Δh_{vd} 是液流流经排出阀的各种损失水头。把各项代入(5-9)式,整理后得

到排出过程液缸内压头变化的关系式为

$$\frac{p_{排1}}{\gamma} = z_{排2} + \frac{p_{排2}}{\gamma} + \frac{v_{排2}^2 - v_{排1}^2}{2g} + h_{i1\sim2} + \Delta h_{L1\sim2} + \Delta h_{vd} \quad (5-12)$$

将上式中各项按吸入过程的类似方法化成与活塞位移的函数关系,可得到排出过程液缸内压头与活塞位移的函数方程为

$$\frac{p_{排1}}{\gamma} = z_{排2} + \frac{p_{排2}}{\gamma} + \frac{(F^2 - F_2^2)}{2gF_2^2} r^2 \omega^2 \left(\frac{2x}{r} - \frac{x^2}{r^2}\right) + \frac{L_{1\sim2}}{g} \cdot \frac{F}{F_s} \cdot r\omega^2 \left(1 - \frac{x}{r}\right)$$
$$+ \left(\lambda_s \cdot \frac{L_{1\sim2}}{d_s} + \zeta_s\right) \cdot \frac{1}{2g} \left(\frac{F}{F_s}\right)^2 \cdot \left(\frac{2x}{r} - \frac{x^2}{r^2}\right) + \Delta h_{vd} \quad (5-13)$$

第三节 冲洗液循环时的压力损失

钻孔冲洗过程中,冲洗液流经地面管线、钻杆及钻铤、岩心钻具或钻头水眼、钻具与孔壁的环状空间等通道时,均会造成一定的压力损失,又叫水力损失或压头损失。随着泵量和孔深的增加,水力损失也明显增加。冲洗液在循环系统中的压力损失由下式确定

$$p = k(p_1 + p_2 + p_3 + p_4) \quad (5-14)$$

式中:k——附加阻力系数,是由于岩粉颗粒使冲洗液重度提高而增加的压力损失,$k=1.1$;
  p——冲洗液在循环系统中的压力损失,Pa;
  p_1——在钻杆中的压力损失,Pa;
  p_2——在环状空间中的压力损失,Pa;
  p_3——在接头中的压力损失,Pa;
  p_4——在岩心管和钻头内外的压力损失,Pa。

式(5-14)中各项压力损失可运用流体力学中有关液流阻力计算的方法求出。现分别计算如下。

一、在钻杆中的压力损失

按达西公式计算,有

$$p_1 = \lambda_1 \cdot \frac{L}{d_1} \cdot \frac{v_1^2}{2g} \cdot \gamma = 0.81\lambda_1 \frac{LQ^2}{d_1^5} \cdot \rho, \quad \text{Pa} \quad (5-15)$$

式中:λ_1——阻力系数,取值见表 5-1;
  L——钻孔深度或钻杆柱总长度,m;
  d_1——钻杆内径,m;
  v_1——冲洗液在钻杆内的流速,m/s;
  γ——冲洗液的重度,N/m³;
  Q——冲洗液量,m³/s;
  ρ——冲洗液的密度,kg/m³;
  g——重力加速度,9.81m/s²。

表 5-1 流体在圆管中流动阻力系数计算表

流体	流态	λ_1	Re
牛顿	层流	$\dfrac{64}{Re}$	$\dfrac{v_1 d_1 \gamma}{\eta g}$
	紊流	$\dfrac{0.0121}{d_1^{0.226}}$	
宾汉	层流	$\dfrac{64}{Re}$	$\dfrac{v_1 d_1 \gamma}{g(\eta_p + \dfrac{\tau d_1}{6 v_1})}$
	紊流	0.02	

注:η——动力黏度,Pa·s;η_p——塑性黏度,Pa·s;τ——动切力,Pa;其他同前。

二、在环状空间中的压力损失

在环状空间中的压力损失仍按达西公式计算。

$$p_2 = \lambda_2 \cdot \frac{L}{D-d} \cdot \frac{v_2^2}{2g} = 0.81 \lambda_2 \frac{LQ^2}{(D-d)^3(D+d)^2} \cdot \rho, \quad \text{Pa} \qquad (5-16)$$

式中:λ_2——阻力系数,取值见表 5-2;
D——钻孔直径或套管内径,m;
v_2——上返流速,m/s;
d——钻杆外径或接箍和锁接箍的外径,m;
其他同前。

表 5-2 流体在环状空间中流动阻力系数计算表

流体	流态	λ_2	Re
牛顿	层流	$\dfrac{96}{Re}$	$\dfrac{v_2(D-d)\gamma}{\eta g}$
	紊流	0.024	
宾汉	层流	$\dfrac{96}{Re}$	$\dfrac{v_2(D-d)\gamma}{g\left[\eta_p + \dfrac{\tau_0(D-d)}{6 v_2}\right]}$
	紊流	0.015~0.024	

三、在接头中的压力损失

冲洗液通过钻杆接头内的压力损失属于局部阻力损失,其计算公式为

$$p_3 = \zeta \cdot \frac{L}{l} \cdot \frac{v_3^2}{2g} = 0.81 \zeta \frac{LQ^2}{l d_1^4} \cdot \rho, \quad \text{Pa} \qquad (5-17)$$

$$\zeta = a\left[\left(\frac{d_1}{d_2}\right)^2 - 1\right]^2$$

式中:ζ——局部阻力系数;
a——经验系数,$a=2$;

d_1——钻杆内径,m;
d_2——接头或接箍的内径,m;
l——单根钻杆长度,m;
v_3——冲洗液经接头处的流速,m/s;
其他同前。

四、在岩心管和钻头中的压力损失

岩心管和钻头中的压力损失包括冲洗液通过岩心和岩心管之间环状间隙流动的压力损失,通过钻头流动的压力损失,通过岩心管与孔壁环状间隙流动的压力损失。一般单管取心钻进的各项损失之和约为$(5\sim12)\times10^4$Pa。

第四节　往复式潜水泵柱塞的运动规律

根据往复式潜水泵的结构和工作原理(参见图4-2),可以把往复式潜水泵工作柱塞和传动柱塞的工作分为两个阶段。

(1)工作柱塞和传动柱塞正向行程阶段。来自地表往复泵的水力脉冲传递到往复式潜水泵的工作腔2,在冲洗液的水压作用下往复式潜水泵的传动柱塞1以及和它连在一起的连杆5、工作柱塞3向下移动,压缩工作弹簧6,并把泵腔4内的冲洗液通过直孔17压至出水腔18,进而打开排水阀19,使冲洗液通过钻杆流向孔底。

(2)工作柱塞和传动柱塞反向行程阶段。当地表水泵反向行程时,由于脉动式双向阀的作用管路中的水压力下降,工作弹簧6通过上支撑环7从下面作用于传动柱塞的端部。与此同时,来自管外空间的冲洗液的静水柱压力通过进水眼16、进水腔15、吸水阀12和泵腔4作用于工作柱塞3的下端,使传动柱塞1和工作柱塞3向上移动。

由于往复式潜水泵的工作柱塞和传动柱塞是通过球形铰接刚性连接的,所以它们的运动规律是一样的,可以把它们作为一个整体来研究。

(3)在往复式潜水泵工作柱塞和传动柱塞的两个工作阶段的受力分析如下。

1)工作腔2内液体对传动柱塞的液压力

$$F_1=\frac{\pi D_1^2}{4}P_1 \qquad (5-18)$$

式中:F_1——工作腔2内液体对传动柱塞的液压力,N;
P_1——工作腔2内液体的压强,Pa;
D_1——往复式潜水泵传动柱塞的直径,m。

2)工作弹簧反力

$$R=P'\cdot x \qquad (5-19)$$

式中:R——工作弹簧反力,N;
P'——弹簧刚度,N/mm;
x——弹簧压缩量,mm。

3)密封阻力

$$P_m=P_{m1}+P_{m2} \qquad (5-20)$$

其中：$P_{m1} = \mu_{m1} \pi P_A D_1 b_1$，$P_{m2} = \mu_{m2} \pi P_B D_2 b_2$。

式中：P_m——密封阻力，N；

P_{m1}、P_{m2}——传动柱塞段和工作柱塞段密封阻力，N；

P_A、P_B——传动柱塞和工作柱塞端面比压，MPa；

μ_{m1}、μ_{m2}——传动柱塞段和工作柱塞段密封阻力系数；

D_1、D_2——传动柱塞和工作柱塞的直径，mm；

b_1、b_2——传动柱塞段和工作柱塞密封圈的宽度，mm。

4）泵腔4内液体对传动柱塞的液压力

$$F_2 = \frac{\pi D_2^2}{4} P_2 \tag{5-21}$$

式中：F_2——泵腔4内液体对传动柱塞的液压力，N；

P_2——泵腔4内液体的压强，Pa；

D_2——往复式潜水泵传动柱塞的直径，m。

5）传动柱塞和工作柱塞的自重

$$G = mg \tag{5-22}$$

式中：m——传动柱塞和工作柱塞的质量，kg；

g——重力加速度，9.81 m/s²。

如果取传动柱塞和工作柱塞重力方向为正，则工作柱塞和传动柱塞正向行程阶段所受的合力 F_{i1} 为

$$F_{i1} = F_1 + G - R - P_m - F_2 \tag{5-23}$$

工作柱塞和传动柱塞正向行程阶段的初始条件为

$$t_1 = 0, v_1 = 0, x_1 = 0$$

工作柱塞和传动柱塞正向行程阶段的动力学微分方程为

$$\frac{\mathrm{d}x^2}{\mathrm{d}t^2} = \frac{1}{m} F_{i1} \tag{5-24}$$

工作柱塞和传动柱塞正向行程阶段的运动学微分方程为

$$\frac{\mathrm{d}x}{\mathrm{d}t} = v_1 + \frac{\Delta t}{m} F_{i1} \tag{5-25}$$

工作柱塞和传动柱塞正向行程阶段的柱塞的位移方程为

$$x = x_1 + v_1 \cdot \Delta t + \frac{\Delta t^2}{2m} F_{i1} \tag{5-26}$$

工作柱塞和传动柱塞反向行程阶段所受的合力 F_{i2} 为

$$F_{i2} = F_1 + G + P_m - F_2 - R \tag{5-27}$$

工作柱塞和传动柱塞反向行程阶段的初始条件为

$$t_2 = 0, v_2 = 0, x_2 = s$$

工作柱塞和传动柱塞反向行程阶段的动力学微分方程为

$$\frac{\mathrm{d}x^2}{\mathrm{d}t^2} = \frac{1}{m} F_{i2} \tag{5-28}$$

工作柱塞和传动柱塞反向行程阶段的运动学微分方程为

$$\frac{\mathrm{d}x}{\mathrm{d}t} = v_2 + \frac{\Delta t}{m} F_{i2} \tag{5-29}$$

工作柱塞和传动柱塞反向行程阶段的柱塞的位移方程为

$$x = x_2 + v_2 \cdot \Delta t + \frac{\Delta t^2}{2m} F_{i2} \tag{5-30}$$

第五节　节水钻探系统的计算机仿真

一、仿真程序的开发

1. 开发工具的选择

要对孔内局部循环节水钻探系统进行计算机仿真,首先应选择合适的开发工具。目前面向连续系统问题的仿真语言有很多,比较有代表性的是 CSSL、ACSL 及 ICSL。尽管仿真语言可直接用于解决仿真问题,编程也相对简单,但也存在人机对话功能较弱,系统扩充性能不强等缺点。运用 Visual Basic、Visual C++等通用程序设计语言开发计算机仿真程序可为开发者在设计、开发方面提供诸多灵活性,人机界面友好,便于系统维护和扩充,运行速度快。Visual Basic、Visual C++各有所长,综合考虑后我们选用 Visual Basic 6.0 作为孔内局部循环节水钻探系统计算机仿真的开发工具。

2. 程序设计

孔内局部循环节水钻探系统计算机仿真的主程序框图如图5-2所示。进行计算机仿真时,首先给往复式潜水泵、脉动式双向阀、地表往复泵和钻孔等计算参数赋初始值,然后让地表往复泵开始排水过程,往复式潜水泵柱塞进入正向行程阶段。不断计算往复式潜水泵柱塞的正向行程位移,如果往复式潜水泵柱塞位移没有超过柱塞的最大行程且地表往复泵没有开始吸水,则继续计算往复式潜水泵柱塞的正向行程位移。如果往复式潜水泵柱塞位移超过柱塞的最大行程,则往复式潜水泵柱塞停止运动,等待地表往复泵开始吸水过程。当往复泵开始吸水时,往复式潜水泵柱塞开始反向行程,如果往复式潜水泵柱塞速度降到 0,则说明往复式潜水泵柱塞停止运动,计算往复式潜水泵柱塞此刻的位移,并和开始阶段的初始位移进行比较,以判断往复式潜水泵柱塞行程是否稳定。如果行程稳定,则输出仿真计算结果和仿真曲线图,否则继续计算,直到达到要求为止。

在计算机仿真程序设计过程中需要注意以下几点。

(1)子程序的正确性。计算机仿真涉及到许多计算子程序。要想得到正确的计算机仿真计算结果,首先就得保证数值计算子程序正确。所以必须对每一个子程序进行认真调试,确保子程序的正确性。

(2)程序的健壮性。为了增强程序的健壮性,程序对用户输入的数据都进行了合法性检验,并在每一个过程中添加了错误处理代码。

(3)编码的规范化。计算机仿真软件由成千上万条代码组成。在程序编写的过程中,严格遵守对象、变量及过程的命名约定,标记和注释也采用标准化格式。

3. 仿真软件的功能模块

计算机仿真软件采用模块化设计,开发了参数设置模块、计算机仿真计算模块、计算输出模块、数据保存模块、打印模块和帮助等功能模块(图5-3)。

(1)参数设置模块。参数设置模块包括系统参数、运行参数和影响因素参数的设置。系统

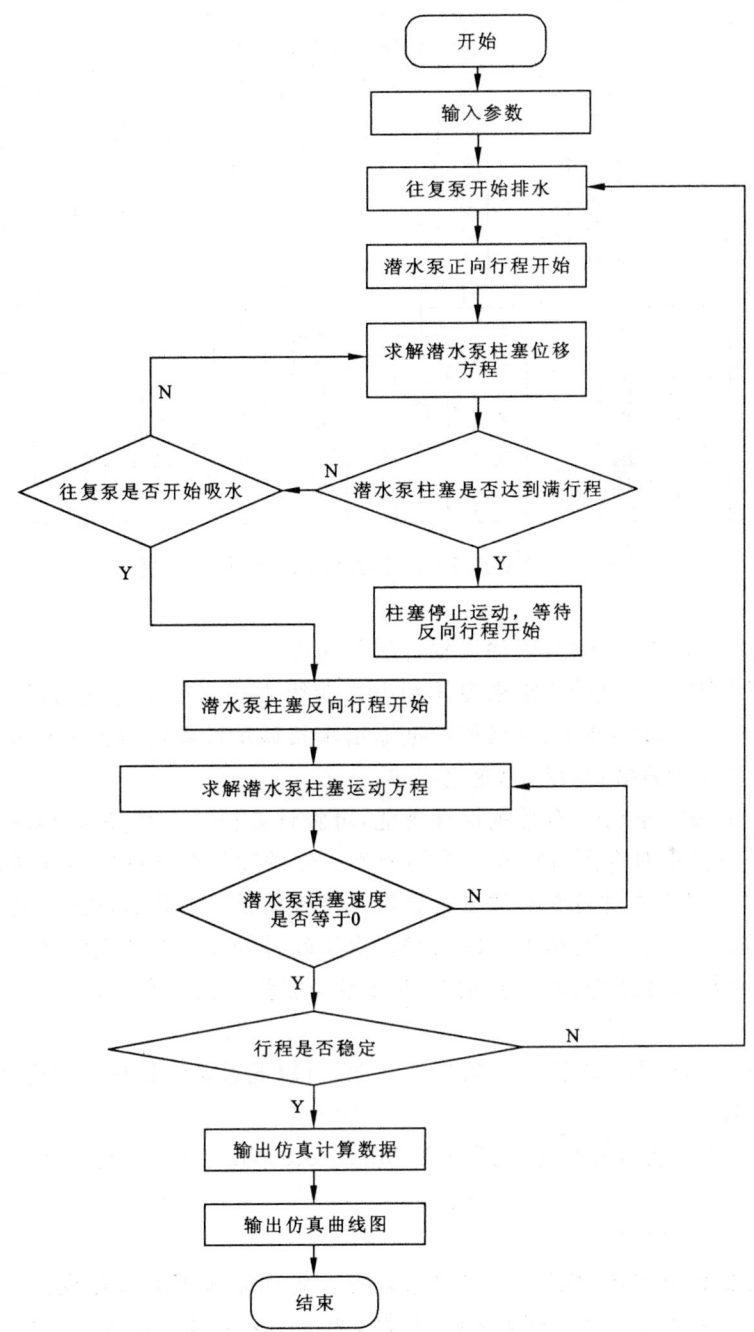

图 5-2 节水钻探系统的计算机仿真主程序框图

参数包括地表往复泵、脉动式双向阀、往复式潜水泵、钻孔、管线和冲洗液的参数。运行参数包括时间步长、最大循环次数、数据输出步长。影响因素参数包括往复式潜水泵位置、孔深和空气体积。

(2)计算机仿真计算模块。该模块是计算机仿真软件的核心模块,所以必须在保证其正确

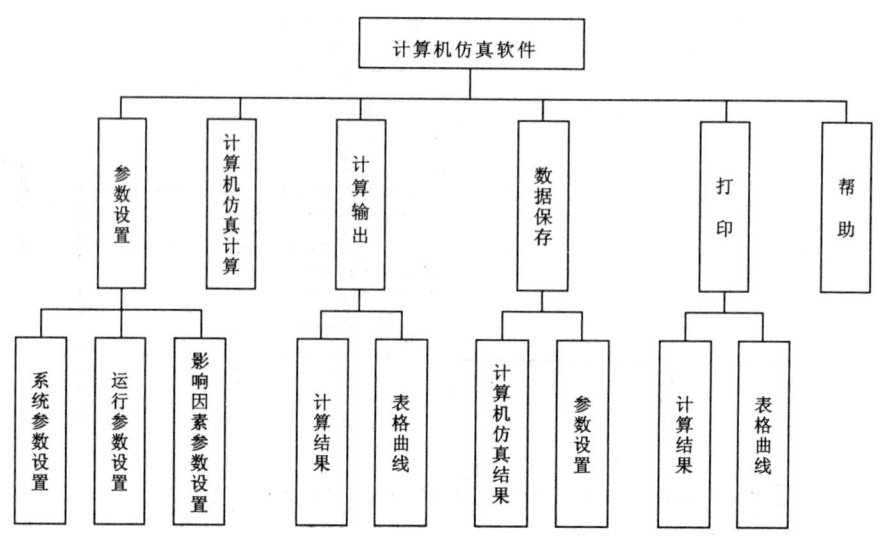

图 5-3 节水钻探系统计算机仿真软件功能模块框图

性的前提下对该段代码进行优化,以加快软件运行速度。

(3)计算输出模块。通过计算结果窗体和表格曲线方式来显示仿真结果。计算结果窗体显示每次计算机仿真的最终结果,表格按数据输出步长显示计算机仿真中间过程的仿真结果,曲线可以更直观地显示表格中数据的变化规律。

(4)数据保存模块。软件具有数据保存功能,可将计算机仿真结果以 Excel 表格的格式保存,便于在 Excel 软件中对数据进行进一步的分析。软件除保存计算机仿真结果外,还可以保存参数设置,这样就可以通过打开参数设置数据文件来给计算机仿真软件赋初始值。

(5)打印模块。可以将仿真结果打印出来。由于软件开发的打印模块功能有限,在需要打印大量数据时可对打印数据进行转换,由其他打印功能强大的软件(如 Excel、Word 等软件)来完成。

(6)帮助模块。如果用户遇到关于软件的问题,可以通过帮助模块及时得到解决。

4. 仿真软件的使用

我们开发的计算机仿真软件适合运行在 Microsoft Windows 的各个版本下,软件的用法如下。

(1)启动计算机仿真软件。

(2)设置计算机仿真参数,包括系统参数、运行参数和影响因素参数设置。选择主菜单中的"参数设置"菜单项,然后点击"参数设置"子菜单中的"系统参数设置"选项,打开图 5-4 的系统参数设置选项卡窗体,单击系统参数设置选项卡窗体中的选项按钮,就会打开相应的系统参数设置界面。也可以通过打开参数设置文件的方法来初始化计算机仿真的各个参数。

5. 进行计算机仿真计算

要对某一具体工况下的节水钻探系统进行计算机仿真分析,先选择主菜单中的"运行"菜单项,然后点击"运行"子菜单中的"启动"选项,软件就开始仿真计算。计算结束后仿真的中间数据将由图 5-5 的仿真计算数据表格窗体显示。点击"运行"子菜单中的"曲线"选项就可查

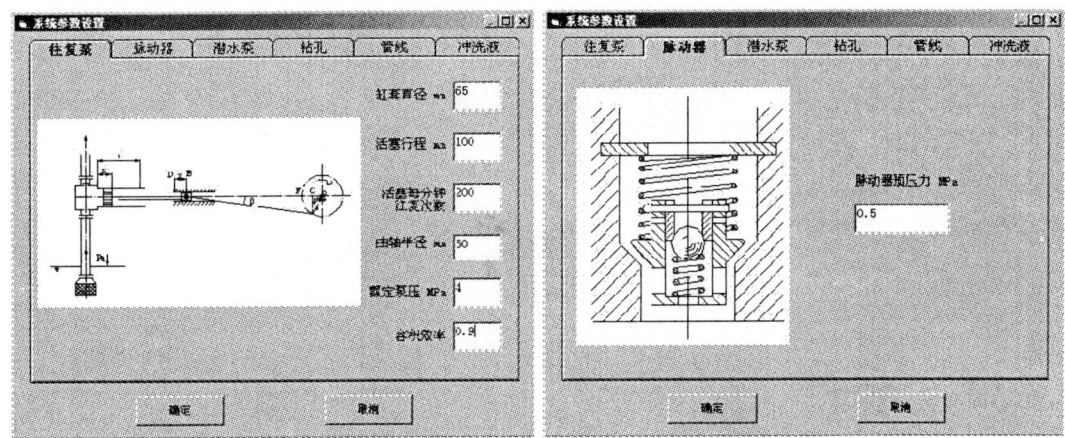

图 5-4 系统参数设置(往复泵和脉动式双向阀)窗体

看计算机仿真曲线(图 5-6);点击"运行"子菜单中的"仿真计算结果"选项就可查看仿真计算结果(图 5-7);点击"文件"菜单中的"保存"选项就可保存计算机仿真数据。点击"运行"子菜单中的"影响因素计算机仿真"选项就可进行其他影响因素的仿真分析。

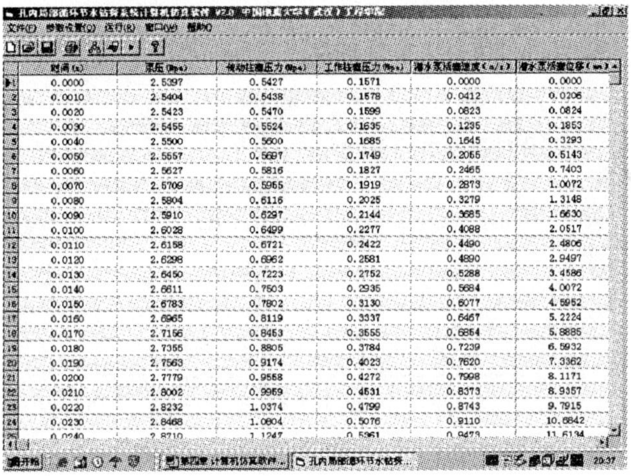

图 5-5 仿真计算数据表格窗体

二、往复式潜水泵的工作特性

计算机仿真软件主要从往复式潜水泵柱塞的速度、位移及往复式潜水泵柱塞泵腔压力三方面对其进行计算机仿真,获得相应的曲线图,通过分析曲线图来研究往复式潜水泵的工作特性。

图 5-8~图 5-11 中的 a、b、c、d 和 e 分别对应于往复泵活塞开始排出过程的时刻、往复式潜水泵柱塞达到最大行程的时刻、往复泵活塞开始吸入过程的时刻、往复式潜水泵柱塞回到初始位置的时刻、往复泵活塞吸入过程终止的时刻。往复泵完成一次往复运动所需的时间是

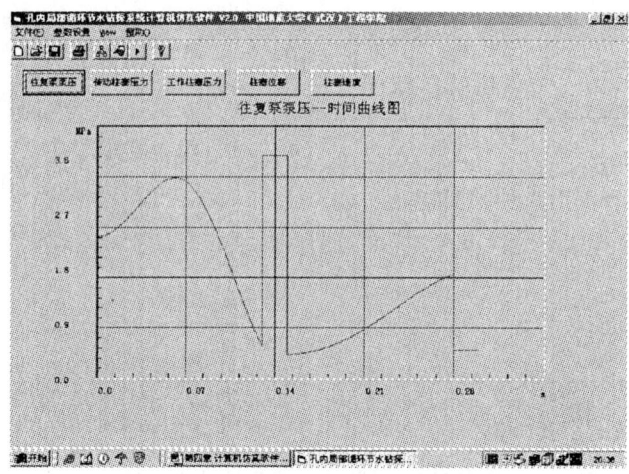

图 5-6 仿真计算数据曲线窗体

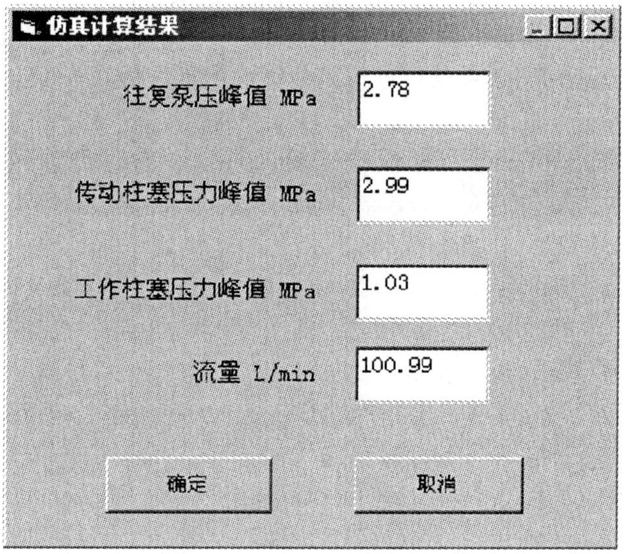

图 5-7 仿真计算结果窗体

0.3s。孔内往复式潜水泵的动力来自地表往复泵提供的水力脉冲。由于水是不可压缩的,所以往复式潜水泵的工作特性由往复泵决定。

图 5-8 为往复式潜水泵柱塞速度曲线图。从图可以看出,往复式潜水泵柱塞的速度变化规律与往复泵活塞的速度变化相似。在 $a \sim b$ 时间段内,往复式潜水泵柱塞的速度基本成正弦变化,在 b 时刻,往复式潜水泵柱塞达到最大行程,被迫突然停止运动。当往复泵活塞开始吸入过程时,往复式潜水泵柱塞也开始反向行程,在 $c \sim d$ 时间段内,往复式潜水泵柱塞速度又成正弦规律变化,在 d 时刻,往复式潜水泵柱塞回到初始位置,速度又降为 0。

图 5-9 为往复式潜水泵柱塞位移曲线图,在 $a \sim b$ 时间段内,往复式潜水泵柱塞的位移逐渐递增,在 b 时刻,往复式潜水泵柱塞达到最大行程,虽然往复泵此时仍在继续排水,但往复式潜水泵柱塞的位移在 $b \sim c$ 时间段内保持不变。当往复泵活塞开始吸入过程时,往复式潜水泵

柱塞也开始反向行程,在 $c \sim d$ 时间段内,往复式潜水泵柱塞的位移逐渐递减,在 d 时刻,往复式潜水泵柱塞回到初始位置,位移为0。

图 5-10 为往复式潜水泵柱塞泵腔压力曲线图,其中曲线 1 为工作柱塞泵腔压力曲线图,

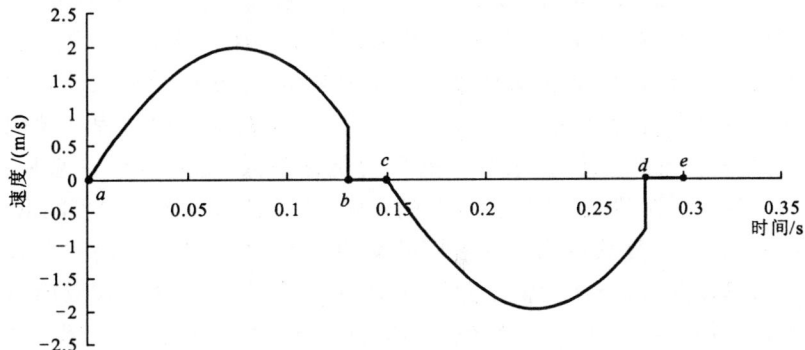

图 5-8　往复式潜水泵柱塞速度曲线图

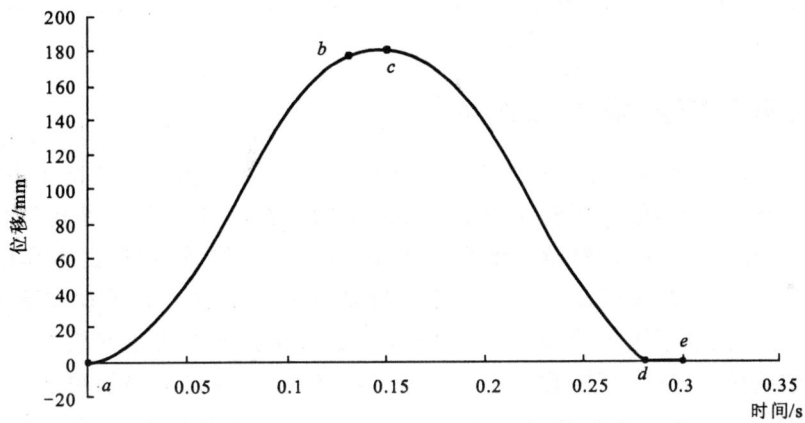

图 5-9　往复式潜水泵柱塞位移曲线图

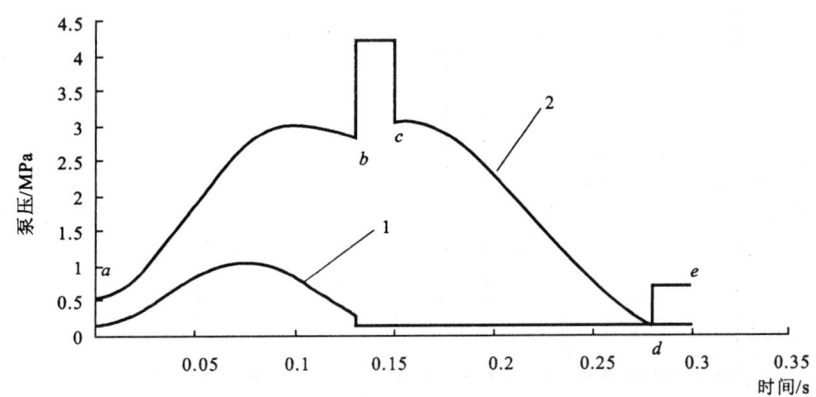

图 5-10　往复式潜水泵柱塞泵腔压力曲线图
1—工作柱塞泵腔压力;2—传动柱塞泵压力

曲线 2 为传动柱塞泵腔压力曲线图。在 $a \sim b$ 时间段内，工作柱塞泵腔的压力随着冲洗液压力损失的变化而变化。

图 5-10 中，在 $a \sim b$ 时间段的前半段，工作柱塞泵腔的压力逐渐增大，在后半段，传动柱塞泵腔的压力逐渐降低。在 $a \sim b$ 时间段内，传动柱塞泵腔的压力受工作柱塞泵腔的压力和往复式潜水泵弹簧压力的影响。b 时刻，往复式潜水泵柱塞达到最大行程，停止运动，由于往复泵此时仍然在继续排水，所以传动柱塞泵腔中的压力激增，迅速达到最大值，并维持该最大值直到往复泵柱塞开始反向行程为止。在 $c \sim d$ 时间段内，往复泵反向行程开始的瞬间，由于脉动式双向阀的反向阀打开，传动柱塞泵腔中的压力迅速降低，此后传动柱塞泵腔压力逐渐降低，在 $c \sim d$ 时间段的最后阶段，由于惯性水头的影响，传动柱塞泵腔压力可能低于脉动式双向阀的预压力。在 d 时刻，往复式潜水泵柱塞回到初始位置，由于往复式潜水泵柱塞停止运动，高压管线中的压力迅速降低，当压力低于脉动式双向阀预压力时，脉动式双向阀反向阀关闭，使高压管线中可以保持一定的压力。这个过程时间很短，所以在往复式潜水泵柱塞回到初始位置后，传动柱塞泵腔压力又迅速恢复到一定的压力，这个压力等于脉动式双向阀预压力和传动柱塞上部液柱的静水压力之和。在 b 时刻后，由于工作柱塞泵腔内冲洗液的压力损失很小，所以工作柱塞泵腔压力基本上等于孔内往复式潜水泵吸水阀以上液柱的静水压力。

三、地表单缸往复泵的工作特性

往复泵的泵压随时间的变化规律如图 5-11 所示。在 $a \sim b$ 时间段的前半段，尽管高压管路中的惯性水头逐渐减小，但高压管路中水的流速不断增加，往复式潜水泵传动柱塞泵腔压力不断增大，所以往复泵的泵压仍然缓慢增大。在 $a \sim b$ 时间段的后半段，由于高压管路中的惯性水头由正变负，再加上高压管路中水的流速不断减小，往复式潜水泵传动柱塞泵腔压力增加幅度不大，所以往复泵的泵压迅速降低。b 时刻，往复式潜水泵柱塞达到最大行程，由于往复泵此时仍然在继续排水，所以高压管线中的压力迅速增大，往复泵的泵压也达到最大值，并维持该最大值直到往复泵活塞开始反向行程为止。在 $c \sim d$ 时间段内，推动高压管线中水运动的能量主要来自往复式潜水泵的弹簧。往复泵反向行程开始瞬间，由于脉动式双向阀的反向阀

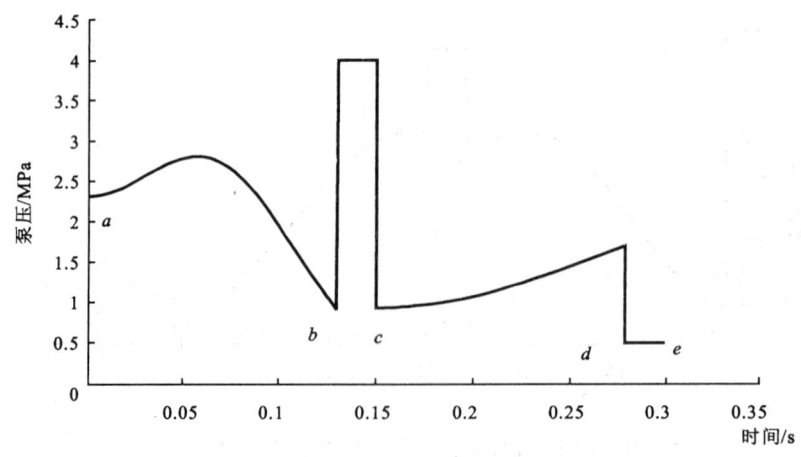

图 5-11 地表单缸往复泵泵压曲线图

打开,往复泵的泵压迅速降低,随后由于惯性水头和传动柱塞泵腔压力的共同作用,往复泵的泵压逐渐增加。在 d 时刻,往复式潜水泵柱塞回到初始位置,由于往复式潜水泵柱塞停止运动,高压管线中的压力迅速降低,当压力低于脉动式双向阀预压力时,脉动式双向阀反向阀关闭,使高压管线中可以保持一定的压力。这个过程时间很短,所以在往复式潜水泵柱塞回到初始位置后,往复泵出水口的泵压迅速降低,这个压力等于脉动式双向阀预压力。

第六节 节水钻探系统的计算机仿真结果分析

一、单缸泵容积效率对往复式潜水泵泵量的影响

从往复式潜水泵的工作原理可知,往复式潜水泵柱塞行程的长短取决与单缸泵的泵量。单缸泵容积效率会影响自身的泵量,进而影响往复式潜水泵的泵量。如果往复式潜水泵的容积效率为 0.9,则可以计算出往复泵容积效率的改变对往复式潜水泵泵量的影响,计算结果见图 5-12。

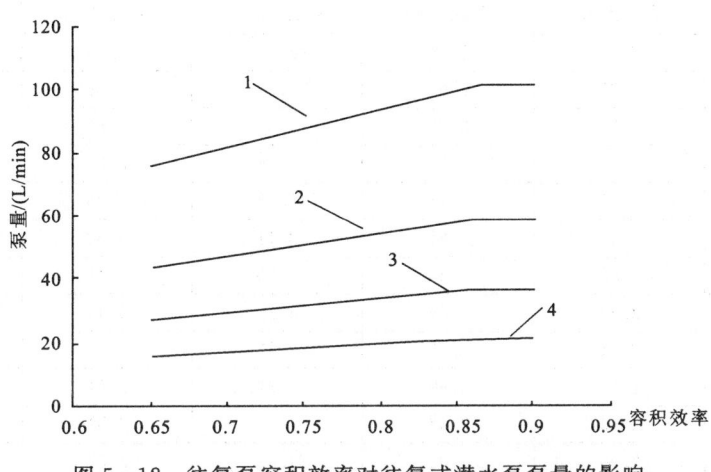

图 5-12 往复泵容积效率对往复式潜水泵泵量的影响
1— $n=200$ r/min;2— $n=116$ r/min;3— $n=72$ r/min;4— $n=42$ r/min

从图 5-12 可以看出,在往复式潜水泵柱塞达到最大行程前,随着往复泵容积效率的提高,往复式潜水泵泵量也相应线性增加。为了使往复式潜水泵能提供足够的泵量保证冲洗液在孔内循环,必须保养好往复泵,减少泄漏。往复式潜水泵的实际泵量也和往复式潜水泵的容积效率有关,所以在设计往复式潜水泵时要注意往复式潜水泵密封和吸排水道的设计。

二、往复式潜水泵在孔内的深度对单缸往复泵泵压的影响

现在我们来探讨在节水钻探系统其他参数保持不变的条件下,往复式潜水泵在孔内的深度(往复式潜水泵相对于孔内静水位的深度)变化对往复泵泵压的影响。这里和下文中的往复泵泵压是指往复式潜水泵柱塞达到最大行程前出现的峰值压力(由前面分析可知,如果往复式潜水泵柱塞达到最大行程,往复泵泵压会急剧上升),对孔深 60m、90m、120m、150m 和 180m 的计算机仿真结果见图 5-13、表 5-3。

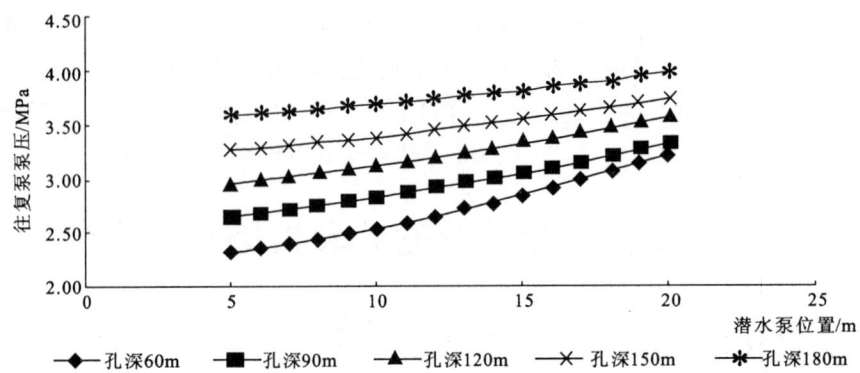

图 5-13 往复式潜水泵在孔内的深度对往复泵泵压的影响

表 5-3 往复式潜水泵在孔内的深度对往复泵泵压的影响

往复式潜水泵 位置/m	往复泵泵压/MPa				
	孔深 60m	孔深 90m	孔深 120m	孔深 150m	孔深 180m
5	2.31	2.64	2.95	3.26	3.58
6	2.36	2.67	2.98	3.28	3.6
7	2.39	2.70	3.01	3.30	3.62
8	2.44	2.74	3.04	3.33	3.64
9	2.49	2.77	3.08	3.35	3.66
10	2.54	2.81	3.11	3.38	3.69
11	2.59	2.85	3.15	3.41	3.71
12	2.65	2.89	3.19	3.44	3.73
13	2.71	2.93	3.23	3.47	3.76
14	2.77	2.98	3.27	3.51	3.79
15	2.83	3.03	3.32	3.54	3.81
16	2.90	3.08	3.36	3.57	3.84
17	2.97	3.14	3.41	3.61	3.87
18	3.05	3.19	3.46	3.65	3.9
19	3.13	3.25	3.51	3.69	3.94
20	3.21	3.32	3.57	3.73	3.97

三、孔深对单缸泵泵压的影响

孔深是影响钻孔冲洗过程中压力损失的重要因素。对节水钻探系统来说,更有必要了解孔深对往复泵泵压的影响。在保持节水钻探系统其他参数不变的条件下,分别对采用 $\Phi 42mm$、$\Phi 50mm$ 和 $\Phi 60mm$ 钻杆的钻孔进行了计算机仿真,结果见表 5-4。从表 5-4 可以看出,往复泵泵压随孔深的增加而增大,在相同孔深时,随钻杆外径的增加而减小。由于 $\Phi 42mm$ 钻杆的内径小,水力损失大,所以往复泵泵压在孔深 60m 时就达到了 3.78MPa,并随孔深的增加而急剧上升。

表 5-4 孔深对往复泵泵压的影响

钻孔孔深/m	往复泵泵压/MPa		
	Φ42mm 钻杆	Φ50mm 钻杆	Φ60mm 钻杆
60	3.78	2.31	1.81
80	4.26	2.57	1.89
120	5.47	2.95	2.01
160	6.79	3.36	2.17
200	—	3.81	2.35
240	—	4.26	2.52
280	—	4.73	2.70
320	—	5.20	2.89
360	—	5.67	3.07
400	—	6.15	3.25
440	—	6.63	3.43
560	—	—	3.98

四、高压管线中残留空气对单缸泵泵压和往复式潜水泵泵量的影响

空气的体积压缩性很大,当往复泵排水时,如果高压管线中的压力大于空气的压力,则空气被压缩、体积减小,往复泵排出的一部分水就必须填补空气减小的空间,相应减少了排往往复式潜水泵传动柱塞泵腔中的水,导致往复式潜水泵的泵量降低。与此同时,由于空气吸收了高压管线中的水力脉冲能量,也降低了高压管线中的压力。如果高压管线中混有大量的空气,水力脉冲的能量被空气大量吸收,无法有效驱动往复式潜水泵柱塞往复运动,从而导致孔内冲洗液的循环强度不够,易发生卡钻、埋钻等孔内事故。因此有必要对高压管线中的空气对往复泵泵压和往复式潜水泵泵量的影响进行研究。

如果单缸泵的容积效率为 0.9,则单缸泵在一个冲次内排出的水为 0.298 5L。在不改变节水钻探系统其他参数的条件下(孔深 100m),分别对高压管线中空气体积为往复泵在一个冲次排水量的 0.1、0.2、0.3、0.4、0.5、0.6、0.7、0.8、0.9、1、2、3 和 4 倍情况下节水钻探系统进行了计算机仿真,计算机仿真结果见表 5-5。

从表 5-5 可以看出,随着高压管线中空气体积的增加,单缸泵泵压、往复式潜水泵泵量都急剧减小。当高压管线中混有 0.2 倍体积的空气,往复式潜水泵的泵量就只能达到理论泵量的 81.4%,单缸泵泵压也小于 4MPa;当高压管线中混有 0.5 倍体积的空气,往复式潜水泵的泵量就降低到理论泵量的 62.5%,单缸泵泵压也只有 2.48MPa,往复式潜水泵就基本上无法正常工作了。由此可见,高压管线中的空气严重影响了孔内局部循环钻探系统的正常工作。因此,在孔内局部循环节水钻探系统工作过程中,必须注意高压管线中脉动压力的变化,如果高压管线中的脉动压力比 4MPa 小 1~1.5MPa,则表明往复式潜水泵已不能正常工作了,必须检查是否高压管线中混有空气,通过装在水龙头顶端的专用管线排气机构强行排除空气,以保证冲洗液在孔内的正常局部循环。

表5-5 高压管线中空气对单缸泵泵压和往复式潜水泵泵量的影响

空气体积/倍	单缸泵泵压/MPa	往复式潜水泵泵量/(L/min)	与理论泵量的比率/%
0.1	3.65	93.23	92.4
0.2	3.31	82.02	81.3
0.3	2.97	73.87	73.2
0.4	2.69	69.28	68.6
0.5	2.48	63.06	62.5
0.6	2.36	59.15	58.6
0.7	2.23	53.35	52.8
0.8	2.13	47.24	46.8
0.9	1.91	38.85	38.5
1	1.80	32.01	31.7
2	0.88	13.91	13.8
3	0.71	7.92	7.8
4	0.65	5.10	5.1

图5-14和图5-15分别是高压管线中混有1倍体积空气时,单缸泵排水过程中单缸泵泵压曲线和往复式潜水泵柱塞行程曲线的仿真结果。从图中可以看出,高压管线中混有空气时孔内局部循环钻探系统的工作特性发生了变化。在单缸泵排水的前半段(0~0.075s),由于高压管线中水的压力大于空气压力,空气被压缩,压力逐渐增大,单缸泵排出的水大部分被用于填补空气体积减小的空间,只有极少量的水被压往往复式潜水泵传动柱塞的泵腔,驱动往复式潜水泵柱塞运动,在单缸泵泵压曲线图和往复式潜水泵柱塞行程曲线图上就表现为单缸泵泵压缓慢增大,往复式潜水泵柱塞的行程较小。

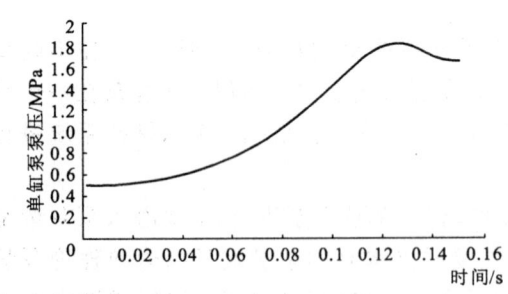

图5-14 单缸泵泵压曲线图

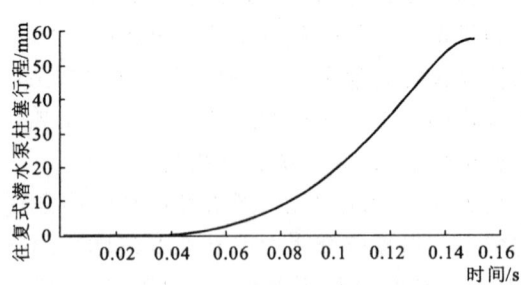

图5-15 往复式潜水泵柱塞行程曲线图

在单缸泵排水的中间阶段(0.075~0.13s),因为空气在前半段已经被压缩了,尽管管线中的水压力仍大于空气压力,空气仍被压缩,但空气的体积变化较小,此时压往往复式潜水泵传动柱塞驱动往复式潜水泵柱塞运动的水比前半段大大增加,在单缸泵泵压曲线和往复式潜水泵柱塞行程曲线上就表现为单缸泵泵压继续快速增大,往复式潜水泵柱塞的行程也快速增加。在单缸泵排水的后半段(0.13~0.15s),单缸泵排出的水量变小,但由于空气压力大于高压管线中水的压力,空气体积增大,压力降低,从而不断将水补充到高压管路中去,使往复式潜水泵的行程仍然快速增加。在单缸泵泵压曲线和往复式潜水泵柱塞行程曲线上就表现为单缸泵泵压降低,但往复式潜水泵柱塞的行程仍然继续增加。

第六章　节水钻探新方法的配套技术

第一节　气动球体冲击器

一、问题的提出

1. 为了使用节水钻探技术，必须快速钻至地下含水层

第四章、第五章论述的基于孔内地层水局部循环的节水钻探系统必须浸入地层水中才能使用。而在干旱缺水地区，开孔时地表及浅部往往没有水，为了快速钻至含水层，我们设计了用于干孔条件下的气动球体冲击器。其结构简单，无弹簧等易损件，所以现场调试容易，工作可靠。它可以在回转钻进的基础上辅以钢球的低冲击功实现回转-冲击钻进。对于在浅孔阶段经常遇到的中硬的岩层，球体冲击器只需使用普通硬质合金钻头或金刚石钻头，便可明显提高钻进效率，同时不影响取心。待钻遇到地层水之后再更换基于孔内地层水局部循环的节水钻探系统进行回转钻进，或节水型液动冲击器(详见第七章第一节)进行回转-冲击钻进。

2. 为了提高中硬岩层的钻进效率，必须引入回转-冲击钻进技术

众所周知，在硬岩和坚硬岩石中必须采用液动或风动冲击器进行冲击-回转钻进才能取得好的钻进效果。中国大陆科学钻探现场采用金刚石钻头＋冲击器"二合一"钻进法的经验就是很好的例证。由于液动或风动冲击器提供的冲击能量大，所以要求匹配专用的冲击钻头。而在地质大调查、浅部矿产普查和工程勘察中，大量遇到的是中软—中硬的岩层。在这类岩石中，目前普遍采用的还是硬质合金回转钻进工艺。传统硬质合金钻头及其结构的研究已历时近半个世纪，进一步提高其机械钻速的空间已越来越小。因此，研究并开发针对中软—中硬岩石的低冲击功新型冲击器，实现回转-冲击钻进，将具有重要的理论意义和实用前景。这种钻进方法由于冲击功较小，不必使用专用的冲击钻头就可以实现中硬岩层的回转-冲击钻进，从而既节约了购买专用钻头的成本，又可明显提高机械钻速。

3. 简析"冲击-回转"与"回转-冲击"钻进的破岩机理

(1)冲击-回转钻进的破岩机理。所谓冲击-回转钻进就是在回转钻进的基础上施加具有一定频率的冲击能量，回转钻头上不仅对岩石作用有钻压和扭矩，而且叠加了连续的冲击载荷，使岩石表面在强烈的预压应力状态下更容易被动载破碎。

由固体力学理论得知，岩石变形时的应力为

$$\sigma = E_x + \eta \frac{\mathrm{d}x}{\mathrm{d}t} \tag{6-1}$$

式中：E_x——岩石弹性模数，N/m^2；

　　　$\mathrm{d}x$——变形，m；

　　　$\mathrm{d}t$——变形时间，s；

η——黏滞系数，Pa·s。

通常液动冲击器的冲击频率大于40Hz,冲击载荷以应力波形式在钻头和岩层中传播。由于冲击器加载时间极短，dt 甚小,作用力又大,致使岩石局部应力、应变高度集中,来不及向周围的岩石传递,极易达到强度极限而破坏。另外冲击器产生的冲击载荷使岩石内部分子被迫振荡,产生疲劳破坏和强度降低。这种现象在具有预压应力(来自钻压)的条件下更容易形成。某些在静载下表现出较强塑性的岩石,当外载速度很高时也呈现出明显的脆性,对冲击载荷非常敏感,有利于压碎作用与剪切体的产生,从而加速碎岩效果。

在冲击和钻头回转的条件下,每一粒切削具实际处于"斜冲击"状态(图6-1)。斜冲击力 F 之法向分力 f 对岩石施加剪切力,而岩石的抗剪强度仅为抗拉强度的 $1/8 \sim 1/15$。实验证明,当施力角 α 为 $18° \sim 20°$ 时,斜冲击碎岩所需的冲击功比垂直冲击要小,而凿碎岩石的体积约可增加50%以上。其原理正如石匠加工岩石表面时,锤击凿子的同时要将凿子顺冲击方向迅速倾斜一个角度一样。而最优施力角 α 的大小正是选择钻头转速的依据之一。

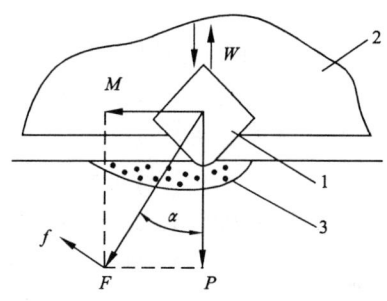

图6-1 冲击-回转钻进对岩石施加斜冲击的示意图

1—金刚石；2—钻头胎体；3—岩石；W—冲击器造成的往复冲击；P—钻压；M—回转力；F—斜冲击力；α—施力角；f—F之法向分力

冲击-回转钻进的特点是钻压与转速低于纯回转钻进,泵的排量大,泵压较高,孔底岩屑重复破碎的机会减少,碎岩效率也会增高。对金刚石钻头而言,由于金刚石在冲击作用下比较易于从胎体中出露,所以可以明显提高钻速。

(2)"冲击-回转"与"回转-冲击"的区别。前苏联学者首先提出了"回转-冲击"钻进的概念,它是在冲击-回转钻进的基础上发展起来的,主要用于普通硬质合金和金刚石钻头钻进。

其实回转-冲击钻进的机理与冲击-回转钻进没有什么根本区别,只是其破碎岩石的主要方式、冲击器参数及钻头结构形式有所不同。传统液动冲击器的冲击能量大,回转速度较低,以冲击破岩为主,钻压只起抵消钻头反弹的作用,所以要求匹配专用的球齿冲击钻头。而在地质大调查和工程勘察中大量遇到的中硬岩层仍采用普通硬质合金(金刚石)钻头回转钻进工艺,由于钻压很难超过岩石的抗压强度,虽然开启较高转速,但岩石破碎方式仍属于表面破碎或疲劳破碎。如果在此基础上叠加瞬间冲击力,就可以使岩石进入微体积破碎状态,增大破碎穴的体积。当然这时叠加的冲击功不能过大,应使普通硬质合金和金刚石钻头能够承受。所以,回转-冲击钻进的特点是以回转碎岩为主,并在此基础上附加一定频率的低冲击功。

为了大幅度提高中软—中硬岩层的机械钻速,我们开发了实现回转-冲击钻进的"新型球体冲击器"。

二、国外回转-冲击钻进用的钢球振动器、冲击器结构分析

前苏联首先提出了在中软—中硬岩层中进行"回转-冲击"钻进的概念,以区别于硬岩和坚硬岩石中的"冲击-回转"钻进,并发表了一批相关的专利。其特征是结构简单,主要靠钻头或岩心管上方的钢球运动来提供附加的脉动载荷,冲击能量较小,所以可采用价格低廉的普通硬

质合金钻头实现回转-冲击钻进,提高机械钻速,降低作业成本。下面对几种有代表性的专利进行结构分析。

1. 水力振动器

前苏联地质部设计局发表的第一个用于软—中硬岩层回转-冲击钻进的"水力振动器"专利(图 6-2)由外壳 1、喇叭形喷嘴 2、钢球 3、带水眼 5 的底座 4、带减震器 7 的调节螺栓 6 和尾杆 8 组成。冲洗液以高速进入喇叭形喷嘴呈喷射扩散状,可能产生附壁效应并在钢球周围形成负压扩散区,促使钢球旋转运动,对壳体施加振动力并传递给钻头。它只能用于疏松的弱黏结性岩石。

水力振动器的主要缺点在于,钢球运动对壳体产生的脉动力的方向实际上是不可控和不规则的,它可能朝任何方向,而我们需要的是指向钻头的纵向力。

2. 钢球振动钻头

该专利(图 6-3)包括带水路 2 的钻头 1,带球道 4 和垂直弧形槽 5 的壳体 3,钢球 6,壳体内部有底座 7 和内壁 8。来自倾斜喷嘴 11 的冲洗射流作用在钢球上,迫使它沿着球道运动,从而引起钻头振动。中轴管 9 限制了钢球的水平位移,而盖板 10 限制了钢球的垂直位移。

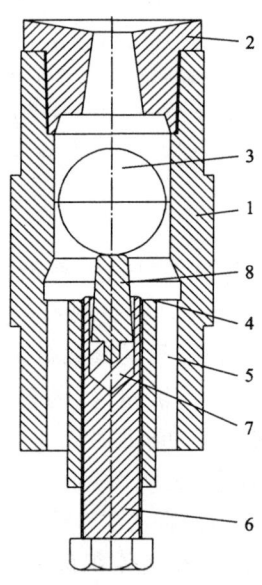

图 6-2 水力振动器
1—外壳;2—喇叭形喷嘴;3—钢球;4—底座;
5—水眼;6—调节螺栓;7—减震器;8—尾杆

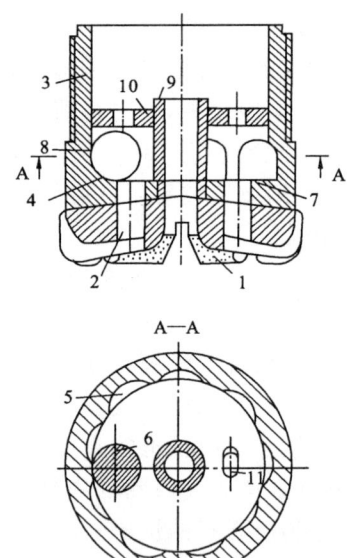

图 6-3 钢球振动钻头
1—钻头;2—水路;3—壳体;4—球道;
5—垂直弧形槽;6—钢球;7—底座;8—内壁;
9—中轴管;10—盖板;11—倾斜喷嘴

该专利作者的初衷是想让钢球尽量接近于钻头,以强化脉动力的传递效果,从而提高机械钻速。但由于球道在钻头体内呈水平布置,其空间有限,故减小了钢球的尺寸和质量,使得脉动力很小。因此,该方案中朝孔底方向的有用垂直脉动力可能比"水力振动器"还要小,也只能用于疏松的弱黏结性岩石。

3. 钢球动力接头

为了克服前两项专利的不足,有人设计了如图 6-4 所示的动力接头,把钢球的尺寸加大,并采用新的结构来提高朝向钻头的纵向分力。它包括上接头 1、下接头 2,两者之间通过销钉 3 来调节轴向和径向的位置,上下接头内部形成的工作腔加工成非常光滑的锥面 4、5,钢球 6 可以在工作腔内自由运动。冲洗介质在压力作用下沿水路 7、8 射入工作腔,并产生旋流,使钢球开始作行星状滚动。对钢球作完功的介质经水路 9 流往孔底冷却钻头并排除岩屑。工作腔的双锥形表面就是钢球的跑道,而圆柱形内壁不与钢球接触。可以把钢球运动产生的离心力在锥形表面形成的垂直分量经岩心管传给钻头。

由于该接头锥面产生的脉动力垂直分量有限,不可能明显提高软—中硬岩石的机械钻速,所以仍属于"振动器",而非"冲击器"。

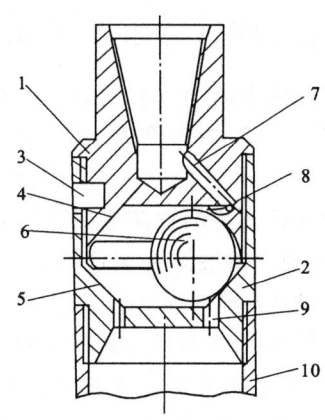

图 6-4 钢球动力接头
1—上接头;2—下接头;3—销钉;
4、5—锥面;6—钢球;7、8、9—水路;
10—岩心管接头

4. 弧形管钢球冲击器

与前面三种专利相比,比较成功的是能产生一定纵向脉动载荷的"弧形管钢球冲击器"(图 6-5)。它包括外壳 1,形成封闭通道的弧形管 2、3,其弧形管下端 4、5 以一定的角度固定在下接头 6 上,而上端弧形管 7、8 以相同角度连在上接头 9 上。下接头和上接头分别装有可纵向滑动的铁砧 10 和挡板 11。在来自喷嘴 15 的压缩气流作用下,位于铁砧球形凹面 12 上的钢球 14 沿弧形管 3 上移,并被气流推着沿封闭通道运动。经过上接头时,钢球冲向挡板球形表面 13 的倾斜部分,以一定的角度弹回,进入弧形管 2。已具有动能的钢球飞过排气孔 16,并在喷嘴 15 路段再次获得动能冲向铁砧 10。作完功的气体通过排气孔 16 和 17 进入孔底。

尽管"弧形管钢球冲击器"有很多优点,但仍存在明显不足。

(1)为提高机械钻速需要有更大的轴向力作用在铁砧上,但弧形管方案使运动中的钢球与弧形管产生摩擦而消耗能量,所能提供的纵向力分量不大,而且向上、向下的分量近似相等。

(2)作为冲击器应让钢球向下的冲击铁砧的能量最大,而向上的冲击能最小。但该方案把压缩气流的入口与出口都设计在弧形管 2 内,使钢球在弧形管 3 中一直加速运动冲击上死点,从而抵消了进入弧形管 2 后冲击铁砧的部分能量。

(3)该方案中压风的入口与出口距离太近,因此仅有部分来自压风机的气流用于驱动钢球,而其余部分可能直接经出口进入孔底。

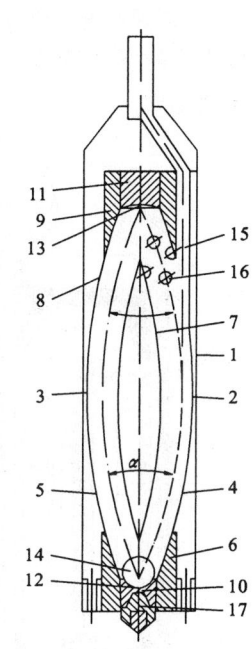

图 6-5 弧形管钢球冲击器
1—外壳;2、3、4、5、7、8—弧形管;
6—下接头;9—上接头;10—铁
砧;11—挡板;12—铁砧球形凹面;
13—挡板球形表面;14—钢球;
15—喷嘴;16、17—排气孔

三、球体冲击器的结构分析

在分析以上几种国外技术利弊的基础上,我们开发了用于中软—中硬岩石的"新型球体冲击器"。它以风压机提供的压缩空气为动力,所需风压机的风压为0.8~1.0MPa,风量为8~10m³/min,可以有效地工作在干孔或地下水流很小的钻孔条件下,钻进孔深为300~400m。该球体冲击器结构简单,无弹簧等易损件,维护方便,而且冲击能量对于中软—中硬岩石实现回转-冲击钻进而言也足够了。

球体冲击器的结构如图6-6所示。主要包括以下构件:上接头1、外管5、带有弧形凹槽的上帽3、进气管13、上升导管6、下降导管7、钢球8、带有弧形凹槽的铁砧9、卡块10、下密封圈11及下接头12。上接头1与外管5之间通过丝扣连接,组成整个球体冲击器的外壳。上帽3、铁砧9、上升导管6及下降导管7组成一个环形的回路通道,钢球8位于环形的回路通道中,进气管13以一个很小的角度切入环形回路通道的下降导管7,上升导管6的上部钻有排气孔4。上帽3与上接头1之间设有上密封圈2,下接头12与外管5之间设有下密封圈11。卡块10牢牢地焊接在外管5上,下接头12上有两个切口正好与卡块10配合,铁砧9与下接头12之间通过丝扣连接。外壳转动时,可以通过卡块10带动下接头12及整个环形回路通道转动,起到传递扭矩的作用,同时整个环形回路通道及下接头12相对于上接头1和外管5组成的外壳之间又允许有一个很小的轴向相对位移,这样就可以最大限度地把钢球的冲击能量传递至钻头处。

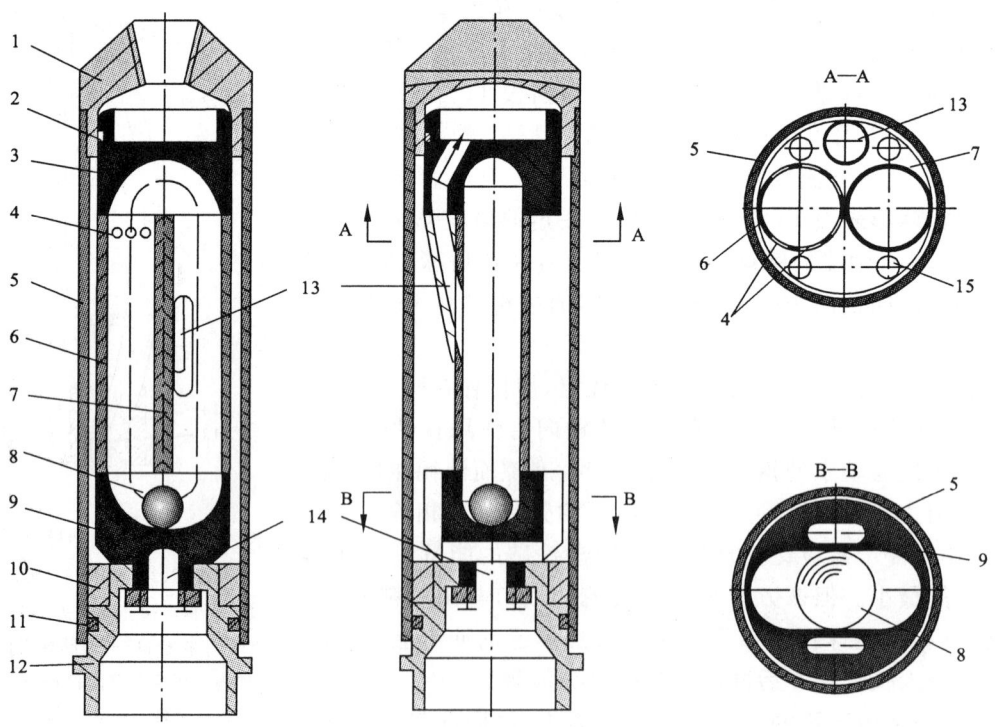

图6-6 球体冲击器的结构示意图

1—上接头;2—上密封圈;3—上帽;4—排气孔;5—外管;6—上升导管;7—下降导管;8—钢球;9—铁砧;
10—卡块;11—下密封圈;12—下接头;13—进气管;14—排气通道;15—螺钉

四、球体冲击器的工作原理

如图 6-7 所示。球体冲击器长约 1m，工作时，串接在钻杆与岩心管之间（钻杆和岩心管图中未画出），上接头 1 与钻杆连接，下接头 12 与岩心管连接。来自地表空压机的压缩空气经钻杆内腔形成进气流 15 经上接头 1 进入球体冲击器，进入球体冲击器的气流经进气管 13 射入下降导管 7，在具有动压头的射流空气作用下，位于环形回路通道中的钢球 8 沿着上升导管 6 向上移动，在气流的驱动下沿着回路通道运动。当钢球 8 经过排气孔 4 后，大部分气流由排气孔 4 排出到外管 5 与上升导管 6 和下降导管 7 之间的空腔中，形成气流 16，钢球 8 在剩余气流及惯性的作用下跃过上帽 3 的弧顶。跃过弧顶后的钢球 8 在重力的作用下沿下降导管 7 作加速运动，经过进气管 13 后，在进气流的作用下进一步加速，加速后撞击铁砧 9。整个环形回路通道及下接头 12 相对于上接头 1 和外管 5 组成的外壳产生一个很小的轴向相对位移，冲击能量经下接头 12、岩心管传递至钻头处，同时，排气孔 4 排出的气流 16 经排气通道 14 进入岩心管，到达孔底排除岩粉、冷却钻头实现正常钻进。撞击完铁砧 9 后的钢球 8 又开始沿上升导管 6 运动，进入一个新的循环。

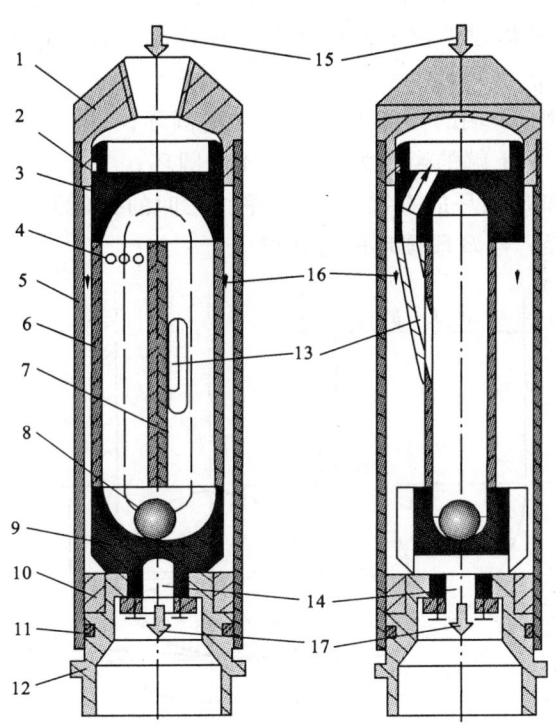

图 6-7 球体冲击器的工作原理示意图

1—上接头；2—上密封圈；3—上帽；4—排气孔；5—外管；6—上升导管；7—下降导管；8—钢球；
9—铁砧；10—卡块；11—下密封圈；12—下接头；13—进气管；14—排气通道；15—进气流；
16—内外管之间的气流；17—出气流

从球体冲击器的结构和工作原理可以看出：

(1)供给球体冲击器的压缩空气的风量越大，球体冲击器中的钢球撞击铁砧的频率就越

高,同时冲击能量也就越大;

(2)孔内水量越大,所需风压机的风量也就越高;

(3)用好球体冲击器,最重要的条件是保证钻杆接头的可靠密封,以防止压缩空气的泄漏。如果使用磨损了的钻杆接头,可能会使有效钻进深度下降。

五、球体冲击器关键部件的设计

1. 铁砧的设计

球体冲击器的铁砧是把钢球的冲击能量传递给下部岩心管及钻头的关键构件之一。其结构形状、尺寸参数的设计直接影响能量的传递效率及球体冲击器的整体性能,因此,在整个球体冲击器的设计过程中,铁砧的设计至关重要。

在分析球体冲击器的结构时(参见图6-6),介绍了球体冲击器的内部有一个环形的回路通道,钢球位于环形回路通道中。环形回路通道主要由四个零件组成:上帽3、上升导管6、下降导管7及铁砧9。设计时,上升导管、下降导管、上帽及铁砧组成的环形通道横截面的直径为d_k,它略大于钢球的直径d_m,$d_k=d_m+\delta$,δ的值取决于冲洗介质的黏度。

环形通道在上帽3的部分设计成半径为d_k的半圆,为了最大限度地把钢球的冲击能量通过铁砧传递给下部钻具,环形通道位于铁砧的部分设计成左右不对称的结构(图6-8),由四段弧组成:

A——位于上升导管6下端的半径为d_k的1/4的圆环;

B——位于下降导管7下端的半径为r_k的1/4的圆环;

C——连接A圆环和B圆环的直线段,与水平线之间的夹角为2°~3°;

D——连接下降导管7与B段圆环的直线段。

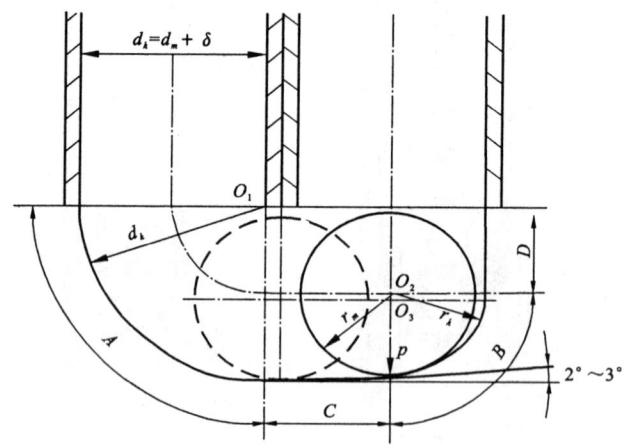

图6-8 球体冲击器铁砧纵剖面结构示意图

把环形通道的铁砧部分设计成由四段圆弧组成,显然,其加工工艺比环形通道上帽部分的半圆复杂得多。那么为什么不把环形通道的铁砧部分也设计成半圆呢?

设计球体冲击器的主要目标是尽可能地把钢球的冲击力沿竖直方向传递至钻头处破碎岩石,同时又要保证钢球在环形回路通道中运行连续、稳定可靠。若把铁砧纵剖面设计成半圆,则当钢球在压缩空气及重力作用下撞击铁砧时,其在铁砧上的撞击点基本上是位于右边 1/4 圆环的中点上,这就会导致一个很大的冲击水平分力,既削弱了其竖直方向的分力,又易造成球体冲击器在孔内的摆动,影响其工作稳定性。

把铁砧的纵剖面设计成由四段弧连接而成(参见图 6-8),其作用效果则完全不同。钢球的撞击点基本位于弧 B 与直线段 C 连接处,而直线段 C 与水平方向的夹角很小,仅为 2°~3°,因此,钢球撞击铁砧时,绝大部分撞击力沿竖直方向传递至钻头处破碎岩石,而很小一部分分力沿水平方向保证钢球运行的连续性,使球体冲击器的能量利用率很高。

2. 传递冲击功和扭矩的接头设计

球体冲击器的下接头是球体冲击器与其下部岩心管连接的一个重要零件,它不仅要把来自上部钻杆的扭矩传递给下部的岩心管,同时,又必须允许其自身与球体冲击器的外壳之间有一个很小的轴向相对位移,这样才能有效地把钢球的冲击能量传递给下部岩心管。因此,只有把下接头设计好,才能有效地实现球体冲击器的功能。

下接头轴向位移及传递扭矩的结构示意图如图 6-9 所示。

(1)轴向相对位移结构设计。如图 6-9(a)所示。卡块 2 和外管 4 牢牢地焊接在一起,组成球体冲击器的外壳。钢球撞击铁砧前瞬间,在钻压或钻具自重的作用下,卡块 2 和外管 4 组成的外管压在下接头的台阶上;钢球撞击铁砧后瞬间,在钢球撞击力的作用下,铁砧 1、下接头 3 及整个环形回路通道向下运动,而卡块 2 与外管 4 组成的外壳通过上接头与钻杆及地表钻机连接,在竖直方向上基本是没有位移的,因此,下接头 3 及整个环形回路通道相对外壳就会产生一个微小的相对位移,这样就可以有效地把钢球的冲击能量传递至孔底破岩。

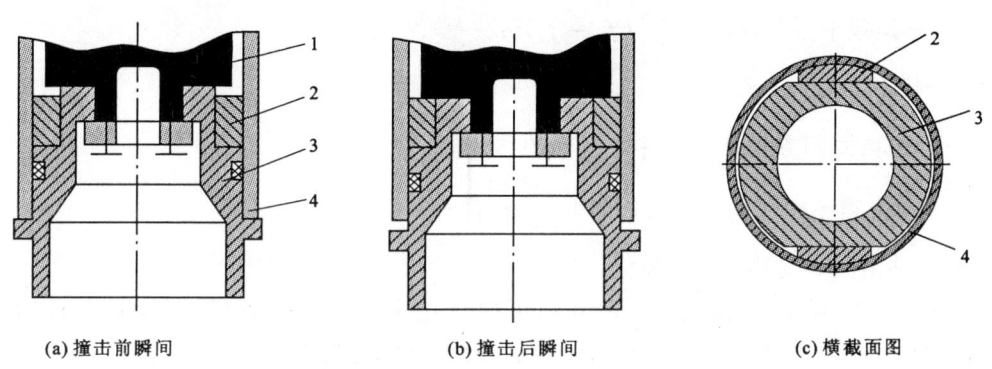

(a)撞击前瞬间　　(b)撞击后瞬间　　(c)横截面图

图 6-9　下接头轴向相对位移及传递扭矩的结构示意图
1—铁砧;2—卡块;3—下接头;4—外管

(2)传递扭矩结构的设计。如图 6-9(c)所示。在圆形的下接头上铣出两个平面,形成一对缺口,而卡块 2(两个)牢固地焊在外管 4 上,并且与下接头 3 的缺口配合,这样,地表钻机带动钻杆及外壳转动时,外壳上的卡块就会带动下接头、整个环形回路通道及下接头下面的岩心管及钻头转动,起到传递扭矩的作用。

六、球体冲击器的实验研究

1. 研究方法

研究球体冲击器的工作过程是个非常复杂的空气动力学理论问题。球体冲击器各要素相互作用的过程取决于一系列随机因素,其中有些影响是无法进行理论计算的。球体冲击器的冲击频率与来自风压机压缩空气的压力和流量密切相关,且压力和流量越高,冲击频率越高,冲击功越大,钻进效果越明显。因此,研究球体冲击器的工作过程时,确定来自风压机压缩空气的压力和流量对冲击频率的影响至关重要,可采用实验统计的方法借助数理统计理论对安排的试验结果进行数据处理。

可以通过对测得的数据进行二元线性回归分析的方法来确定冲击器的冲击频率 f 与压缩空气的流量 Q 及压力 P 之间的关系: $f=f(P,Q)$。

设压缩空气的流量 Q 及压力 P 对冲击频率 f 影响的二元线性回归方程为

$$f = a + b_1 P + b_2 Q \tag{6-2}$$

式中:a——常数项;

b_1、b_2——f 对 P 和 Q 的偏回归系数。

可以根据最小二乘法的原理,令残差平方和最小,从而求出 a 和 b_1、b_2。

由于事先并不知道冲击频率 f 与压缩空气的流量 Q、压力 P 之间是否真正存在着线性关系。因此,在获得了最小二乘估计之后,需要进一步检验回归方程的显著性,这就是数理统计中的 F 检验,F 检验统计量的计算公式为

$$F = \frac{U/2}{Q_e/(n-3)} \tag{6-3}$$

式中:U——回归平方和,$U = \sum_{i=1}^{n}(\hat{f}_i - \bar{f})^2$;

Q_e——误差平方和,$Q_e = \sum_{i=1}^{n}(f_i - \hat{f}_i)^2$;

n——样本容量;

$\hat{f}_i$——根据回归方程计算的冲击频率的估计值;

$\bar{f}$——冲击频率样本的平均值,$\bar{f} = \sum_{i=1}^{n} f_i$;

f_i——冲击频率的第 i 个试验值。

根据式(6-3)算出 F 值,再从 F 分布表中查出 $F_{a,(2,n-3)}$ 的值(取 $\alpha=0.05$)。若 $F > F_{a,(2,n-3)}$,则说明回归方程(6-2)式有高度的显著性,整体是有效的。

2. 工作过程参数的测试与研究

在结构分析的基础上,项目组完成了 $\Phi 108$ 和 $\Phi 168$ 球体冲击器的样机设计与制造。在实验室对球体冲击器进行了台架试验。为便于对比,分别用普通 K172M 硬质合金钻头、K172M 钻头+球体冲击器在混凝土块上(可钻性Ⅵ~Ⅶ级)进行气动球体冲击器的回转-冲击钻进试验,其结果见表 6-1。

$\Phi 108$ 样机除台架试验外还在某矿区进行了普通 $\Phi 112$ 硬质合金肋骨钻头+球体冲击器的生产试验。结果表现出可靠的工作稳定性,在可钻性Ⅳ~Ⅴ级的岩石中机械钻速达 7.8m/h,机械钻速增长了 46%。

同时,在实验室还对 $\Phi 108$ 球体冲击器进行了参数测试研究,试验中记录了驱动球体冲击器的压缩空气的压力 P 和流量 Q,以及球体冲击器的冲击频率 f,得出的结论是:冲击频率是决定钻探效率的主要特征之一。

表 6-1 球体冲击器试验效果

工具类型	进尺/cm	钻进时间/s	机械钻速/(m/h)	钻速增量/%	岩心采取率/%
普通 K172M 钻头	10	55	6.54	—	100
K172M 钻头＋球体冲击器	10	37	9.72	+49	100
K172M 钻头＋球体冲击器	15	62	8.7	+33	100
球体冲击器平均值	12.5	49.5	9.21	+41	100

在一定的压力 P 和流量 Q 条件下,测试球体冲击器冲击频率 f 的实验结果见表 6-2。值得注意的是,压缩空气的流量与液体的流量是不同的,一般情况,把液体视为不可压缩的,而压缩空气具有很大的压缩性,压力不同,其体积流量也就不同。可以先算出流过的压缩空气的质量,再根据温度和压力换算成相应的体积流量。

表 6-2 球体冲击器工作过程的参数测试结果

供气管截面直径 D/mm	压缩空气流量 Q/(m³/min)	压缩空气压力 P/10⁻¹MPa	球体冲击器频率 f/s⁻¹
10.0	0.54	2.5	4.2
	0.31	1.5	2.0
	1.91	0.8	1.6
15.3	1.25	2.5	4.6
	0.73	1.5	2.5
	0.82	0.8	1.9
20.0	3.27	2.5	5.0
	2.14	1.5	2.6
	1.24	0.8	2.0
26.7	5.83	2.5	5.1
	3.81	1.5	2.8
	2.21	0.8	2.2
28	6.41	2.5	5.3
	4.19	1.5	3.0
	2.43	0.8	2.3

可以根据下式来计算流过的压缩空气质量

$$A=\frac{0.95m}{xP_1\varphi(P_2/P_1)} \tag{6-4}$$

式中:A——供气管截面面积,m²;

m——流过节流通道的空气质量,kg;

x——系数,$x=\left[\dfrac{2gk}{(k-1)RT}\right]^{0.5}$;

k——等熵指数,$k=1.4$;

R——通用气体常数;

T——温度,K;

P_1——节流通道前的压力,Pa;

P_2——节流通道后的压力,Pa;

$\varphi(P_2/P_1)$——压力比函数,$\varphi(P_2/P_1)=\left[\left(\dfrac{P_2}{P_1}\right)^{\frac{2}{k}}-\left(\dfrac{P_2}{P_1}\right)^{\frac{k+1}{k}}\right]^{\frac{1}{2}}$。

把节流通道前后的压力表读数及供气管截面面积等参数代入式(6-4),便可算出流过的压缩空气质量,再根据气体状态方程换算成相应压力和温度下的体积流量。

在不同节流通道直径 D 条件下,压力 P 对球体冲击器冲击频率的影响如图 6-10 所示。

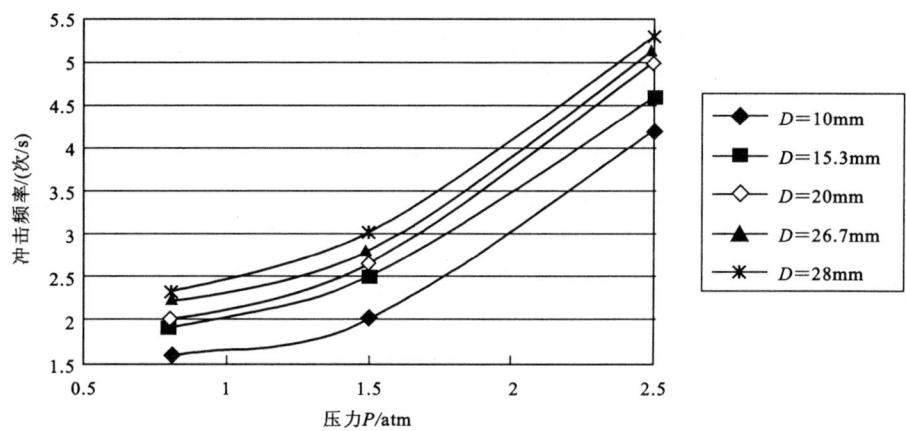

图 6-10 不同节流通道直径 D 条件下,压力 P 对冲击频率的影响

注:$1\text{atm}=10^5\text{Pa}$

3. 冲击频率与压缩空气参数之间的函数关系

研究球体冲击器工作过程的主要目标是建立冲击频率 f 与压缩空气的流量 Q 及压力 P 之间的关系:$f=f(P,Q)$。表 6-3 给出了试验时主要参数的变化范围。

表 6-3 压缩空气压力 P 与流量 Q 的变化范围

参数	变化范围
压缩空气压力 $P/10^{-1}\text{MPa}$	0.8~2.5
压缩空气流量 $Q/(\text{m}^3/\text{min})$	0.3~6.4

根据测试的球体冲击器工作过程的参数,用二元线性回归分析计算出的球体冲击器冲击频率的经验公式为

$$f=0.335+0.19Q+1.46P \tag{6-5}$$

对于上述表达式,用 F 检验来检测其显著性,计算出的统计量 $F=95.5$,查 F 分布表可得 $F_{0.05,(2,n-3)}=3.81$,由此 $F>F_{0.05,(2,n-3)}$,从而可以确定建立的冲击频率数学模型是高度显著的。

实验测试的数据与按式(6-5)计算的结果比较见图6-11,由图可知,计算值与实验测试值的吻合程度很好。

4. 结论

(1)球体冲击器结构简单,利用球体在冲洗介质推动下沿封闭回路运动并撞击铁砧,试验中表现出稳定的工作状态,而且冲击能量对于中软—中硬岩石的回转-冲击钻进而言也足够了。对于大量遇到的中软—中硬岩石采用普通硬质合金钻头＋球体冲击器进行回转-冲击钻进,可大幅度提高机械钻速,并降低成本。台架试验和初步野外试验表明,在可钻性Ⅳ～Ⅴ级的岩石中采用Φ108mm球体冲击器的机械钻速增长了46%,在可钻性Ⅵ～Ⅶ级的岩石中采用Φ168mm球体冲击器的机械钻速平均增长39%。

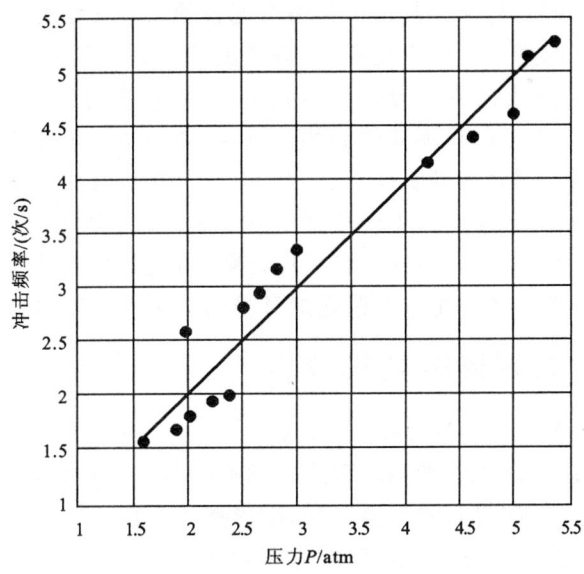

图6-11 实验数据与计算值对比曲线图

注:图中散点为实验数据,直线为经验公式的计算值;1atm=10^5Pa

(2)无论是普通硬质合金回转钻进,还是人造金刚石回转钻进,增加球体冲击器都不会影响钻进过程主要工艺参数的调控过程。钻压和转速仍通过钻机按照正常操作规程来控制,冲击频率和冲击功可以通过改变供给孔内压缩空气的压力和流量来控制。工作中供给钢球冲击器的压缩空气风量越大,则球体冲击铁砧的频率越高,冲击能量也越大。孔内的水量越大,则风压机所需的风压便越高。

(3)建立了冲击频率与压缩空气压力、流量的函数关系式,可以较准确地预报和调控这个重要的钻进规程参数。

第二节 新型旋流除砂器

一、问题的提出

传统钻探工艺离不开泥浆循环,而且按照钻探规程规定,为了保证钻孔质量,必须定期更换固相含量过高的废泥浆,从而导致浪费大量的地表水。因此,及时清除钻探现场泥浆中携带的大量岩屑等固相成分(俗称"除砂"),净化从钻孔中返回的工作泥浆,使其得以循环利用,也是实现节水钻探的重要措施之一。常用的方法是借助旋流除砂器对泥浆进行净化处理。

石油钻井和大陆科学钻探现场对泥浆进行三级净化,第一级为振动筛,第二、第三级是除砂器和除泥器。而地质勘探钻孔具有孔浅、流动分散的特点,通常不携带笨重的振动筛,仅用传统的水力旋流除砂器,但净化效果很差。因而往往只能定期更换泥浆池的全部废泥浆,不仅消耗大量地表水,经常出现停工待水的情况,而且往外排放含有化学处理剂的废泥浆,也会造成农田、草原和地下含水层的严重污染。从环境保护的角度出发,这是不允许的。

在大面积使用的绳索取心钻进中,常因泥浆净化效果不好而出现绳索取心钻杆内壁结泥皮的现象,严重地影响了内管打捞。其特征是随着泥浆的固相含量增大,钻杆转速的增高和钻进回次时间的增长,钻杆内壁的泥皮将变厚,影响范围将变大;而随着泥浆中有机处理剂性质的改变,内壁的泥皮将增厚或减薄。为防止形成泥皮,最有效的途径是降低泥浆的固相含量(或采用无固相冲洗液)。为了降低泥浆的固相含量,必须加强泥浆的净化及改善泥浆的质量。通常采用的方法有:①加长泥浆槽的长度,沉淀箱不少于两个,及时清渣及更换泥浆;②采用除砂器净化泥浆。特别在复杂地层条件下使用绳索取心钻进时,必须采用除砂器进行泥浆净化。

因此,研究新型高效旋流除砂器,保证泥浆净化效果,延长泥浆循环使用的周期,对于提高节水钻探、绳索取心钻进效率和防止排废浆造成环境污染都具有重要意义。

二、传统旋流除砂器除砂效果分析

1. 旋流除砂器工作原理及内部泥浆流态分析

旋流除砂器是利用泥浆高速旋转运动产生的离心力除去岩粉颗粒的一种水力分离装置。当一定压力的泥浆沿切线方向进入除砂器之后,沿内壁产生强烈的螺旋旋转运动,从而形成离心力使泥浆中的岩粉颗粒甩向除砂器内壁,并在重力和下旋运动的作用下沿锥体内壁下降至排渣口排出。泥浆流在向下作螺旋运动的过程中,逐渐改变方向,围绕中心线向上旋升,形成一个内旋流体,并在其牵引下从溢流口排出。因此,在除砂器锥形腔内,存在着两股反向螺旋流(图6-12),一股是靠近旋流器壁向下旋流的外旋流,另一股是位于锥体中心向上旋流的内旋流(图6-13)。这两股旋流流向相反,使其在交界处产生了循环流(闭环流)。

循环流把其外侧(靠近锥体内壁)附近的泥浆流卷进来,在其内侧又以上盖流的形式把它们推入内旋流。卷入内旋流的泥浆,一部分随着内旋流体排出溢流口,另一部分以下盖流的形式通过循环流进入外旋流。实际上,循环流在外旋流和内旋流之间起着中介交流场的作用。在这种交互过程中,内旋流在旋升中不断地把更细小的砂粒抛向外层的下盖浆流中,继续完成除砂的功能,直至进入出浆口排出,因此内旋流起到了二次除砂的作用。

2. 泥浆颗粒的受力分析

通过观察由透明材料做成的旋流除砂器中流体的旋流过程,可发现如下现象:

(1)旋流除砂器工作时会在其中轴部位形成旋涡状气柱(图6-13);

(2)旋流除砂器的排砂口直径(d_3)与溢流管直径(d_2)之比越接近于1,则气柱的形状越接近圆柱形;

(3)气柱直径随排砂口直径、溢流管直径的变化而变化,其规律为

$$d_B=(0.55\sim 0.7)d_2 \tag{6-6}$$

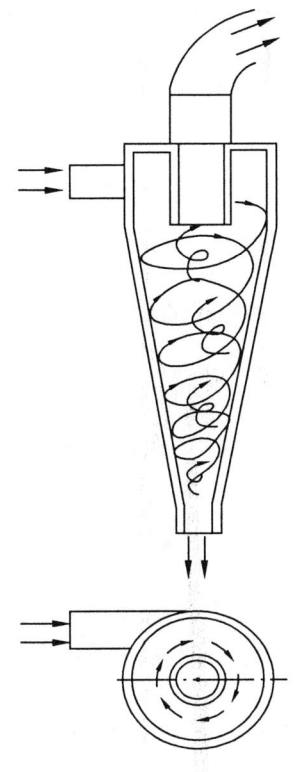 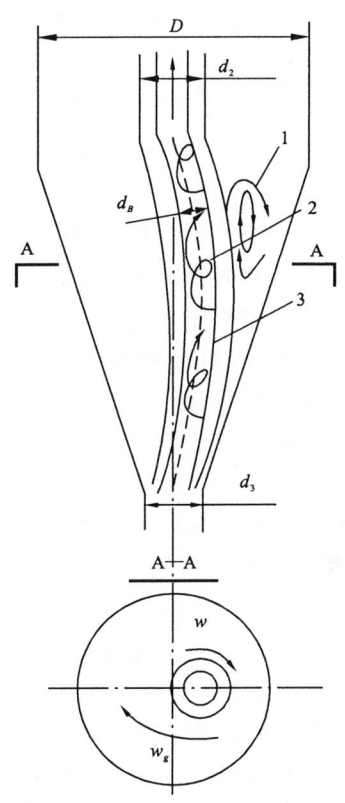

图 6-12 传统旋流除砂器工作原理图　　图 6-13 内旋流体在除砂器中的运动状态
　　　　　　　　　　　　　　　　　　　　1—循环流；2—内旋流体；3—气柱

式中：d_B——气柱直径，m；
　　　d_2——溢流管直径，m。
　　而且，气柱在保持圆形截面的同时绕自身轴旋转，呈拉长的螺旋形状。
　　为了查明气柱偏离除砂器轴线时大颗粒进入溢流管的机理，我们来分析旋流器工作中单个岩屑颗粒承受的离心力大小。在充满液体的除砂器中，作用在每个岩粉颗粒上的力有：重力、浮力、离心力、颗粒的形体阻力、摩擦力、在紊流中出现的与紊流黏度有关的上升力、颗粒间的碰撞力及颗粒与除砂器壁间的碰撞力等。在离心力场中，影响颗粒和连续相流体作相对运动的力主要是离心力 F_c，而颗粒自身的重力和浮力等可忽略不计，因为在离心场中，离心力是它们的几十倍、几百倍甚至上千倍。为了简化，主要考虑离心运动引起的合力 F。
　　泥浆流在除砂器中的旋转运动既有自由涡运动，又有强制涡运动。
　　流体做自由涡运动时，
$$ur = \text{const}(常量) \tag{6-7}$$
式中：u——颗粒旋转运动的线速度，m/s；
　　　r——颗粒的旋转半径，m。
　　在旋流除砂器中，设颗粒初始旋转的切线速度为 U，由(6-7)式得
$$\text{const} = UD/2 \tag{6-8}$$

式中：D——旋流除砂器直径，m。

$$F_c = m\frac{u^2}{r} \qquad (6-9)$$

由(6-7)式、(6-8)式、(6-9)式联立求解，得

$$F_c = m\frac{U^2 D^2}{4r^3} \qquad (6-10)$$

因此，
$$F = (\rho_d - \rho) \cdot V \frac{U^2 D^2}{4r^3} \qquad (6-11)$$

式中：ρ_d——固相颗粒的密度，kg/m³；

m——固体颗粒质量，kg；

ρ——连续相流体的密度，kg/m³；

V——泥浆体积，m³。

流体作强制涡运动时，$u = \omega r$，ω 为颗粒运动的角速度，是一个常量，因此颗粒承受力为

$$F = (\rho_d - \rho)\omega^2 r \qquad (6-12)$$

3. 传统除砂器除砂效果不良的原因

(1)除砂器内旋涡气柱是内旋流体的核心，如果由于进浆口流速不均匀引起气柱的横向振荡，内旋流体也将随气柱作同步振荡。在实际工作中，气柱会产生很大的漂移，其轴心并不在锥体轴心上(图6-13)，而是呈一簇弯曲的曲线束。随着内旋流体的漂移，循环流也发生漂移。这时有两种情况。

1)进入除砂器的泥浆流在外旋流的作用下，泥浆流的固相含量在锥形腔内分布是不均匀的，从上到下泥浆流的固相含量越来越高；在同一水平面的泥浆流的固相含量也不一样，从中心到锥体内壁泥浆流的大颗粒固相含量越来越高。随着循环流向锥体内壁的移动，其泥浆流的固相含量越来越高，使得更多的岩粉颗粒随着循环流卷入内旋流，从溢流口排出。

2)外旋流作自由运动，根据(6-11)式，外旋流中的固体颗粒离外旋流的轴线越远，其受到的合力 F 就越小。随着循环流向锥体内壁移动，其外侧附近的外旋流颗粒离外旋流的轴线越远，受到的离心力就越小，这使得循环流更容易捕获大的岩粉颗粒，而把其送入内旋流。

(2)虽然内旋流也起到了二次分离泥浆液固相的作用，但是由于气柱的存在，其作用被大大削弱。气柱主要呈强制涡流运动，根据(6-12)式，由于 ω 是常量，当气柱中的颗粒离气柱轴心越近，其受到的离心力就越小，轴心处的离心力几乎等于零。此外，由于整个气柱是负压区，一旦岩粉颗粒进入气柱中心区，因受到的离心力很小，就会被带进溢流口排出。因此，气柱的存在降低了内旋流的二次清砂能力。打个形象的比方，就像大地上出现的"龙卷风"，由于其内核是负压区，龙卷风所到之处，会把周围的固体物品卷入其中，随气流一起上升。

针对上述分析的传统旋流除砂器除砂效果不良的原因，我们改进设计研制出高效旋流除砂器，包括手动旋流除砂器和自动旋流除砂器，下面首先介绍手动旋流除砂器。

三、手动旋流除砂器

1. 对传统旋流除砂器的改进主要包括两方面

(1)除砂器结构参数的优化。在实际工作中，经常以除砂器圆柱部分的内径 D 作为基础数据，经理论研究和多次实验，推荐下述匹配关系作为选择除砂器结构参数的依据。

进液管直径：$d_1 = (0.15 \sim 0.25)D$；

溢流管直径:$d_2=(0.2\sim0.3)D$;
排砂管直径:$d_3=(0.15\sim1.0)d_2$。

(2)在除砂器中心轴线处加装一根心杆。前述分析表明,除砂器工作时在中轴部分形成的内旋流体呈现横向摆动及内旋流体中心区离心力很小,是造成大颗粒岩屑进入溢流管的主要原因。为了增强除砂器的除砂效果,除了合理选择除砂器的结构参数外,还必须采取两条措施:①保持除砂器中气柱的稳定性;②增强除砂器中内旋流的除砂能力。

为了保持气柱稳定,降低上升流区域中的紊流扰动强度,可以在除砂器中心轴线处加装一根直径等于气柱直径的心杆。就像刚才我们打的比方,既然大地上的龙卷风可以围绕着大树或电线杆子,并把它们连根拔起。我们何不"将计就计",就在除砂器中心轴线处加装一根直径等于气柱直径的心杆,"诱导""龙卷风"围绕着心杆旋转,使它不再左右摆动,同时,利用"龙卷风"企图把心杆"连根拔起"的动力,使心杆产生横向和纵向振荡,帮助解决旋流除砂器出砂口易堵塞的问题。

2. 手动旋流除砂器的结构

改进型手动旋流除砂器(图6-14)把心杆上端固定在除砂器接头上,下端呈锥形置于排砂口处,且与其内壁形成一定尺寸的环状间隙。由于心杆直径等于气柱直径,旋转的流体便贴在心杆表面流动,引发杆件产生小幅度的横向振荡:在心杆下部(排砂口处)其横向振幅3~4mm,甚至更小;在中部为1.5~2mm;而在上部(固定端)振幅为0。这种小幅度横向振动可降低上升流体的紊流强度,从而提高从泥浆中分离岩粉的效果。此外,由于内旋流的"中心区"被心杆占住,颗粒就不能被循环流甩进来,只能在外围做旋升运动,且在旋升中一些岩粉颗粒又被离心力甩向除砂器内壁,排出底流口。因此,安装心杆有利于内旋流清砂。

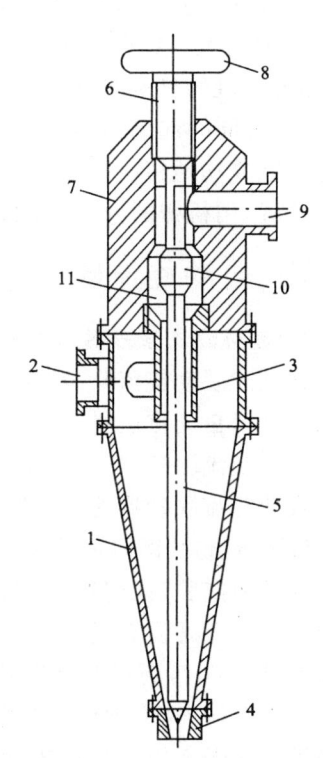

图6-14 手动旋流除砂器结构图
1—外壳;2—进水管;3—溢流管;4—排砂口;5—心杆;6—丝杆;7—钢体;8—手柄;9—出水管;10—双锥面阀;11—空腔

手动旋流除砂器的结构如图6-14所示。它包括圆筒圆锥形外壳1、进水管2、钢体7、出水管9,圆筒圆锥形外壳1内为空腔,进水管2沿切线方向设置在圆筒圆锥形外壳1上的圆筒部分,圆筒圆锥形外壳1的下端设有排砂口4,圆筒圆锥形外壳1的上端通过丝扣与钢体7的下端连接,钢体7内部为空腔,钢体7的空腔通过溢流管3与圆筒圆锥形外壳1的空腔相通,溢流管3是通过丝扣连接在钢体7下部,处于圆筒圆锥形外壳1内腔中的管子,其内部开有圆形通道。钢体7侧壁沿径向方向开有出水管9,出水管9与钢体7的空腔相通。其特征是:在钢体7的内腔、溢流管3内的圆形通道及圆筒圆锥形外壳1的内腔中设有心杆5,心杆5的直径为溢流管3内径的0.55~0.7倍,心杆5的中上部设有双锥面阀10,双锥面阀10处在钢体7内与其相对应的双锥面形空腔中,心杆5的上部设有丝杆6,心杆5通过丝杆6与钢体7上部对应的螺纹连接,丝杆6上端设有手柄8,通过旋转手柄8可调节丝杆6与钢体

7 配合的长度,从而使心杆 5 产生微量的上下位移。

3. 手动旋流除砂器的工作方式

含有固相成分的泥浆(砂浆、悬浊液)在压力作用下,通过沿切线布置的进水管 2 进入圆筒圆锥形外壳 1 并开始旋转运动,在离心力的影响下,粗粒与细粒的固相成分被分开。细粒成分与浆液一起经溢流管 3 和出水管 9 排出,而粗粒成分经排砂口 4 排出。通过手柄 8 和丝杆 6 可调节心杆 5 的轴向位移,改变排砂口 4 的出口尺寸,从而实现不同固相成分的分离要求。心杆往下位移时,排砂口的间隙减小,而溢流通道的截面积增大,从而可平稳地重新分配"溢流口流量"和"排砂口流量",降低压力波动对除砂器工作过程的影响,保证固相分离过程的稳定性。当心杆往上位移时,溢流通道的截面积减小,而排砂口的间隙增大,甚至完全打开,使溢流口排出的流量下降,而排砂口的流量明显增大,将有大量固相颗粒随着液体冲出,可同时起到清洁排砂口的作用。假如用上述方法仍不能成功地解决排砂口的堵塞问题,可把丝杆拧到最低位置,用机械的办法来解决排砂口堵塞问题。

四、自动旋流除砂器

1. 自动旋流除砂器的结构

在上述手动旋流除砂器的基础上,进一步改进设计,研制出可以自动克服排砂口堵塞,自动进行除砂净化的高效自动旋流除砂器。

自动旋流除砂器的结构如图 6-15 所示。它包括圆筒圆锥形外壳 3、钢体 1、进水管 4、出水管 6,圆筒圆锥形外壳 3 内为空腔,从切线方向进入圆筒圆锥形外壳 3 上的圆筒部分 2 处设有进水管 4,圆筒圆锥形外壳 3 的下端设有排砂口 7,圆筒圆锥形外壳 3 的上端通过螺纹与钢体 1 的下端连接,钢体 1 内为空腔,钢体 1 的空腔与圆筒圆锥形外壳 3 的空腔相通,钢体 1 上沿径向方向开有出水管 6,出水管 6 与钢体 1 的空腔相通,其特征是:心杆 8 的中上部设有活塞 11,活塞 11 位于钢体 1 的空腔

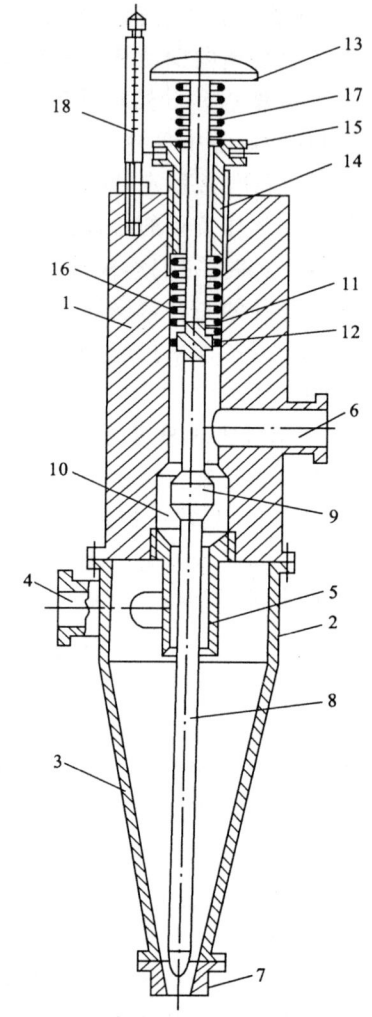

图 6-15 自动旋流除砂器结构图
1—钢体;2—圆筒部分;3—圆锥形外壳;4—进水管;5—溢流管;6—出水管;7—排砂口;8—心杆;9—双锥面阀;10—空腔;11—活塞;12—密封圈;13—手柄;14—丝套;15—调节盘;16、17—弹簧;18—心杆位置指示器

10 上部内并位于出水管 6 的上方,活塞 11 与钢体 1 之间设有密封圈 12,心杆 8 上活塞 11 以上部分套有弹簧 16,丝套 14 内为空腔,丝套 14 套在心杆 8 上并位于弹簧 16 的上方,丝套 14 与钢体 1 之间用螺纹连接,丝套 14 上端部为调节盘 15,调节盘 15 上方的心杆 8 上套有弹簧 17,弹簧 17 上方的心杆 8 上端设有手柄 13;钢体 1 的空腔 10 与排砂口 7 的中心线同纵轴,心杆 8 的下端位于排砂口 7 处,心杆 8 可沿轴向位移。

2. 自动旋流除砂器的工作方式

含有固相成分的泥浆或矿浆等液体在压力作用下,通过沿切线布置的进水管 4 进入圆筒圆锥形外壳 3 内,并开始旋转运动,在离心力的影响下,粗粒与细粒的固相成分被分开。细粒成分与浆液一起经溢流管 5 和出水管 6 排出自动旋流除砂器,而粗粒成分经排砂口 7 排出。

人们可以根据分离固相成分的等级要求来确定心杆 8 下端与排砂口 7 之间的间隙,并通过转动调节盘 15 来实现。当排砂口 7 被堵塞时,引起活塞 11 下腔中的压力上升,带双锥面阀 9 的心杆 8 开始上移,使排砂口 7 与心杆 8 之间的间隙增大,同时减小了腔体 10 的通过截面积。这时从出水管 6 排出的液体流量减少,而从排砂口 7 与心杆 8 之间环隙流出的流量增大,便起到了冲洗排砂口 7 的作用。当活塞 11 下腔中的压力稳定以后,活塞 11 在弹簧的作用下使心杆 8 返回初始位置。因此,该旋流除砂器可自动进行泥浆或矿浆的除砂净化工作。人们可在心杆位置指示器 18 上读出排砂口 7 与心杆 8 之间环隙值,并可以通过手柄 13 和调节盘 15 来调节心杆 8 的往复位移量,通过心杆 8 的往复振动来防止排砂口 7 被堵塞。消除堵塞现象后,在弹簧 16、17 的作用下,心杆 8 将自动处于设定的位置上。于是,实现了泥浆或矿浆的自动除砂净化过程。

五、新型旋流除砂器的室内外试验研究

我们用图 6-14、图 6-15 所示的改进型旋流除砂器反复做过多次试验,并取得了较好的除砂效果。

1. 新型旋流除砂器的室内试验

室内试验工作如图 6-16、图 6-17、图 6-18 所示。

图 6-16 新型旋流除砂器室内试验照片

试验采用的除砂器结构尺寸为:$D=80\text{mm}$,$d_1=16\text{mm}=0.2D$,$d_2=26\text{mm}\approx0.32D$,$d_3=20\text{mm}\approx0.77d_2$,锥角 $\gamma=20°$,进入除砂器的泥浆量 $Q=120\sim135\text{L/min}$。实验选取了 3 种直径的心杆:$d_{p1}=10\text{mm}\approx0.38d_2$,$d_{p2}=16\text{mm}\approx0.615d_2$,$d_{p3}=22\text{mm}\approx0.85d_2$。

试验所用泥浆的含砂量都大于 4%,泥浆马式漏斗黏度都大于 30s,泥浆进口压力为 0.15～1MPa。泥浆净化的效果用排出岩粉量与进口泥浆中岩粉总量之比来衡量,即

图 6-17　新型旋流除砂器除砂效果　　　　图 6-18　用含砂量仪检测旋流除砂效果

$$E = \frac{y_s}{y_0} \times 100\% \tag{6-13}$$

式中：y_s——排砂管排出的岩粉量，kg；

y_0——进口泥浆中岩粉总量，kg；

E——除砂效率，%。

考虑到采用振动筛、除砂器、除泥器三级净化系统时，三级清除颗粒的粒径分别为：>1.0mm、>0.1mm 和 <0.1mm，实验也按这三级来筛分并用天平称重，每次试验重复 5 次。整理出的实验结果见图 6-19。

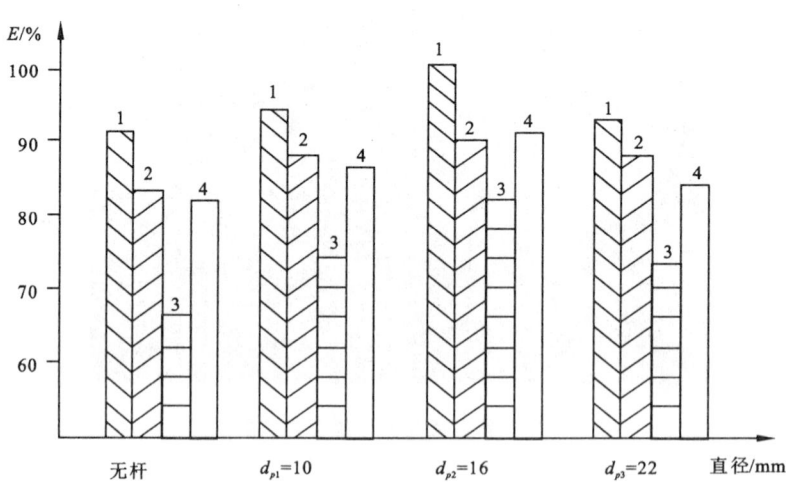

图 6-19　心杆有无及其直径（d_p）对泥浆净化效果的影响

1—>1mm；2—0.1～1.0mm；3—<0.1mm；4—总的除砂效率

显然，心杆直径为 16mm，即 $d_p = (0.55 \sim 0.7) d_2$ 的旋流除砂器净化效果最好，泥浆实际含砂量由 4% 降为 0.2%。不仅 >1.0mm 的粗颗粒被 100% 排出，而且总的除砂效率达 91%，明显高于传统无杆除砂器和其他杆径的除砂效率。同时,试验还表明,在保证净化效果的前提下,泥浆损耗量降至20%以下,实现了连续除砂条件下的防堵和排堵功能。

2. 新型旋流除砂器的现场试验

新型旋流除砂器的现场使用方式与传统旋流除砂器的使用方式相同,其连接方式如图6-20所示。使用旋流除砂器时,把新型旋流除砂器外壳10固定在机架上,机架上同时安装有螺杆泵2(可以采用一般的往复泵,也可以直接采用现场钻探泵,在起下钻的过程中对泥浆进行净化,因为起下钻过程中用不着钻探泵)。把泵的吸水管3放入泥浆沉淀池15中,而泵的高压管4与旋流除砂器入口7相连,旋流除砂器的溢流管8与排浆软管16相连。旋流除砂器的出砂口6通过水槽13把清除出来的岩粉(连同部分废浆)排入岩粉收集池12,而净化后的泥浆则通过旋流除砂器的溢流管8和排浆软管16流入钻探泵的泥浆池14,从而达到排除泥浆中的粗颗粒岩屑、净化泥浆的目的。

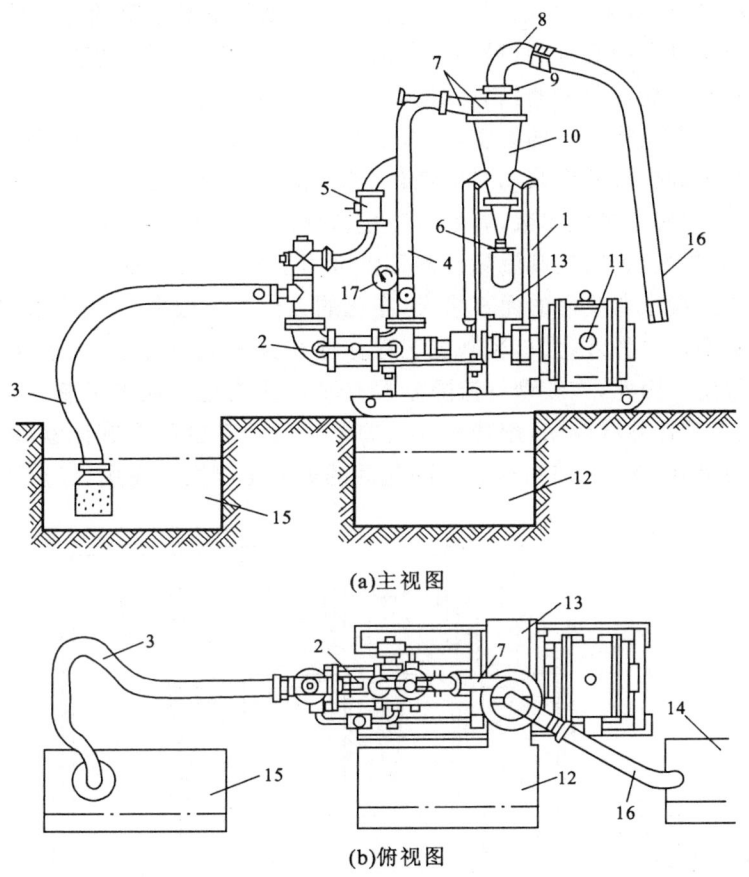

图6-20 新型旋流除砂器的现场使用方式

1—机架;2—螺杆泵;3—吸水管;4—高压管;5—阀门;6—出砂口;7—旋流除砂器入口;8—溢流管;
9—上接头;10—旋流除砂器外壳;11—电动机;12—岩粉收集池;13—水槽;14—钻探泵的泥浆池;
15—来自钻孔的泥浆沉淀池;16—排浆软管;17—压力表

现场钻探泵可以从泥浆池14中抽取净化后的泥浆用于钻探循环,从而实现了节水钻探的目标。

3. 新型旋流除砂器试验研究的几点结论

（1）旋流除砂器是适用于地质勘探钻进泥浆净化的轻便设备。即使在地层不漏水，使用全孔泥浆正循环钻进的情况下，按照操作规程，也要借助旋流除砂器定期净化来自孔内的泥浆。如果泥浆已经不符合钻探设计书的要求，则必须更换掉全部废浆。这样不仅要消耗大量地表水重新配制新鲜泥浆，而且更换下来的废浆往往直接排入农田或下水道，造成严重的环境污染。因此，为了实现节水钻探，为了保护环境，必须使用旋流除砂器。

（2）由于以前对传统旋流除砂器的工作机理研究得不够，导致现场使用效果不理想，主要表现在除砂效果不好（达不到临界粒度要求）、泥浆相对损耗量大和排砂口经常堵塞三个方面。从而影响正常钻进，增加泥浆成本和导致污染环境，对西部缺水地区影响尤为严重。

（3）通过研究发现，除砂器工作中存在的沿壁下降流和中轴附近的上升流体处于复杂的紊流状态，在除砂器几何轴心处存在着直径为 d_c 的旋转气柱。气柱的横向摆动严重干扰了正常的除砂过程，降低了除砂效果。采取图 6-14、图 6-15 所示的新型旋流除砂器，将明显提高除砂效果。通过调节除砂器中心杆的位置，可方便地达到泥浆净化的工艺要求。

（4）实践证明，新型旋流除砂器具有结构简单、操作方便的特点。可通过手动或自动调节圆杆的位置实现除砂器结构参数的调整，以保证在除砂过程不间断（不堵塞排砂器）的条件下满足要求的临界粒度和允许的泥浆相对损耗量，总的除砂效果明显高于传统除砂器。使用这种改进型除砂器，能更好地净化泥浆，有助于防止钻杆内壁结泥皮。

（5）由于除砂效果好，该新型旋流除砂器不仅可用于岩心钻探，还可以用于基桩工程、岩土工程。大口径基桩工程中所使用的泥浆量大，净化的工作量也很大，净化工作的成本不可与小口径岩心钻探同日而语。另外，大口径基桩工程往往在大中城市施工，为了保护环境，对废泥浆的排放有严格规定。因此，该新型旋流除砂器有了用武之地。在施工基桩工程或岩土工程时，可把几台旋流除砂器并联起来，用功率较大的泥浆泵给多台新型旋流除砂器供浆，实现多台同步处理泥浆与除砂（图 6-21），以保证净化后的泥浆得以循环使用，保护环境。

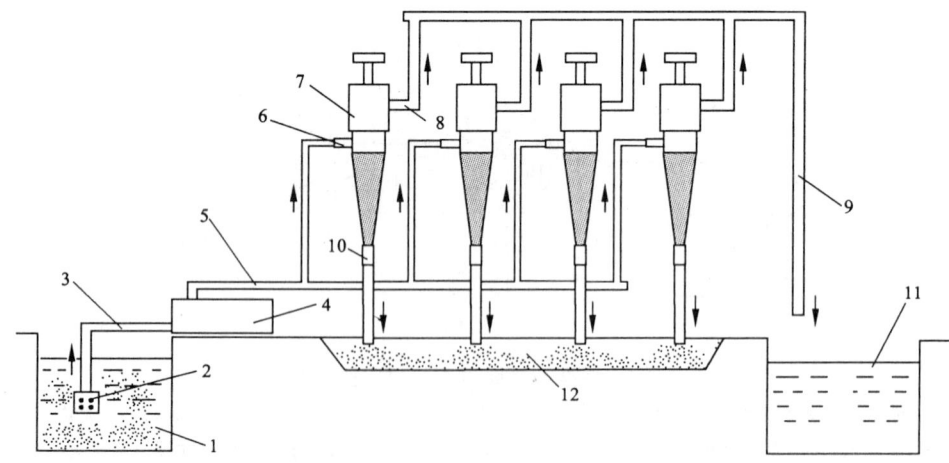

图 6-21　多台新型旋流除砂器用于基桩工程泥浆净化的示意图

1—来自孔内的泥浆沉淀池；2—吸水莲蓬头；3—吸水管；4—泥浆泵；5—高压管；6—旋流除砂器入口；7—新型旋流除砂器；8—除砂器溢流管；9—排浆软管；10—除砂器出砂口；11—净化后的泥浆池；12—岩粉收集池

第三节 多功能防事故接头

一、问题的提出

岩心钻探是一项颇具风险的隐蔽工程。由于地下岩层的多变性、不可预测性和孔内工况的复杂性,使得孔内事故在所难免。尤其是卡钻、埋钻等恶性事故一旦发生,处理起来费工、费力,可能造成重大的经济损失,甚至在处理过程中伴有人身伤亡事故发生。常用的处理孔内事故方法有:打吊锤,借助震动力处理卡钻事故;用大泵量冲出坍塌物,再借助油压缸强力起拔事故钻具;借助左旋丝锥将事故点以上的钻杆一根根反出等。以上方法只能分别单独使用,稍有不慎,可能造成孔内"多头",使事故更加复杂。因此,多年来业内人士一直致力于防治事故的安全钻具研究。

1. 传统安全接头的结构与工作原理

在弱稳定性岩石、特别是在易于膨胀岩石中钻进时,可能卡住岩心钻具。有时卡钻很严重,钻具提不起来。在这种情况下只好把钻杆柱卸开,提上来,以便解卡岩心管。为此使用左旋钻杆柱和左旋打捞工具。采用这种方法时,钻杆柱只能一部分一部分地提上来,因为左旋时钻杆柱可在接头磨损最严重的任何部位卸开。老一代钻探技术人员都知道,国内外曾流行过防事故安全接头,用来一次卸开整个钻杆柱。

常用的安全接头分成三种类型(图6-22):①带有右旋、不自锁粗螺纹的安全接头;②带有左旋粗螺纹的安全接头;③剪断销钉式安全接头。

图6-22(a)为第一类安全接头。这种接头由两个零件——平接头1和接箍2组成,这两个零件借助于粗螺纹彼此连接起来。平接头和接箍端面上均带有承受扭矩、不使螺纹形成自锁紧接的凸块3。在岩心钻具卡得很严重的情况下,先用力向右回转钻杆柱,然后给钻杆柱施以等于钻杆柱质量的拉力,此后向左回转。安全接头的平接头一般是第一个卸开的。

图6-22(b)为带有左旋粗螺纹的异径接头。安全接头外壳4下部带有连接岩心管用的外螺纹。外壳里面是左旋粗螺纹(螺距为10mm),在外壳内螺纹下面铣有长方形的槽。带有连接钻杆用内螺纹的异径接头5拧入安全接头的外壳内。在异径接头的下部也刨有一个槽。当外壳和异径接头拧开的时候,外壳和异径接头的槽是对齐的。在外壳和异径接头的槽内装有定位器6,其下部截面呈长方形,与槽的形状相应。定位器的上部呈圆柱形,其冲洗孔眼带有球座。在装配好的安全接头中,定位器下面用两个平面扭簧7支撑,扭簧的一端用螺钉8固定在外壳4上。卸管过程如下进行:向钻杆内投一钢球10,钢球关闭定位器6上的孔眼。开泵后,高压液体冲断平面扭簧7,定位器落入保护罩9中。钻杆柱右旋时,异径接头顺利地从安全接头的外壳中旋出,于是钻杆柱可以提到地表。

图6-22(c)为第三类安全接头。这种接头由与钻杆柱连接的上半部11和同岩心管16连接的下半部12组成,两个半部分用销子13连接起来。用垫圈14密封。用两个凸块15把钻杆柱的扭矩传给岩心管。根据钻机液压系统的起重量,计算销子的抗剪强度。当岩心钻具严重卡住时,向上强力起拔,销子13被剪断,于是卡住的岩心管上部的全部钻具可被解脱。

2. 研制多功能防事故接头的必要性

根据对上述三类传统安全接头的结构与工作原理分析,可以看出,它们有的结构比较复

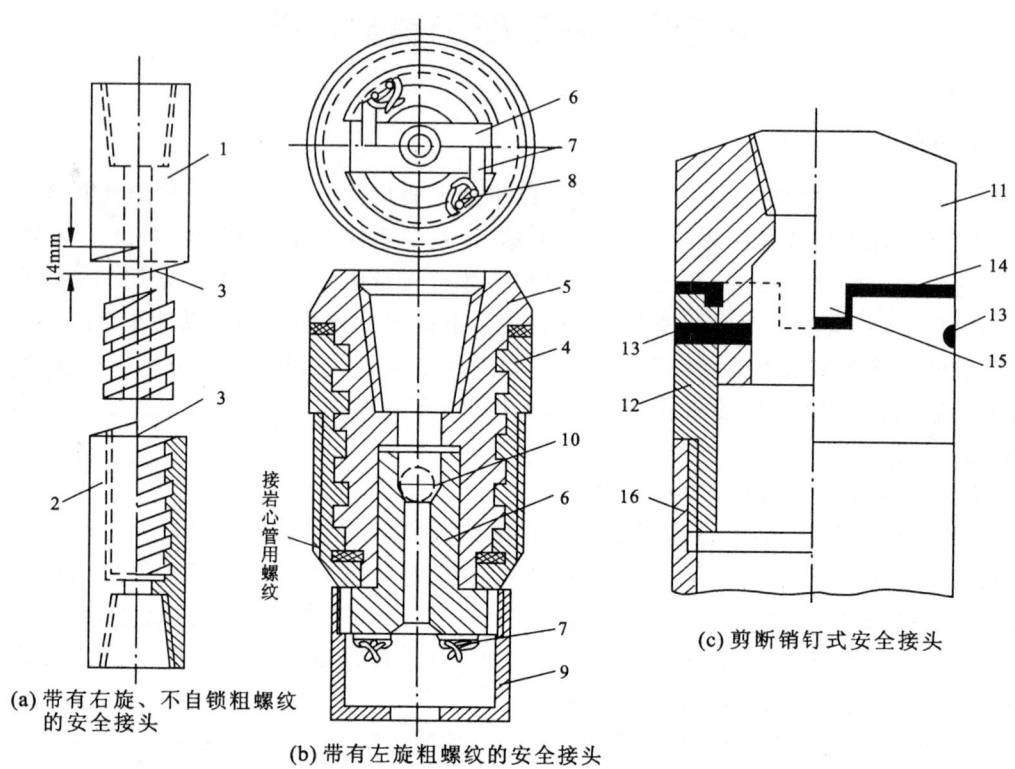

图 6-22 安全异径接头
1—平接头；2—接箍；3—凸块；4—外壳；5—异径接头；6—定位器；7—扭簧；8—螺钉；9—保护罩；10—钢球；
11—上半部；12—下半部；13—销子；14—垫圈；15—凸块；16—岩心管

杂，有的解除事故的可靠性不理想，而且三类传统安全接头处理事故的功能都很单一。再考虑到本书第四章、第五章所论述的孔内局部循环节水钻探系统是靠孔内局部循环来冷却钻头，排除岩粉必须携带取粉管才能把岩粉排至地表。如果往复式潜水泵工作不正常，或取粉管已满不能继续容纳孔底产生的岩粉，加之泥浆质量差或管理不当，孔底岩粉沉淀过多，很有可能发生埋钻、卡钻事故。为此，必须针对孔内局部循环节水钻探系统的特点专门设计并制造多功能防事故接头。一旦孔内发生埋钻、卡钻事故，它可在孔内兼顾实现"打吊锤""冲孔""反转卸扣"的动作，以便快速处理事故。

二、多功能防事故接头的结构

图 6-23 是多功能防事故接头的结构示意图。该专用接头由外管 1，上接头铁砧 2，可在外管内伸缩的钻杆 3，冲锤 4 和包括 5a、5b 两部分的下接头组成。冲锤 4 的上部加工成圆形，并与下接头零件 5a 的上部圆形内壁形成滑动配合。冲锤 4 的主要部分加工成六角形，与下接头 5a 和 5b 中对应的六边形内壁相互配合。自下而上，冲锤体从六方形向圆柱形过渡的位置上有六个弓形台阶（参见 A—A 剖面）。下接头 5a 上对应的六个弓形台阶限制了冲锤的向下轴向位移。而固定螺栓 7 和销钉 6 限制了冲锤的向上位移。钻杆 3 与冲锤 4 之间、下接头 5b 与岩心管 8 之间用右螺纹连接。上接头 2 与外管 1 之间、下接头 5a 和 5b 之间用左螺纹相连。

第六章 节水钻探新方法的配套技术

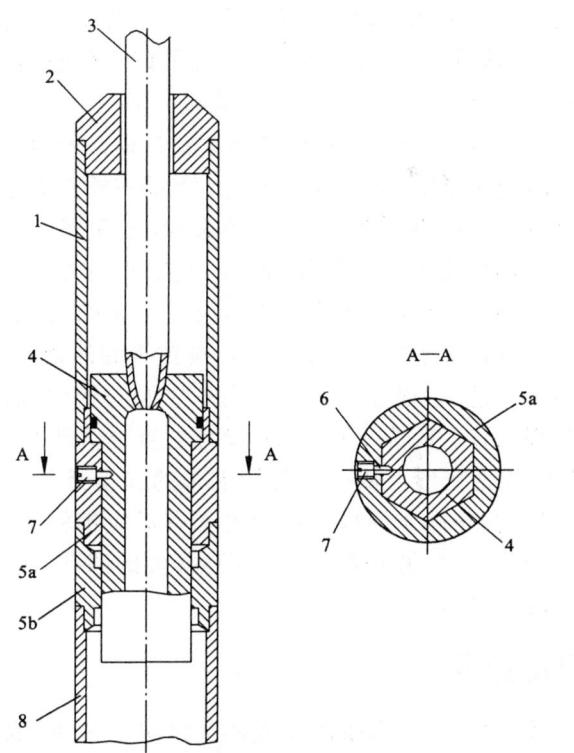

图 6-23 多功能防事故接头结构图
1—外管；2—上接头（铁砧）；3—钻杆；4—冲锤；5—下接头；
6—销钉；7—固定螺栓；8—岩心管

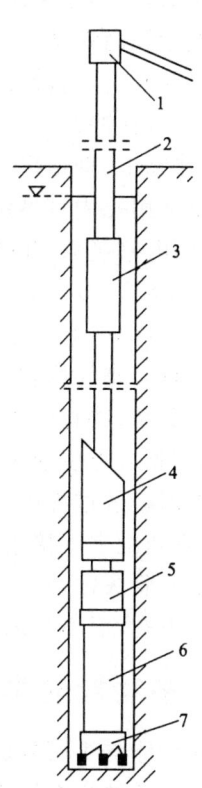

图 6-24 防事故接头在钻具中的连接图
1—水龙头；2—钻杆；3—节水钻具；4—取
粉管；5—防事故接头；6—岩心管；7—钻头

在钻进过程中，多功能防事故接头作为钻柱的一部分下入孔内，其下部与岩心管 8 相连，上部与钻杆 3 相连。来自钻杆柱的冲洗液经过冲锤中间的通道进入岩心管。为了防止冲洗液漏失，冲锤 4 的圆柱形表面与下接头零件 5a 之间有密封圈防漏。来自钻杆柱的扭矩则借助冲锤 4 与下接头 5b 的六方套传至岩心管和岩石破碎工具。

该防事故接头结构简单，操作方便，除用于节水钻探场合，还可用于常规钻探领域。

三、多功能防事故接头的工作原理

在采用传统钻进方法的过程中，多功能防事故接头通过钻杆柱直接接在岩心管上。如果用于节水钻探场合，防事故接头在钻具中的连接方式如图 6-24 所示。必须注意，为了在发生孔内岩心管埋钻或卡钻事故时能直接把除岩心管外的全部钻柱（包括节水钻具）顺利打捞上来，又不妨碍孔内局部循环岩粉的收集，一定要把取粉管接在防事故接头的上方。

正常钻进时（参见图 6-23），来自钻杆柱的轴向载荷经过冲锤 4 圆柱部分的凸台传给下接头 5，并通过岩心管 8 传给岩石破碎工具（图中未画出）。来自钻杆柱的扭矩则借助冲锤与下接头之间的六方套传至岩心管和岩石破碎工具。在钻进过程中无论轴载，还是扭矩都不会作用在销钉上，保证它在任何钻进规程条件下都不会被剪断。由于销钉的直径较小，其抗剪强度是按照钻机强力起拔能力计算好了的，所以使用绞车或借助油缸向上强力提动钻具时就可以切断销钉,而不必使用千斤顶。

当发生孔内埋钻、卡钻事故而用常规办法处理无效时,可用钻机绞车或油压缸上拉钻具。如图 6-23 所示,当岩心管及其钻具严重卡、埋时,向上强力起拔,可把销钉 6 剪断,在地表工人的操作下,让冲锤 4 对上接头(或称铁砧)2 连续产生向上的冲击震动作用——即孔内打吊锤,直至排除卡、埋钻事故。这样可以方便地把包括岩心管在内的全部钻具提升至地表。

如果采用孔内打吊锤的方式仍不奏效,则拉紧钻杆柱(这时冲锤 4 下部的外六方套仅与下接头 5a 的内壁接触)并开动回转器右旋钻杆柱,把下接头 5a 从下接头 5b 上卸开。于是全部钻具,除下接头 5b 和岩心管外都可起拔至地表,孔内仅剩下敞口的下接头 5b 和岩心管 8。留在孔内的零件 5b 有一小段六方形的内台阶,它的直径等于或大于后续小钻头的直径,很容易用钻头或铣刀来切掉它。由于下接头 5b 的直径等于或大于下一级标准钻头的外径,而且有合理的上下倒角,将有助于用下一级钻头继续钻进,它很容易下入孔底事故岩心管中,通过钻掉管内岩心,就可方便地进行后续的事故处理工作。因为下接头 5b 设计的壁厚大于岩心管,可防止在处理事故过程中孔内岩心管的上部产生变形。从孔内打捞上来的安全接头可多次使用,只要重新配上下接头 5b 和销钉 6 即可。在冲锤 4 的每个棱面上都有对应销钉的凹孔,即使打捞岩心管失败,有一截销钉断在对应的凹孔内,仍可方便地用其他棱面的凹孔重新组装成专用接头下孔,而不会因加工新的凹孔而浪费时间。

四、多功能防事故接头的使用效果

该多功能接头研制成功后,曾在一些地层复杂、孔内事故多发的矿区进行试用,取得了明显优于其他传统安全接头的使用效果。据不完全统计,使用后处理孔内卡、埋钻事故的难度和时间消耗大为减少,使平均孔内事故率下降了 18 个百分点,钻探成本降低了 25% 以上。因此,有些单位规定在地层复杂、孔内事故多发的矿区,尤其是在使用孔底局部循环节水钻探的条件下,必须在钻杆柱中加入该多功能接头。

通过与图 6-22 所示的传统安全接头对比,可以归纳出多功能防事故接头具有如下优点:

(1)处理事故的功能多,除了一般的左旋反开钻具丝扣外,还可以在发生卡钻事故的粗径钻具附近直接打吊锤,实现孔底震动有助于解除事故;

(2)"反"开上部钻柱并顺利打捞后,留在孔内的零件口径大,长度小,为继续处理事故提供了方便;

(3)该多功能防事故接头的结构简单,可多次使用,一旦出现孔内事故能快速处理,继续正常钻进,从而降低了处理事故和继续钻进的时间消耗与成本。相信该多功能防事故接头将在节水钻探和其他复杂地层勘探钻进中得到广泛的应用。

第七章　节水钻探新方法的衍生技术

第一节　节水型液动冲击器

一、问题的提出

在第六章第一节中,我们曾提到气动球体冲击器可采用普通硬质合金钻头或金刚石钻头在中软—中硬岩层中实现回转-冲击钻进,提高钻探效率,快速钻至含水层,以便尽早使用孔内局部循环节水钻探技术。但是,一旦钻具进入含水地层后,气动球体冲击器的钻进效果便大打折扣。因此,如果想继续借助回转-冲击钻进来提高钻探效率,就必须使用液动冲击器。

几十年来,为了解决硬和坚硬岩石、硬脆碎和强研磨性岩石的正常钻进与取心问题,国内外研制了多种孔底液动冲击器。目前国内市场上有正作用、反作用、双作用、射流式、射吸式等品种繁多的液动冲击器商品,它们可用于硬岩的冲击-回转钻进,显著提高钻探效率,并具有防孔斜、防岩心自卡的功能。

国内外已有的主要液动冲击器的基本参数见表7-1。通过分析表7-1的数据可以看出,这些传统的液动冲击器均不适用于干旱缺水、地层漏水的地区。理由有三个。

表7-1　国内外主要液动冲击器的基本参数

参　数	液动冲击器			
	前苏联ΓB-5型	国产正作用	国产射流式	国产双作用
冲击器外径/mm	73	73	73	73
冲击功/J	15	5.88～17.6	39～69	39～59
冲击频率/Hz	47～60	26.7～38.3	13.3～25	12.5～18.3
冲击器所需泵量/(L/min)	130～160	80～180	120～200	150
冲击器内压力降/MPa	1.5～2.0	1.0～3.0	2.0～4.9	1.47～2.45
冲锤质量/kg	8	9	20～40	22
冲锤行程/mm	10～12	12～29	15～30	20

(1)传统的液动冲击器需要消耗大量的地表水。以 $\Phi 73mm$ 的小口径液动冲击器为例,它们需要消耗的泵量为120～200L/min,冲击器内部压力降为1.0～4.9MPa,所以一般要求配高压力、大泵量的地表往复泵。这么大的泵量已超过了孔底正常钻进冷却和排粉的需要,从而要求在孔内钻具上增加分流接头,甚至过大的流量还会带来孔壁失稳等负面效果。这在干旱地区是不可能实现的。因为实施节水钻探的目的就是要解决钻探的主要矛盾——缺水,在靠

汽车拉水或长距离管线送水打钻的条件下,水的费用在总钻探成本中所占比例相当大,不允许以消耗大泵量来换取冲击-回转钻进的效率。

(2)传统的液动冲击器冲击功都比较大。以Φ73mm的小口径液动冲击器为例,除正作用冲击器的冲击功下限为5.88J以外,其余都在15~69J,冲击频率为800~3 600次/min,主要适用于硬—坚硬的岩石,必须配备专用的球齿冲击钻头。而实施节水钻探的地区(尤其是浅孔条件下)大量遇到的是中硬左右地层,以普通硬质合金、金刚石钻头回转钻进为主,即使实施回转-冲击钻进也只需要在回转切削的基础上叠加一个低冲击功。因此,从降低回转-冲击钻进钻头成本的角度考虑,传统的液动冲击器也不适宜于干旱缺水地区的节水钻探。

(3)并非所有岩石都是冲击频率越高钻进效果越好。前苏联科学院曾进行不同冲击速度对破岩效果的试验(图7-1)。结果表明,存在着两类差异很大的岩石。第一类是坚硬脆性岩石(花岗岩、铁质石英岩等),侵入深度与冲击速度成正比,有极大值。第二类是韧性岩石(绢云母绿泥石片岩、钙质粉砂岩、碳酸盐化微石英岩等),加载速度增加,碎岩效果反而降低。这些试验说明,加载速度(即冲击频率)并非越高越好。有时遇到中软—中硬的岩层,甚至需要较低的冲击频率。

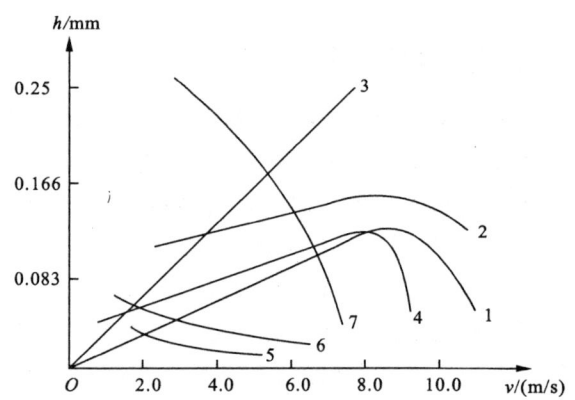

图7-1　冲击功一定时,加载速度与每次侵入深度的关系
1—花岗岩;2—大理岩;3—砂岩;4—铁质石英岩;5—绢云母绿泥石片岩;6—钙质粉砂岩;7—碳酸盐化微石英岩

在第四章、第五章中我们曾专门讨论了孔内局部循环节水钻探系统的结构、工作原理,往复式潜水泵柱塞的运动规律等问题。其中,往复式潜水泵柱塞的运动是实现孔内局部循环节水钻探的关键因素之一。既然在干旱缺水地区实施节水钻探时,往复式潜水泵的工作柱塞以一定的频率在孔内往复运动,那么我们为何不对这种孔内的往复运动加以有效利用,把它改造成一种新的节水型液动冲击器呢?虽然它的冲击功和冲击频率较小,但由前述分析可知,在中软—中硬岩层中用普通硬质合金或金刚石钻头钻进时,往往需要的就是较低的冲击功和冲击频率。如果该设想得以实现,则它既可在缺水或运水困难地区实现节水钻探,又能对大量遇到中硬左右地层实施回转-冲击钻进,以提高缺水和漏失钻孔中的钻进效率。

下面介绍作者研发的节水钻具衍生产品——节水型液动冲击器的结构、工作原理、设计思路及其初步实践的效果。

二、节水型液动冲击器的结构

节水型液动冲击器是实现节水回转-冲击钻进的关键设备之一,其结构如图7-2所示。

节水型液动冲击器通过上接头1和下接头20把自身串接到钻杆柱中,传动柱塞2与连杆5为一个整体,连杆5通过球铰8与工作柱塞10连接。球铰的详细结构参见图7-2的剖面图A—A、E—E及D向视图。以这种方式连接,即使设备组装时有些偏差,传动柱塞2运动时也能可靠地带动工作柱塞10运动。因为工作柱塞10是整个往复式潜水泵系统中质量最大的零件,它又兼作液动冲击器的冲锤使用,必须保证它的往复运动有力而可靠。只要铁砧15至工作柱塞10之间的距离小于工作柱塞的最大行程长度,工作柱塞10向下运动时,就可以以很高的能量打在与岩心管刚性相连的铁砧15上。

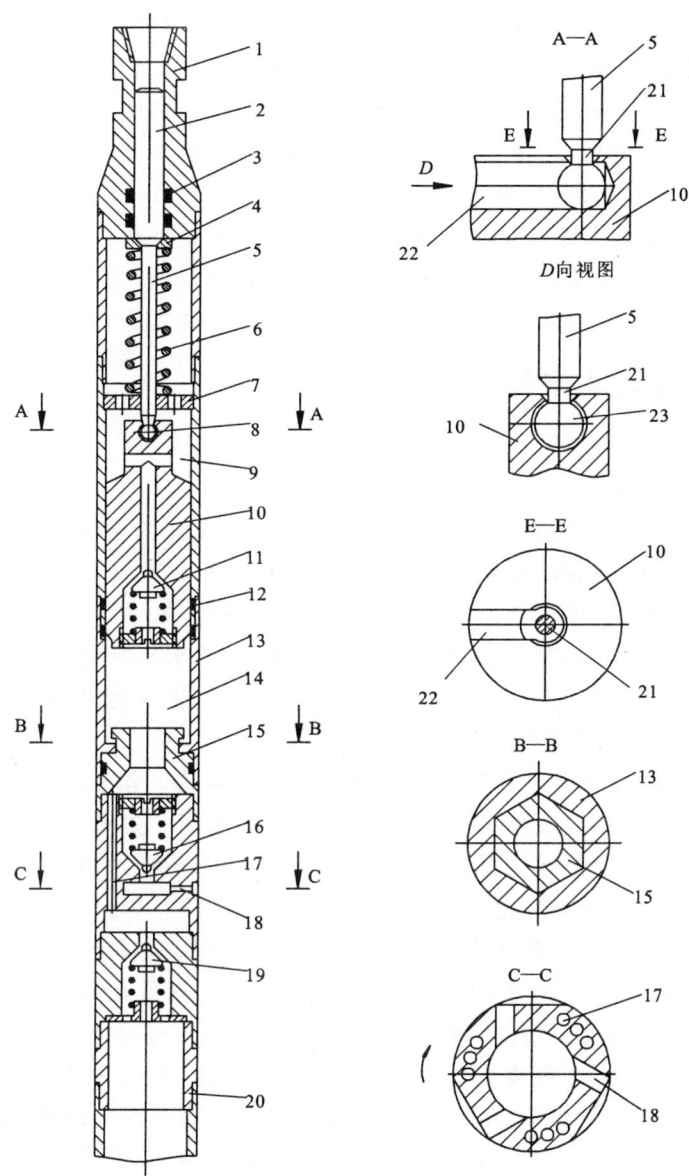

图 7-2 节水钻具衍生产品——节水型液动冲击器结构示意图
1—上接头;2—传动柱塞;3—上密封圈;4—上支撑环;5—连杆;6—工作弹簧;7—下支撑环;8—球铰;9—空腔;10—工作柱塞;11—泄流阀;12—下密封圈;13—外壳;14—工作腔;15—铁砧;16—吸水阀;17—排水孔;18—吸水口;19—排水阀;20—下接头;21—轴颈;22—圆形径向滑道;23—球形轴头

在连杆 5 上套有工作弹簧 6,工作弹簧的上下端分别支撑在上支撑环 4 和下支撑环 7 上,上支撑环 4 可以在传动柱塞 2 的作用下向下位移,下支撑环 7 可以在工作柱塞 10 的作用下向上位移。在传动柱塞2和工作柱塞10的外围分别安装了上密封圈3和下密封圈12；在工作柱塞10上设有单向泄流阀11，水只能从空腔9中经泄流阀11排入工作腔14，而不能从工作腔14进入空腔9中。工作柱塞10和工作腔14下面是铁砧15。铁砧15是一个特殊的接头，它既要能传递扭矩，同时接头与外壳13之间又要允许有一定的轴向位移，以便能够最大限度地把工作柱塞10（即冲锤）的冲击能量传递至孔底钻头。接头（铁砧）15采用六方套的形式，其断面形状见图7-2的剖面图B—B。铁砧15下面是吸水口18及排水阀19，吸、排水阀均为单向阀。铁砧15的中心通道、排水孔17及排水阀19组成排水通路，工作柱塞10往下行程，冲击铁砧15的同时，把工作腔14中的水挤入排水通路，打开排水阀（此时吸水阀关闭），水流至孔底，实现排粉和冷却钻头；工作柱塞10往上行程时，工作腔14中形成负压，此时排水阀19关闭，吸水阀16开启，水从钻具与孔壁之间的环状间隙中经吸水口18、吸水阀16及铁砧15的中心通道吸入工作腔14中。吸、排水阀的不同开关状态，结合排水孔17及吸水口18形成孔内局部循环。排水孔17和吸水口18的具体结构与分布参见图7-2的剖面图C—C。

三、节水型液动冲击器的工作原理

如图7-3所示。节水型液动冲击器按如下方式工作。

1. 高压管线充水阶段

刚开始当高压管线中还没有充满水时，脉动式双向阀4作为普通的单向出水阀使用。地表泵柱塞1反向行程时，泵腔内形成负压，吸水阀3打开，脉动式双向阀4的正反通道都关闭，水池2中的水进入泵腔中；地表泵柱塞1正向行程，吸水阀3关闭，泵腔中的水推动阀体17压缩弹簧15，阀体17上抬，脉动式双向阀4的正向通道打开，水从泵腔中挤入高压管线内。也就是地表单缸泵不断将水池2中的水抽到高压管线中，此过程一直延续至传动柱塞8到地表单缸泵的高压管线中全部充满水为止。

2. 开始实现孔内局部循环（节水钻探）与冲锤撞击铁砧的工作阶段

高压管线中充满水后，地表泵柱塞1正向行程时，吸水阀3关闭，脉动式双向阀4的正向通道打开，地表单缸泵产生的水力脉冲，经高压管线中的水传递至液动冲击器的传动柱塞8上，在水力脉冲的作用下，传动柱塞8下行同时压缩套在连杆上的工作弹簧9。由于和传动柱塞一体的连杆通过球铰与工作柱塞10连接，因此工作柱塞10也下行，并挤压工作腔中的水经排水孔后打开排水阀13，进入液动冲击器以下钻具的内腔，直至孔底钻头处实现排粉和冷却钻头；与此同时，工作柱塞10作为冲锤撞击铁砧11，完成冲击过程。地表泵柱塞反向行程时，泵腔中形成负压，同时在工作弹簧9及地层水静压力作用下，液动冲击器的传动柱塞8、连杆及工作柱塞10上行；高压管线中的高压水打开脉动式双向阀的反向球阀19又回到地表单缸泵的泵腔中；此时地表单缸泵的吸水阀3处于关闭状态（弹簧20的预压力可以通过旋转鞍形衬套16来调节，我们事先把脉动式双向阀4的反向球阀的开启压力调至大于一个标准大气压，这样高压管线中充满水后，无论地表泵柱塞正向还是反向行程，吸水阀3都将处于关闭状态），工作柱塞10上行，在液动冲击器的工作腔中便形成负压，钻具与孔壁之间的环状间隙中的地层水打开吸水阀12并被吸入到工作腔中，完成一个循环，然后，地表泵又产生下一个水力脉冲，开始一个新的循环。

3. 如何自动补偿管线中的泄漏问题

在理想工况下，高压管线中的高压水不发生泄漏，则循环能够一直延续下去。而实际高压

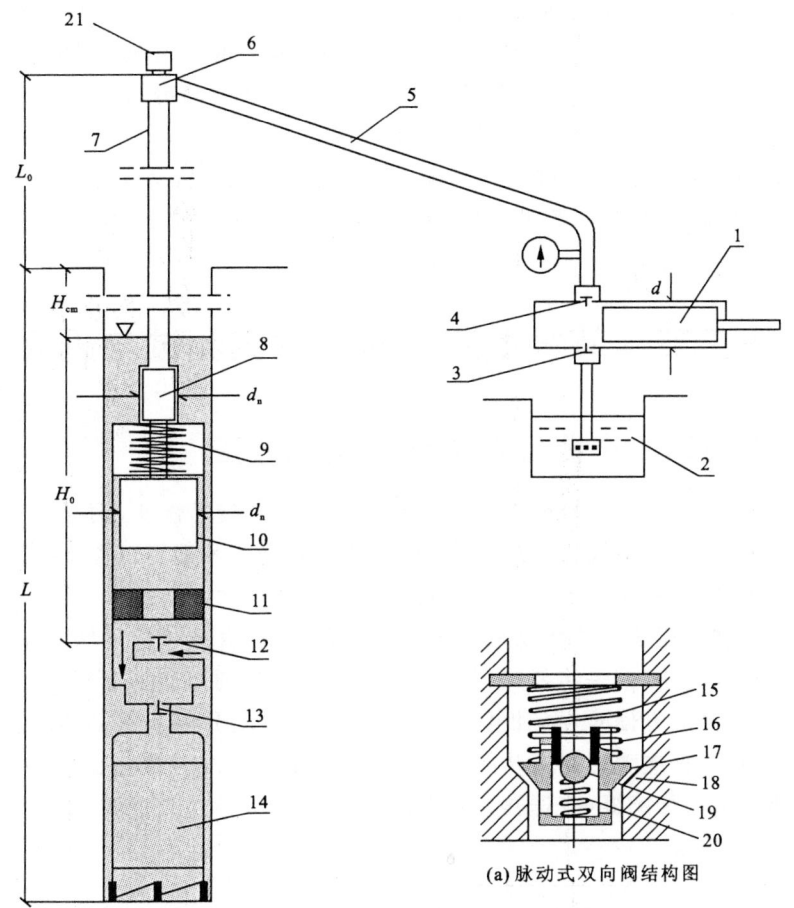

图 7-3 节水钻具衍生产品——节水型液动冲击器系统的工作原理示意图

1—地表泵柱塞；2—水池；3—吸水阀；4—脉动式双向阀；5—高压胶管；6—水龙头；7—钻杆；8—传动柱塞；9—工作弹簧；10—工作柱塞；11—铁砧；12—吸水阀；13—排水阀；14—岩心管；15—弹簧；16—鞍形衬套；17—阀体；18—阀座；19—反向球阀；20—弹簧；21—排气阀

管线是由高压胶管、水龙头、主动钻杆及钻杆等连接起来的，线路中的各个接头处可能会发生一些泄漏，发生泄漏后将如何保证循环继续下去呢？

如前所述，我们可以调节脉动式双向阀的鞍形衬套，使脉动式双向阀反向球阀 19 的开启压力大于一个标准大气压。如果工作过程中某些接头处出现了泄漏，则高压管线中的水压力下降，当压力下降到低于一个标准大气压时，地表泵柱塞 1 反向行程在泵腔中形成负压，此时，脉动式双向阀的反向球阀 19 继续关闭，在大气压的作用下，地表单缸泵的吸水阀 3 打开，水池水进入泵腔中。于是，尽管随着钻探过程中高压管线内的高压水可能出现少量的泄漏，系统可自动向高压管线中补充漏失掉的水，从而排除了液动冲击器由于接头泄漏而停止工作的现象，保证系统可靠稳定的工况。

4. 技术关键

该节水钻具衍生技术的关键点有两个：一是脉动式双向阀，二是液动冲击器。与传统钻探泵出水口处的普通单向阀不同,脉动式双向阀具有双向通道,它不仅能够产生水力脉冲,而且高压管线中的水能够通过它回到地表泵泵腔中,从而达到节水的目的。整个系统分两个水力系统:一个是地表水水力系统,一个是地层水水力系统,两个水力系统由液动冲击器的传动柱塞8和工作柱塞10分隔开,地表水仅是传递动力的媒介,液动冲击器除了能够完成冲击作用外,还能利用孔内地层水形成孔内局部循环达到正常钻进的目的。实现液动冲击的工作柱塞10又可作为冲锤使用,铁砧11通过键槽与往复式潜水泵的外壳滑动连接,既可传递钻压和扭矩,又在岩心管上叠加了冲击能,其冲击频率等于地表钻探泵的冲次,所以将明显提高钻探工作的效率。

第二节　节水型液动冲击器的测试与研究

一、节水型液动冲击器性能参数的测试方法

冲击器各种性能参数的正确测试,不仅对评定冲击器的技术性能,而且对研究和改进冲击器的结构设计,提高冲击器的工作性能,更好地应用冲击器等等都可以提供有效的数据依据。

对于液动冲击器,要测试的主要性能参数包括单次冲击功、冲击频率、冲击位移、冲击速度以及工作时的泵量和泵压等。这些量都属于动态的非电量,直接测量不易准确测定出来,一般采用电测法。所谓电测法,就是将要进行测定的各种非电量通过传感器转化为相应的另一种易于检测、传送和转换的电信号,再对电信号进行处理,经 A/D 转换和数据采集,最终在电脑上显示测试的结果(数据或图形),其步骤如图 7-4 所示。要准确测量出各种参数值,必须根据测量要求选择合适的传感器(变送器)和测试装置。

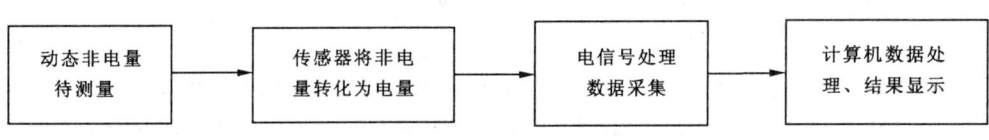

图 7-4　电测法测量步骤

液动冲击器的多数参数可以利用相应传感器直接测出,但某些参数则不能直接测出,而要根据已经测出的参数计算得出。我们为节水型液动冲击器参数测试选用了压力和位移两种变送器,分别用来测试地表专用单缸柱塞泵的泵压以及节水型液动冲击器冲锤的位移。节水型液动冲击器的冲击频率可以根据单缸柱塞泵的泵压曲线或者液动冲击器工作柱塞的位移曲线计算得出(单位时间内,波峰或者波谷的个数),冲击器冲锤的速度可以根据冲锤的位移曲线求出,而冲击器的单次冲击功可根据测出的速度算出。常用的计算方法如下:

$$A = \frac{1}{2}mv^2 \tag{7-1}$$

式中:A——冲击功,J;
　　　m——冲锤质量,N;
　　　v——冲击末速度,m/s。

二、泵压的测试

测试泵压选用的是量程为 10MPa 的 CYYB-110 型压力变送器。该变送器内部的后继电路已经对输出信号进行了放大、温度补偿及非线性修正等处理,输出 5V 的标准信号,采用 ±12V 电压的标准电源供电。变送器的接口为 M20×1.5 压力表标准接口,其体积小,防水,抗震,精度高,使用方便。安装在地表泵出水管上的压力变送器及泵压测试系统如图 7-5 所示。

图 7-5 安装在地表泵出水管上的压力变送器及泵压测试系统

泵压测试系统的线路连接如图 7-6 所示。系统数据采集界面(包括冲锤位移)如图 7-7 所示。从压力变送器出来的总共有 4 根线,两根为电源线,一根为零线,另一根为信号输出线,零线和信号输出线通过接线板与插在电脑主机扩展槽中的 A/D 采集卡连接,实现 A/D 转换和数据采集,采样频率为 1 000Hz。采集的数据保存在电脑主机中,经程序处理后在显示器上显示结果(数据或者图表)。

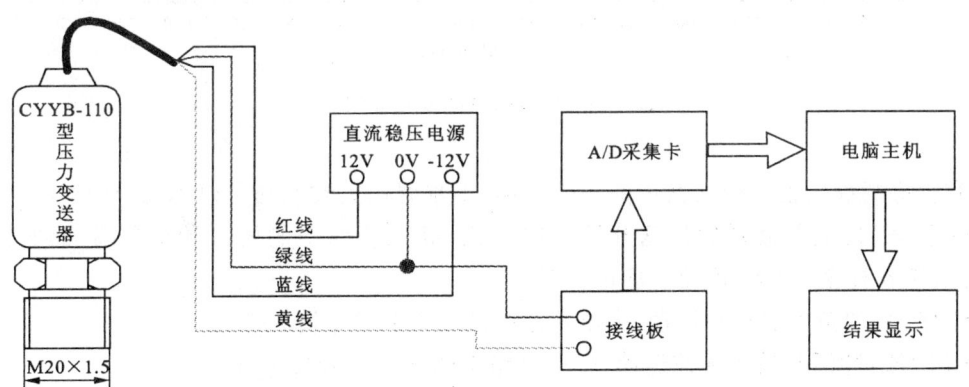

图 7-6 泵压测试系统线路连接图

根据试验中实测的数据绘制的泵压随时间变化的曲线如图 7-8 所示。

从图 7-8 可以看出,泵压与时间的 $P-t$ 曲线上每个周期的图形形状很接近,说明测得的

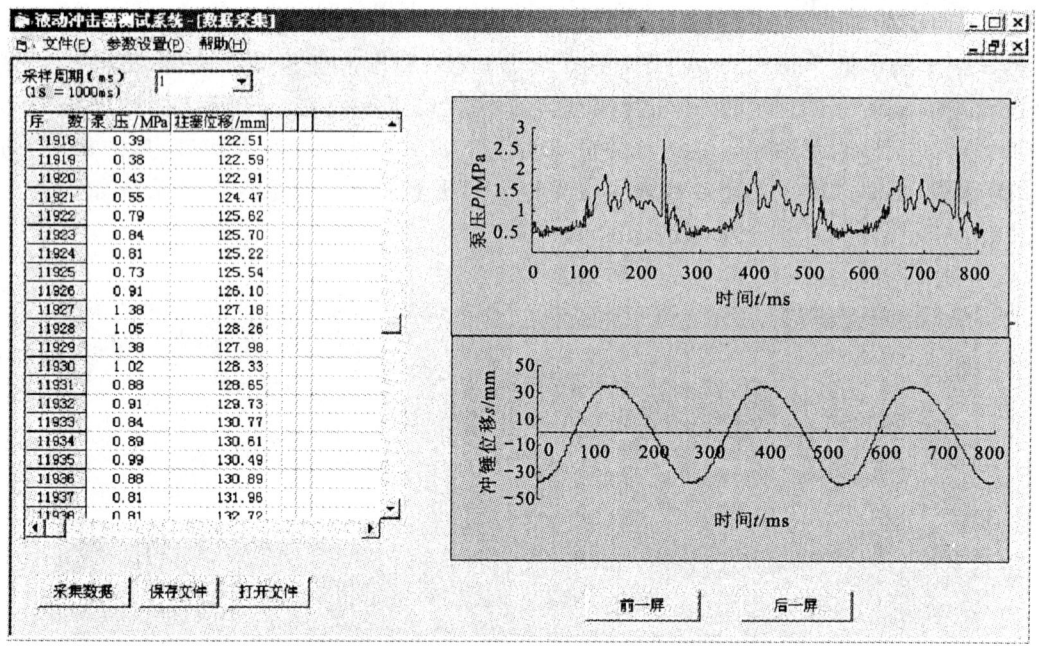

图7-7 节水型液动冲击器测试系统数据采集界面

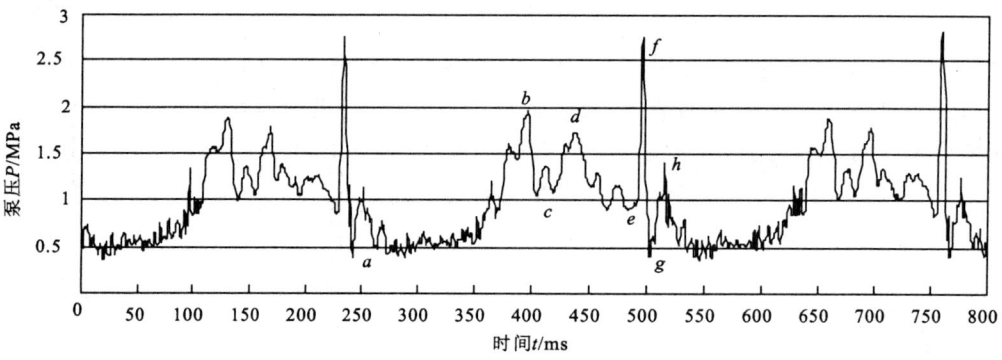

图7-8 泵压随时间变化曲线图

数据具有较好的稳定性。分析其中的一个周期,不难看出大致经历了以下几个阶段。

$a \rightarrow b$ 阶段:地表单缸泵的柱塞开始正向行程,高压管路中的压力逐步升高,此时传动柱塞、连杆及工作柱塞(冲锤)仍处于静止状态;

$b \rightarrow c$ 阶段:冲锤由静止到运动,高压管路中的压力忽然下降;

$c \rightarrow d$ 阶段:冲锤开始作加速运动,高压管路中的压力又开始上升;

$d \rightarrow e$ 阶段:冲锤达到一定速度后,高压管路中的压力开始下降,同时,在柱塞弹簧反力的作用下,冲锤开始作减速运动;

$e \rightarrow f$ 阶段:冲锤撞击铁砧后停止运动,在水击的作用下,高压管路中的压力急增;

$f \rightarrow g$ 阶段:地表单缸泵的柱塞开始反向行程,高压管路中的压力急剧降低;

$g \rightarrow h$ 阶段:高压管路中的压力降低至一定值后,脉动式双向阀的反向球阀忽然关闭,在水击的作用下,高压管路的压力再次上升。

三、冲锤位移的测试

测试冲锤位移选用的是 AHWY2-200D 直流位移变送器。其工作原理为差动变压器原理,采用+12V 的直流稳压电源供电。该变送器精度高、移动平滑,变送部分与传感器一体化,直接输出标准信号,使用方便。

冲锤位移测试的实物图如图 7-9 所示。为了测试冲锤的位移,把冲击器冲锤以下的部分卸掉,露出冲锤,用两个铁环把位移变送器固定在冲击器的外管上,使其轴线与冲击器的轴线平行,再通过一根连杆把变送器的可动铁心与冲锤连接起来,这样冲锤运动时便带动铁心一起运动。而变送器的外管固定在冲击器的外管上,即使测试过程中冲击器发生振动,变送器的外管也会跟着一起振动,仍可精确测出冲锤的位移。

图 7-9　冲锤位移测试实物图

冲锤位移测试系统线路连接如图 7-10 所示。从位移变送器出来的总共有 3 根线,零线和信号输出线通过接线板与插在电脑主机扩展槽中的 A/D 采集卡连接,实现 A/D 转换和数据的采集,采样频率为 1 000Hz,采集的数据保存在电脑主机中,经程序处理后在显示器上显示结果。

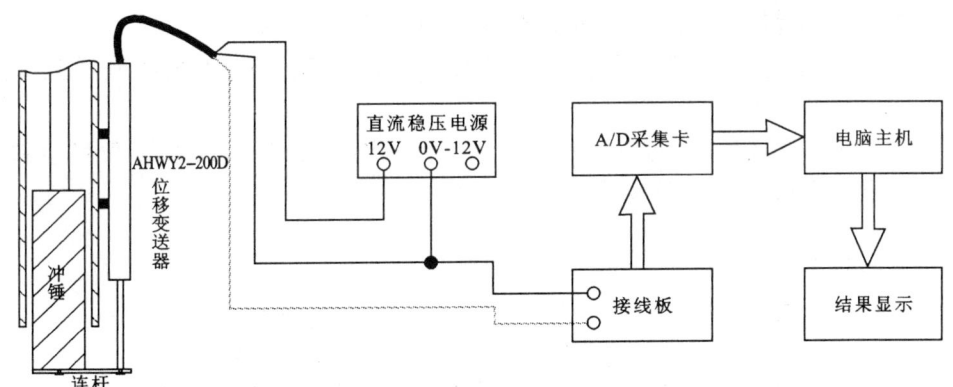

图 7-10　冲锤位移测试系统线路连接图

根据实测的数据绘制的冲锤位移随时间变化的曲线如图 7-11 所示。

四、冲击频率及冲锤的速度曲线

节水型液动冲击器的冲击频率可根据实测的泵压曲线或实测的冲锤位移曲线来计算,单

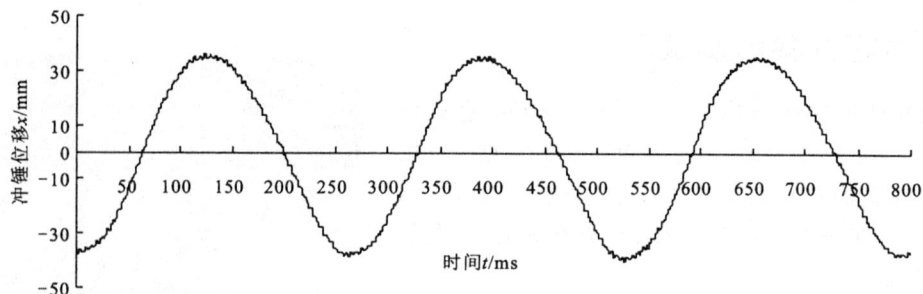

图7-11 位移随时间变化的曲线图

位时间内的周期数即为冲击器的冲击频率。由实测的冲锤位移数据可知,冲锤一个周期所经历的时间为265ms,即

$$T = 265\text{ms} \tag{7-2}$$

代入周期与频率的关系: $f = \dfrac{1}{T} = \dfrac{60 \times 1\,000}{260} = 231(\text{r/min}) \tag{7-3}$

可见,根据实测的位移曲线计算出的节水型液动冲击器的冲击频率与理论上设计的冲击频率很接近。而且从上面的分析已经得出结论,对于中软—中硬岩层的回转-冲击钻进而言,这种比较小的冲击频率也有助于提高钻进效率。

位移对时间求导便可得到速度,其几何意义为:位移曲线上任一点处的切线的斜率即为该点的速度。因此,根据测得的冲锤位移数据,利用下式可求出对应的速度值

$$v_i = \dfrac{x_i - x_{i-1}}{\Delta t} \tag{7-4}$$

式中: v_i ——冲锤位于 x_i 处时的速度值,mm/ms;

x_i、x_{i-1} ——测试系统采集的相邻两个位移数据点的值,mm;

Δt ——测试系统采集相邻两个位移数据点之间的时间间隔,系统的采样频率为 $f = 1\,000\text{Hz}$,即 $\Delta t = 1\text{ms}$。

把根据式(7-4)算出的 v_i,每五个相邻点取一个平均值得到 $\bar{v}_i$,根据 $\bar{v}_i$ 便可绘制出冲锤速度随时间变化的曲线,如图7-12所示。

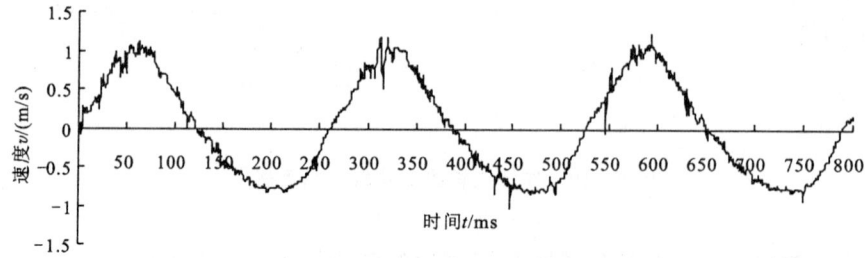

图7-12 冲锤速度随时间变化的曲线图

由图7-12的冲锤速度曲线可以看出,冲锤最大的速度为1.2m/s左右,冲锤速度曲线不

是很平滑,但还是可以看出其大致的运动规律,在平衡位置上下往复运动。试验研究的结果表明,我们设计的节水型液动冲击器可在节水的基础上实现孔内的液动回转-冲击钻进。

五、借助位移曲线的傅里叶级数表达式求单次冲击功

节水型液动冲击器冲锤的运动规律是:从上死点运动至下死点,又从下死点回复至上死点的往复运动。其位移曲线是一个连续的、以 2π 为周期的运动过程。以时间为横坐标的位移曲线实际上是一个复杂的简谐振动,也就是正弦和余弦曲线。这种曲线完全满足收敛定理——迪里赫勒的条件,因此,冲锤的运动可用三角级数近似表达,即

$$x = f(t) = A_0 + \sum_{k=1}^{\infty} A_k \cos(k\omega t) + \sum_{k=1}^{\infty} B_k \sin(k\omega t) \qquad (7-5)$$

此三角级数即为傅里叶级数。级数中的系数 A_0、A_k 及 B_k 即为傅里叶系数,可表示为

$$A_0 = \frac{1}{2\pi} \int_0^{2\pi} f(t) \mathrm{d}(\omega t) \qquad (7-6)$$

$$A_k = \frac{1}{\pi} \int_0^{2\pi} f(t) \cos(k\omega t) \mathrm{d}(\omega t) \qquad (7-7)$$

$$B_k = \frac{1}{\pi} \int_0^{2\pi} f(t) \sin(k\omega t) \mathrm{d}(\omega t) \qquad (7-8)$$

由高等数学知识可知,傅里叶级数收敛很快,当 k 取 4 时就可以得到相当精确的数值。取 $k=4$,则式(7-5)可改写为

$$\begin{aligned} x = f(t) &\approx A_0 + \sum_{k=1}^{4} A_k \cos(k\omega t) + \sum_{k=1}^{4} B_k \sin(k\omega t) \\ &\approx A_0 + A_1 \cos(\omega t) + B_1 \sin(\omega t) + A_2 \cos(2\omega t) + B_2 \sin(2\omega t) \\ &+ A_3 \cos(3\omega t) + B_3 \sin(3\omega t) + A_4 \cos(4\omega t) + B_4 \sin(4\omega t) \end{aligned} \qquad (7-9)$$

式中:ω——冲锤位移曲线的角频率,rad/s;

t——时间,s。

取上述测得的冲锤位移曲线的一个周期 2π,将其分成 24 等分,并在时间坐标上依次标出序号 $0,1,2,3,\cdots,24$,如图 7-13 所示。

此时各等分点之间的宽度为

$$\Delta(\omega t) = \frac{2\pi}{24} = 15° \qquad (7-10)$$

则任一点 i 的横坐标为

$$(\omega t)_i = i\Delta(\omega t) = i \times 15° \qquad (7-11)$$

相应于各等分点的纵坐标,即冲锤的位移值 $x_i = f_i(t)$ 由曲线可以得出。

故积分式 $\int_0^{2\pi} f(t) \mathrm{d}(\omega t)$ 就是图 7-13 中位移曲线与横坐标 ωt 所围成的面积,它近似等于各个等分点处矩形微面积的总和。

图 7-13 中第 i 点的微面积为

$$f_i(t) \cdot \Delta(\omega t) = f_i(t) \cdot \frac{2\pi}{24} \qquad (7-12)$$

因此,

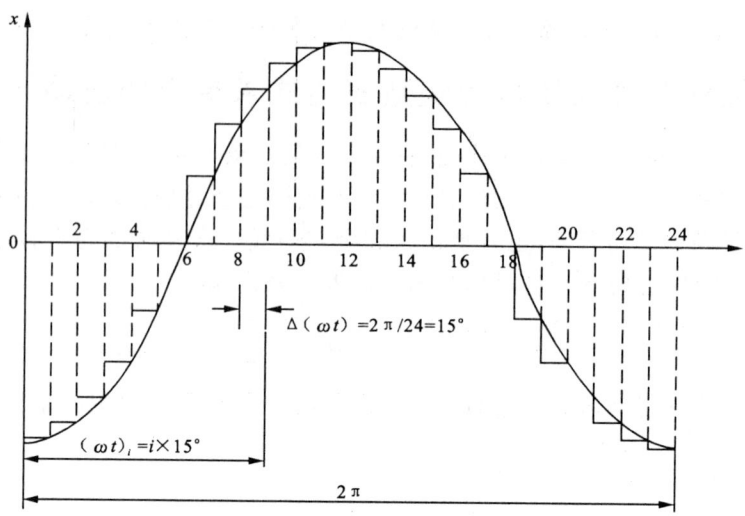

图 7-13 冲锤位移曲线等分图

$$A_0 = \frac{1}{2\pi}\int_0^{2\pi} f(t)\mathrm{d}(\omega t) \approx \frac{1}{2\pi}\sum_{i=1}^{24} f_i(t) \cdot \Delta(\omega t) \tag{7-13}$$

把 $\Delta(\omega t) = \frac{2\pi}{24}$ 代入上式后,得

$$A_0 = \frac{1}{2\pi}\sum_{i=1}^{24} f_i(t) \cdot \frac{2\pi}{24} = \frac{1}{24}\sum_{i=1}^{24} f_i(t) \tag{7-14}$$

上式实际表示的是将各等分点处的位移值 $f_i(t)$ 全部相加后除以 24(等分的份数)即为系数 A_0,同理可得其他两个系数:

$$\begin{aligned} A_k &= \frac{1}{\pi}\int_0^{2\pi} f(t)\cos(k\omega t)\mathrm{d}(\omega t) \\ &\approx \frac{1}{\pi}\sum_{i=1}^{24} f_i(t)\cos k(\omega t)i \cdot \Delta(\omega t) \\ &\approx \frac{1}{12}\sum_{i=1}^{24} f_i(t)\cos(ki \times 15°) \end{aligned} \tag{7-15}$$

$$B_k \approx \frac{1}{12}\sum_{i=1}^{24} f_i(t)\sin(ki \times 15°) \tag{7-16}$$

位移曲线的角频率 ω 为

$$\omega = \frac{2\pi}{T}, \quad \mathrm{rad/s} \tag{7-17}$$

式中:T——曲线的周期。

因此,根据实测冲锤位移曲线的周期 T 便可算出角频率 ω 的值。同时将 A_0、A_k、B_k($k=1,2,3,4$)各值代入(7-5)式,即为冲锤位移曲线的傅里叶级数表达式。

冲锤位移曲线方程式对时间进行一次求导便可得到冲锤运动速度曲线的方程式

$$v = \frac{\mathrm{d}}{\mathrm{d}t}f(t) \approx \sum_{k=1}^{4}(-A_k k\omega)\sin k(\omega t) + \sum_{k=1}^{4}(B_k k\omega)\cos k(\omega t) \tag{7-18}$$

把 $(\omega t)_i = i \cdot \Delta(\omega t) = i \times 15°$ 代入上式后，便可得到各等分点处的速度

$$v_i = \sum_{k=1}^{4}(-A_k k\omega)\sin(ki \times 15°) + \sum_{k=1}^{4}(B_k k\omega)\cos(ki \times 15°) \quad (7-19)$$

由实际测出的冲锤位移曲线中找出冲锤在打击铁砧时的 i 值，代入上式便可算出冲锤撞击铁砧时的末速度近似值 v。

把上述算出的冲锤撞击铁砧时的末速度近似值 v 代入式(7-1)便可算出冲锤撞击铁砧的单次冲击功。如果以冲锤质量 $m=10$kg，冲击末速度 $v=1.2$m/s 代入，则可估算得节水型液动冲击器所产生的冲击功约为 7.20J。这比表 7-1 中的国产传统正作用液动冲击器的额定单次冲击功下限 5.88J 还要高一些。所以，节水型液动冲击器的冲击功对于中软—中硬岩层的回转-冲击钻进而言应该是够用了。

六、节水型液动冲击器初步试验效果

目前生产实践中大量采用的传统液动冲击器必须消耗大量的地表水，几乎不可能用于钻孔严重漏失、供水困难或缺水的条件下。而节水型液动冲击器的结构决定了它基本不消耗或很少消耗地表水。因为这部分水处于密闭的管线中，它不与钻孔的外环状空间接触，不参与孔底的冲洗循环，而只是作为传递压力脉冲的载体。

在使用节水型液动冲击器进行回转-冲击钻进的条件下，进行孔内钻柱组合时必须注意尽量把节水型液动冲击器往下部安装，即在能保证孔内局部循环的前提下尽量让它接近岩心管。因为，节水型液动冲击器的冲击功和冲击频率偏小，如果再经过长距离的钻杆柱传递衰减，将不利于发挥其冲击作用。

该节水型液动冲击器曾在某煤田勘探队的一个漏水钻孔中进行钻进试验。所用改型往复式潜水泵样机的外径为 89mm，传动柱塞直径 40mm，工作柱塞 63mm。与未使用节水型液动冲击器的普通钻进方法相比，平均机械钻速提高 29%，其中石灰岩提高 26%，泥岩提高 110%（参见图 7-14）。

另外，为驱动液动冲击器而消耗的冲洗液量为 12L/m（主要由于钻杆接头处漏失和回次之间加接钻杆时的冲洗液损耗），而采用普通钻进方法时消耗的冲洗液达 960L/m（参见图 7-15）。

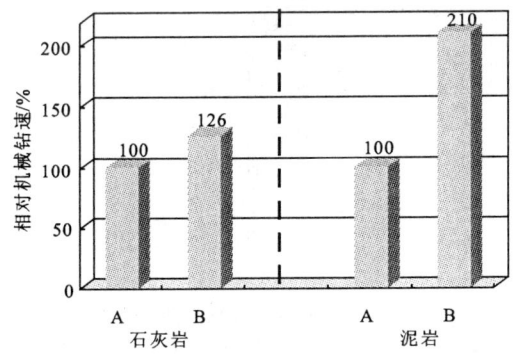

图 7-14 两种钻进方法的相对
机械钻速直方图
A—传统回转钻进；B—节水型回转-冲击钻进

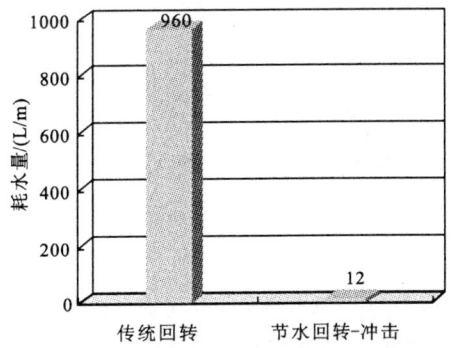

图 7-15 两种钻进方法每米进
尺耗水量对比直方图

可见用改进型往复式潜水泵在漏水钻孔中实现孔底回转-冲击钻进的效果非常显著。该技术为在干旱缺水地区和孔内漏失钻孔中提供了一种既可节水又可实现回转-冲击钻进的好方法,其前景看好。

第三节　潜水提水泵

一、问题的提出

钻探现场离不开水,因为水是钻进循环的基本介质。即使在空气钻进的条件下,虽然不用消耗大量的水来配制泥浆,但其他工作还是需要用水。在干旱缺水的地区,如果钻孔钻到了地下水位,则可以采取一些办法由钻孔中取水供钻场使用。常用的方法有三种。

（1）用地表离心泵从孔内抽水,如图7-16所示;

（2）用往复式潜水泵从孔内抽水,如图7-17所示;

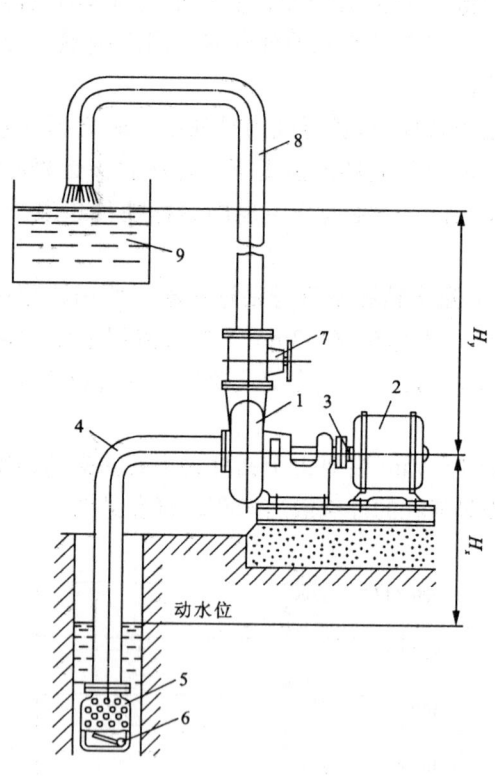
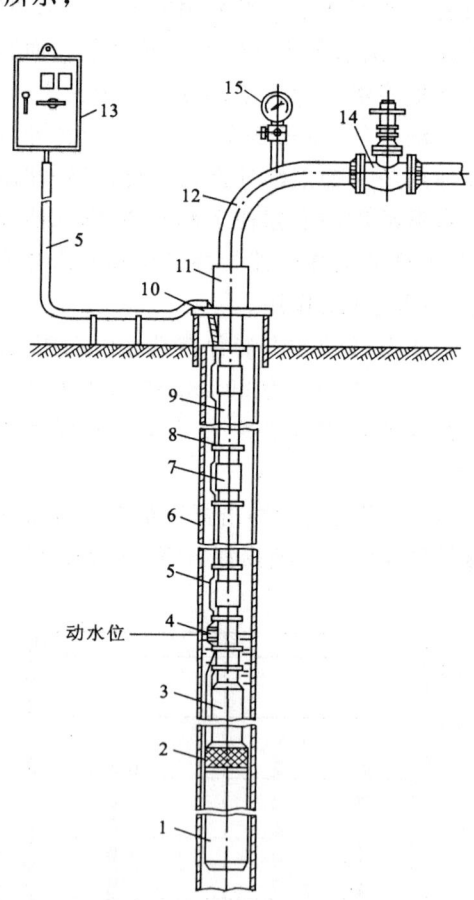

图7-16　离心泵从钻孔中抽水示意图
1—离心泵;2—电动机;3—联轴节;4—吸入管;
5—莲蓬头;6—活门;7—阀门;8—承压管;
9—水槽;H_x—水泵吸水高度;H_y—水泵的扬程

图7-17　往复式潜水泵抽水示意图
1—电动机;2—滤网;3—往复式潜水泵;4—水密接头;
5—电缆;6—钻孔套管;7—水管短节;8—电缆卡箍;
9—输水管;10—承板;11—专用管接头;12—带法兰盘的弯管;13—电控板;14—阀门;15—压力表

(3) 用压风机从孔内抽水,如图 7-18 所示。

上述前两种办法都是用水泵抽水,其中,第一种办法只适用于在地下水位不深(不大于 6~8m)、钻孔口径较大的情况下。第二种办法可用于地下水位较深、钻孔口径较大的情况下,但往复式潜水泵及其管路安装复杂,如果孔内地下水含砂量过大易造成往复式潜水泵过早损坏。第三种办法不用水泵抽水,而是根据气水混合物比重轻,将在管内自动上升的原理,借助压缩空气来实现抽水,可用于较小口径的钻孔,但先决条件是现场必须有压风机及两套管路(风管和水管)。这两套管路可以平行排列(图 7-18),也可呈同心圆的方式安装。此外,该方法还常用于水井出水量与稳定动水位的测量。

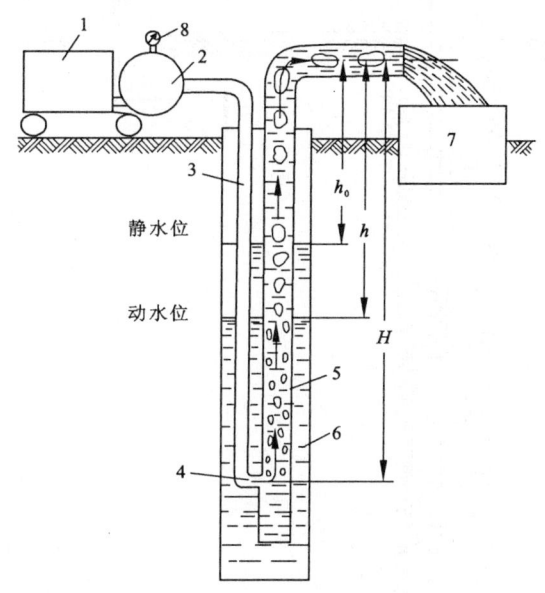

图 7-18 空气升液器抽水示意图

1—空压机;2—风包;3—送风管;4—气水混合器;5—升液管;6—钻孔中的地层水;7—水箱;8—压力表

在实行节水钻探的缺水地区,我们既然有了孔内局部循环的往复式潜水泵,就完全可以进一步创新,把它改造成一机多用的设备。即在正常钻进时,用于孔内局部循环节水钻探,基本不消耗地表水;在停止钻进作业的空隙时间里,用于从孔内提水,为钻场提供补充水源。这样可用同一套设备既钻进,又抽水,而不必增加离心泵、往复式潜水泵、压风机等设备及其管路(后者需要风管和水管两套管路)。

下面介绍节水钻具的衍生产品——潜水提水泵。

二、由节水钻具改型的潜水提水泵

节水钻具衍生产品——潜水提水泵如图 7-19 所示。

改造时,只要把原节水钻探往复式潜水泵的下接头卸掉,把吸水阀和排水阀反向安装,并在两个阀之间的外壳上增设与孔壁直径配合的密封环 4,以便把吸水区和排水区分隔开。这样把改造好的潜水提水泵下入钻孔中,让吸水阀 1 及密封环 4 浸在地下水位中(应位于钻孔漏失层位以下),便可以当作潜水提水泵用。

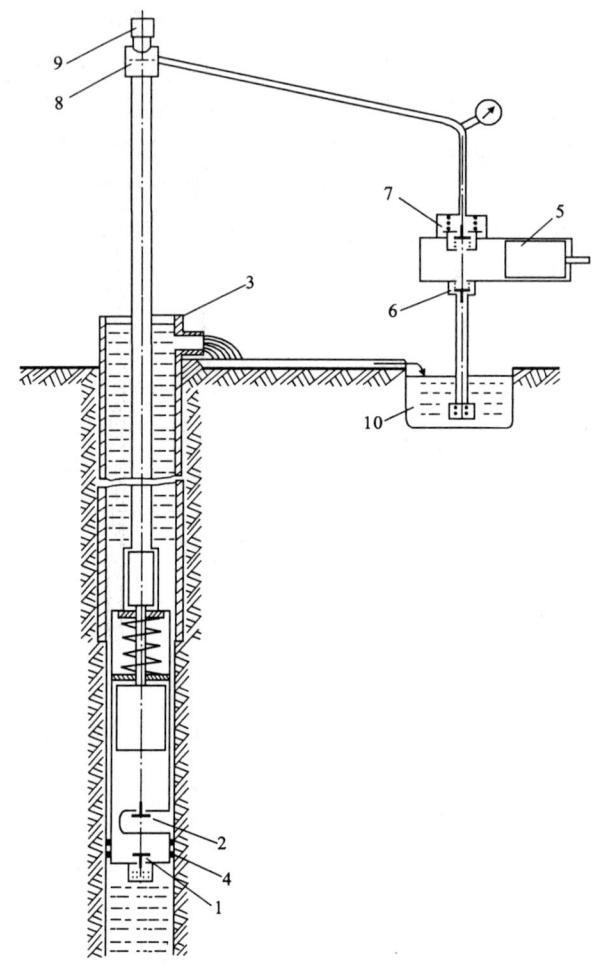

图 7-19 节水钻具衍生产品——潜水提水泵

1、6—吸水阀;2—排水阀;3—井口管;4—密封环;5—地表往复泵;7—脉动式双向阀;
8—水龙头;9—排气阀;10—泥浆池

按照图 7-19 所示连接好钻具后,开动地表往复泵 5。正如第四章第三节(孔内局部循环节水钻探的工作原理)所述,在高压胶管充满水之后,当地表泵 5 的活塞反向行程时,往复式潜水泵的工作柱塞也将向上移动,这时经吸水阀 1 把孔内地层水吸入到往复式潜水泵的腔体中;当地表往复泵 5 的活塞正向行程时,往复式潜水泵的工作柱塞也将产生向下的工作行程,这时往复式潜水泵腔体中的水由排水阀 2 排出,经往复式潜水泵和井口管 3 之间的间隙向上流动(因为其下部是密封环 4),最终流出井口管,并流向泥浆池 10。因为地表泵 5 压出的水仅为潜水提水泵提供压力脉冲,而不参加孔内循环,所以除了部分钻杆接头处可能漏水外,整个提水过程是不消耗地表水的。于是在没有增添任何设备、基本不消耗地表水的前提下,"就地取材"地完成了从孔内向地表泥浆池抽水的任务。

为了方便使用,可以把往复式潜水泵的吸水阀和排水阀做成阀体模块,只要在现场更换阀体模块,就可把节水钻探往复式潜水泵改造成潜水提水泵,实现抽取地层水的目的。

我们曾经把节水钻具衍生产品——改型潜水扬水泵用于生产试验。当时,孔内地层水的静止水位为孔深11m处,把改型潜水扬水泵下至孔深22m处向地表泥浆池供水,其水量达72~90L/min,基本满足了缺水地区及时补充泥浆池供水的需要。

第四节 孔内打入式取样器

一、问题的提出

钻探取样是建筑业工程勘察中的基本工作内容。钻探取样费用在整个勘察施工总成本中所占比例高达30%左右。工程地质钻探的主要任务之一是在岩土层中采取岩心或原状土试样。采取结构不被破坏的土样(原状土样)必须借助专用工具——取土器。

目前工程勘察实践中把取土器沉入土体的常用方法有:打入法(多次冲击或单次冲击)、压入法、振动法和扩孔钻入法等。采取高度不小于直径和不大于两倍直径的原状土样(除粗粒碎屑地层外),所用取土器的内径应该不小于94mm。取土器的管鞋内径应该比取土器壳体内径或土样容纳管内径小1~3mm。

一般在较硬与坚硬的土层中取样必须采用打入法。它包括孔外打入法和孔内打入法两种。孔外打入法(图7-20)是在地表用吊锤打击钻杆上的打箍,将取土器击入地层中。如果钻孔有一定深度,地表吊锤的打击能通过钻杆传递至孔底取样器管鞋时,已经吸收与衰减了许多。孔内打入法(图7-21)是在孔内放入带穿心管的取土器,用钢丝绳把套在穿心管上的重锤吊起一定高度,突然放下,用重锤打击取土器顶部的圆柱形定向器,单次或重复多次,将取土器击入地层中取不扰动或轻微扰动的原状土样。孔内打入法所用钻具结构简单,操作方便,取土效率高,土样扰动小,故一般工程勘察施工中采用该法。当钻孔较深时,为了保证取土器能保持基本垂直的方向,并保证起拔工序顺利,一般要在取土器上端安装两个以上圆柱形定向器。

由孔内打入法的动作机理,我们不难想到:节水钻探往复式潜水泵内固有的工作柱塞就是一个很好的孔内打入法"重锤",而且它的打击频率受地表往复泵的控制,重锤的打击动作可以自动完成,不必人工手动操作,从而更可靠。另外,如果勘探队在干旱缺水地区施工,必然自带节水钻探往复式潜水泵,只要对它加以改造并与取土器相连,就可以作为孔内打入式取土器完成作业。不必购买或运输专用的孔内打入机具,从而降低了成本,提高了取土效果与质量。

下面介绍节水钻具的衍生产品——孔内打入式取样器。

二、由节水钻具改型孔内打入式取样器

在可钻性为Ⅰ~Ⅳ级的软、疏松岩层或土层中进行找矿勘探和工程地质勘探时,为了提高土样、软岩的采取率,可把节水钻探往复式潜水泵改型设计成孔内锤击打入式取样器(图7-22),用以实现打入式取原状样品。这套钻具的主要部分包括:岩心管1及装在岩心管上的铰接式活动管壁2、易拆卸的管靴3和铁砧4。

取土样时钻具不回转,往复式潜水泵的工作柱塞5(重锤)每次向下运动时都打击铁砧4,并把冲击能量传递给取土器的管靴3,这样便可在不扰动地层的情况下取得孔内的原状土样,很好地保护了岩层剖面的原状结构。该孔内打入式取样器,曾在可钻性Ⅲ~Ⅳ级的砂质黏土

和黏土中取样的机械钻速达 16~37.5m/h。

当需要取岩心时,卸下管靴,用带钻头的岩心管代替可卸式取土器。这样便可进行回转-冲击钻进,取得较高的机械钻速和较长的回次进尺。

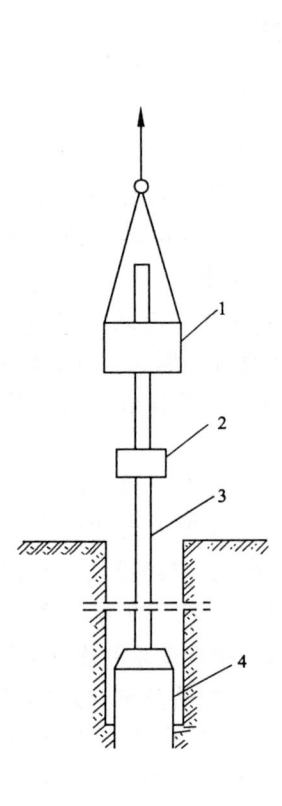

图 7-20 孔外打入法取样
1—吊锤;2—打箍;3—钻杆;
4—取土器

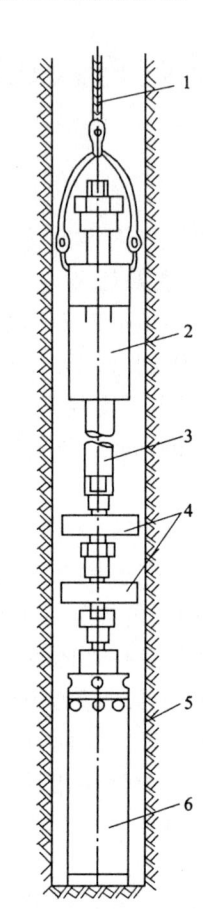

图 7-21 孔内打入法取样
1—钢丝绳;2—重锤;3—穿心杆;
4—圆柱形定向器;5—孔壁;
6—取土器

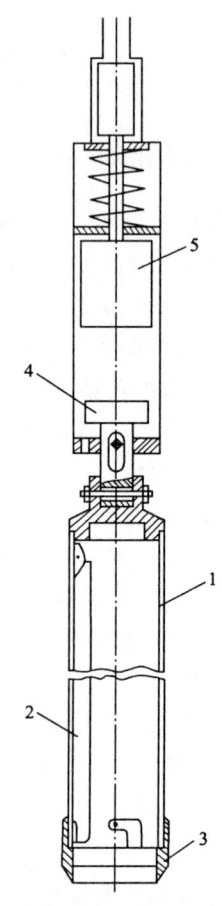

图 7-22 节水钻具衍生产品
——改型孔内打入式取样器
1—岩心管;2—铰接式活动管壁;
3—管靴;4—铁砧;5—工作柱塞

第八章 节水钻探新技术的室内外试验研究

第一节 室内试验研究

一、检测节水钻探往复式潜水泵工作柱塞的伸缩量

保证实现孔内局部循环节水钻探的关键部件是往复式潜水泵。如果往复式潜水泵在孔内工作正常,则整套钻具将正常运转,在实现节水的同时提高钻进效率和岩矿心采取率。反映往复式潜水泵能否在孔内正常工作的重要标志是往复式潜水泵工作柱塞的行程能否达到设计值。为此,在开始使用节水钻具之前,必须检测节水钻探往复式潜水泵工作柱塞的伸缩量。

检测时,首先卸掉往复式潜水泵的吸、排水阀部分,露出其工作柱塞,并用高压胶管把往复式潜水泵与地表单缸柱塞泵连接起来;然后启动地表单缸泵,观察往复式潜水泵工作柱塞的运动规律(图8-1),并测试往复式潜水泵工作柱塞的伸缩量,把它与设计值作比较。如果测试值与设计值很接近,则说明往复式潜水泵工作性能可靠,可以下孔钻进。如果测试值与设计值相差很远,则往复式潜水泵不能下孔,必须仔细分析找出原因。

图 8-1 地表测试往复式潜水泵工作柱塞的伸缩量

二、检测往复式潜水泵的局部循环流量

泵量是钻探操作规程中重要的参数之一。如果泵量过小,将导致岩粉不能及时排出,孔底重复破碎,钻进效率低下,同时会造成孔内事故,甚至是很难处理的恶性烧钻事故。如果泵量

过大,将导致钻头水口处憋水,产生上举力抵消钻压;还会因泵量过大,孔底岩粉量太少,使孕镶金刚石钻头唇面无法自锐——钻速明显下降(即所谓"钻头打滑"),甚至冲蚀孔底软弱破碎地层,同样造成事故。

在第四章第四节的"往复式潜水泵的设计"中,我们曾提到设计的往复式潜水泵理论排量与实际排量是不完全相等的。往复式潜水泵的特殊结构与工作原理又使得它不能像传统钻进工艺一样,通过调节地表泵来控制孔内冲洗液的流量。而节水钻具的孔内实际排量是其一个关键参数,它直接决定着孔内局部循环的强度,若局部循环的实际强度太小,很容易造成干钻、糊钻,甚至卡钻、埋钻的事故。因此,很有必要对往复式潜水泵的排量进行检测。

如图8-2所示。为检测往复式潜水泵的排量,把往复式潜水泵(包括吸、排水阀部分)放入一个大铁桶内,桶内装满水,往复式潜水泵的吸水口必须淹没在水中。用一弯管接在往复式潜水泵排水阀的底部,并通过橡胶管与体积已知的容器相通。往复式潜水泵的上部通过钻杆、水龙头及高压管与地表单缸柱塞泵连接。开启单缸泵使系统工作,则往复式潜水泵不断从大铁桶中吸水,并通过弯管和橡胶管把水排到体积已知的容器中,用秒表记录装满容器所用的时间,便可算出往复式潜水泵的排量。实验室测得的不同口径往复式潜水泵的排量见表8-1。

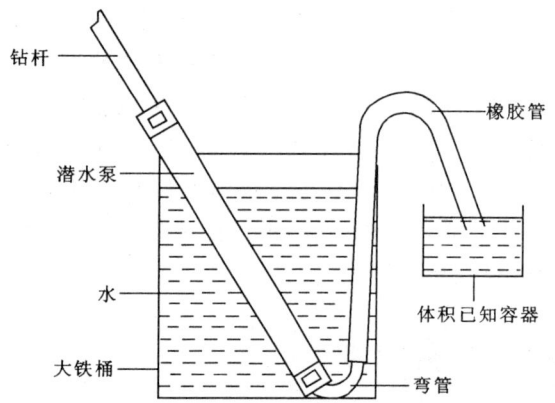

图8-2 往复式潜水泵排量检测的原理与实物图

表8-1 不同口径往复式潜水泵的排量测试结果表

往复式潜水泵的口径	往复式潜水泵的三次测试排量和平均值			
	1	2	3	平均值
Φ108mm 往复式潜水泵	115.4	116.2	114.8	115.5
Φ127mm 往复式潜水泵	125.3	127.5	124.8	125.9
Φ146mm 往复式潜水泵	148.1	147.5	148.6	148.1

当然,地表测得的往复式潜水泵排量与其在孔内实际工作时的排量不可能完全相等,地表测试的排量可能比往复式潜水泵在孔内的实际排量略大一些。因为地表测试时,往复式潜水泵不回转,且吸水口周围的空间很大,而往复式潜水泵在孔内工作时是高速回转的,且吸水口与孔壁之间的环状空间很小,这都会影响其吸水效果。但我们可以通过地表测试的排量乘以

一个经验系数来推算其在孔内的实际排量。

三、孔内实钻试验

1. 概述

试验目的：检验节水钻探系统整体工作性能，考查其节水、提高钻速等各方面的效果。检验设计的电子压力监测报警系统和专用卡心装置的实际应用效果。

试验地点：中国地质大学(武汉)全尺寸钻探实验大厅。

时间：2004年5月和2007年6月至2007年8月。

设备：XY-4钻机、专用单缸柱塞泵、往复式潜水泵、排气阀、钻杆及其他一些附属设备。

钻孔情况：开孔口径为$\Phi 130mm$，钻进14m后变径为$\Phi 110mm$，试验时孔深为50m，地层为较破碎的灰岩。

为了更有说服力，我们采用不同口径，不同切削具的钻头，钻进不同地层，同时记录其机械钻速、消耗地表水的情况，并将节水钻探系统的工作性能与传统钻进工艺相比较。实验情况如图8-3照片所示。

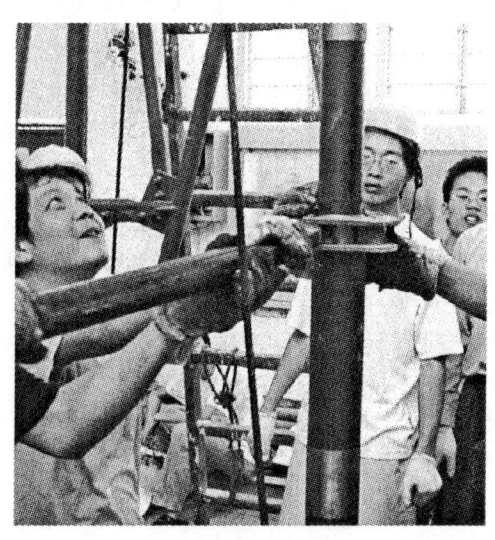 

(a)潜水泵下孔　　　　　　　　　　　(b)取出的岩心

图8-3　在实验大厅进行节水钻探试验的照片

2. 试验结果分析

(1)钻头水口大小的影响。节水钻探过程中，当使用如图8-4所示的小水口钻头时，发现钻杆上下跳动较严重，地表单缸泵压力相对较高，而钻速则有所下降。当采用如图8-5所示的大水口钻头时，钻杆转动平稳，地表单缸泵压力相对较低，钻速明显提高。

分析：由节水钻探的工作原理可知，孔内的局部循环流量是间歇性的，流量由最大变为最小，又由最小变为最大，其平均值与所钻地层所需要的流量相适应，但其瞬时最大流量几乎为所需平均流量的两倍。使用小水口钻头时，钻头水口处会间歇性地憋水，产生较大的上举力，造成钻具上下窜动，产生较大的震动，同时抵消部分钻压，降低钻速；而选用大水口钻头，可以

图 8-4 小水口钻头

图 8-5 大水口钻头

变不利因素为有利因素,改善孔底工况,提高机械钻速。

(2)地层岩性对节水钻探系统的影响。使用节水钻具钻进岩粉较少的中硬、硬岩地层时,钻进效果较理想;而钻进岩粉较多的软岩地层时效果较差,甚至回次后期可能出现岩粉糊钻的迹象。

分析:由于节水钻探是实现孔内局部循环,钻进过程中产生的岩粉不能及时排至地表,而是至回次结束时才由取粉管带至地表。当钻进岩粉较多的软岩地层时,回次产生的岩粉总量可能大于取粉管的容积,回次后期可能有部分岩粉堆积在钻头处,因此会出现岩粉糊钻的迹象。

(3)室内试验表现出的节水与提高钻速的效果。节水钻探与传统钻探工艺的效果对比见表 8-2。由表 8-2 可知,对于漏失钻孔,采用节水钻探可节约地表水 90% 以上,同时提高钻速 10%~15%。

表 8-2 节水与提高钻速的效果

回次	节水钻探		传统工艺		比 较	
	回次耗水/L	机械钻速/(m/h)	回次耗水/L	机械钻速/(m/h)	节水/(%)	钻速提高/(%)
1	250	5.17	4 500	4.49	94.4	15.1
2	300	3.26	4 300	2.88	93.0	13.2
3	300	4.24	4 500	3.77	93.3	12.4
4	320	4.62	4 600	4.07	93.0	13.5
5	350	5.93	4 400	5.19	92.0	14.2
平均	304	4.64	4 460	4.08	93.14	13.68

分析:传统钻探工艺在钻进漏失孔时,地表泵入孔内的冲洗液全部从地层中漏失,孔口完全不返水,耗水量等于地表泵量,因此要消耗大量地表水。而节水钻探工艺地表水不参与全孔循环,不与孔壁接触,仅是传递水力脉冲(驱动往复式潜水泵)的媒介,消耗的地表水量仅等于充满高压管线和孔内钻柱内腔的水量,以及部分钻杆接头的漏失水量。

3. 试验结论

(1)混入高压管线中的空气对节水钻具的工作性能影响很大,使用节水钻探技术时必须安装专用排气装置,及时排出混入高压管线中的空气。

(2)节水钻探新技术适合钻进岩粉产生量较少的中硬—硬地层,钻进时宜采用大水口钻头。如果钻进将产生大量岩粉的中软—中硬地层,应加长孔内取粉管,并坚持携带多功能防事故接头下孔钻进,以防发生岩粉糊钻、埋钻的事故。

(3)节水钻探新技术能节约大量宝贵的地表水,提高钻进效率,在钻进漏失钻孔时,效果更为显著。

第二节 野外实地生产试验(一)

一、试验概况

1. 概述

2004年初,我们委托中国地质装备集团下属的衡阳探矿机械厂按照设计图纸生产加工了两套节水机具。2004年5月至6月,项目组来到广西水文地质工程地质勘察院钻探现场进行节水钻探野外生产试验。期间该技术的合作伙伴——俄罗斯专家叶戈罗夫到现场参与指导。

试验时间:2004年5月24日至2004年5月30日。

试验地点:广西来宾市混凝土搅拌站。

试验钻孔:2K1号水文勘探孔,设计孔深110m,全取心钻进,孔内漏失,静止水位在孔口以下10.6m,钻进过程中全孔不返水。

试验设备:

(1)BW-250泵:该泵为三缸往复泵,此次试验只需单缸(缸径$\Phi 65mm$)工作。为此拆除其余两缸活塞,压住其进出水口球阀,同时取出工作缸出水口处的球阀并加一特殊增压阀(脉动式双向阀),选用冲次为200次/min的挡次进行试验。

(2)柴油机:功率13.23kW,标定转速2 200r/min。

(3)钻机:GY-100型钻机。

(4)钻具:$\Phi 50mm$钻杆,往复式潜水泵($\Phi 89mm$),取粉管,多功能防事故接头,钻头($\Phi 91mm$)等。

2. 试验情况

为安全起见,首先在地表对机具进行测试。

(1)地表检测节水钻探往复式潜水泵工作柱塞的伸缩量。在现场的检测方法与本章第一节介绍的室内试验相同,如图8-6所示。启动现场改造过的单缸往复泵后,逐渐关闭回水阀但不完全关死,观察到往复式潜水泵柱塞开始往复运动;通过调节排气装置,调节回水阀,继续观察10min,表明往复式潜水泵工况正常。

(2)地表测试节水钻探往复式潜水泵的排量。测试方法与本章第一节介绍的室内试验相同,如图8-7所示。往复式潜水泵工作正常后,把与往复式潜水泵相连的软管接到一容积为30L的塑料桶内,测得装满塑料桶所用时间为19s,因此往复式潜水泵的排量为95L/min。对于$\Phi 91mm$的硬质合金钻头或金刚石钻头而言,95L/min的往复式潜水泵出水流量足以满足孔底局部循环的需要。

图 8-6　地表节水钻具检测　　　　图 8-7　地表测试往复式潜水泵出水量

(3)孔内实钻试验。由于即将终孔,一共安排了两个回次的实钻试验。

第一个回次:当时孔深 80.60m,用 Φ91mm 硬质合金钻头钻进。由于所钻地层为Ⅷ～Ⅸ级硅质灰岩,硬质合金钻头与岩性不匹配,结果机械钻速很低(约为 0.37m/h),回次进尺只有 0.13m。钻进过程中,地表泵压力表指针在 0.5～5MPa 之间来回摆动。根据压力表的正常脉动,说明孔底往复式潜水泵工作正常。起钻后,发现硬质合金钻头磨损严重,且有个别齿蹦掉,岩心管中没有岩心,取粉管中却取出大量岩粉(图 8-8)。在Ⅷ～Ⅸ级的硅质灰岩中仅进尺 0.13m,却取出大量岩粉,说明孔内局部循环良好,有足够的冲洗强度,甚至把以前孔底沉淀的岩粉也都冲到取粉管中来了。因此,可以判断第一个回次机械钻速和回次进尺很低的原因不在节水钻具(往复式潜水泵),而是所选钻头类型不合理。

图 8-8　节水钻探试验所用硬质合金钻头和取出的岩粉

第二个回次：当时孔深80.73m，换用Φ91mm金刚石钻头钻进。钻压800～1 000 kg（8 000～10 000N）、转速为200r/min，机械钻速明显提高，1小时20分钟进尺1m，水池水位没下降，整个钻进过程基本没消耗地表水。我们知道，孕镶金刚石钻头破碎硬岩应用高转速，现场为安全起见仅用200r/min的转速钻进，却达到了相对较高的机械钻速，说明该套节水钻具能达到节水钻进的目的，且不降低钻探效率，甚至提高了钻探效率。

二、试验总结与建议

1. 优点

（1）该节水钻探新技术以地表水作为动力媒介，利用地层水作为冲洗液形成孔底局部循环进行钻进，钻进过程基本不消耗地表水或消耗很少量的地表水，达到了节水钻探的目的。

（2）设备简单，以传统"三大件"和钻头为基础，在不需增加大设备的前提下便可达到既大量节水又不影响机械钻速的目的，是一种经济、高效、环保的钻进方法。

（3）脉动式双向阀形成的水锤作用在往复式潜水泵的柱塞上，这种脉冲力部分通过钻具传到钻头上，有利于破碎岩石，提高钻进效率，同时水力脉冲使得环状间隙中冲洗液的上升速度快慢交替，有利于岩粉落入取粉管。

2. 缺点

（1）钻杆内通道被往复式潜水泵的柱塞隔断，因此取心时不能从钻杆内腔投入卡料，只能用卡簧或其他特殊方法卡断岩心。

（2）钻进过程中只有孔底局部循环，岩粉不能被冲洗液带到地表，只能完全靠取粉管取出，而取粉管的体积是有限的，这样就限制了一个回次的最大进尺量。

（3）安装在水龙头上方的排气阀操作不合理，有时甚至需爬到塔架上调节。为了防止空气进入和尽量减少地表水的消耗，对钻杆接头的密封性比传统钻进方法要求更高。

3. 改进意见与建议

（1）该节水钻探新技术所要求的地表泵为单缸泵，而国内目前还没有符合要求的单缸泵。试验中使用的BW-250三缸泵不仅笨重，而且使用时要拆换缸套，很不方便。建议研制开发与之配套的小型单缸泵。

（2）由于不能直接从钻杆内腔投入卡料，而使用普通卡簧又要经常计算尺寸的匹配，比较麻烦。需要研究一种与之配套的新型专用取心方法使该技术更为完善。

（3）从机械方面考虑，应该对机具在设计上存在的不合理因素进行改进，以提高其整体性能。例如，传动柱塞下的线性弹簧刚度很大，装配较困难，能否改成可调碟形弹簧；还没有定位的零件应加上齐缝螺钉使之定位等。

第三节　野外实地生产试验（二）

一、概述

2006年11月1日至12月7日，项目组在黄河水利委员会设计院下属地质勘探总队所实施的山西吉县黄河古贤水利工程现场进行了两次野外生产试验。其中第一个孔的试验后期，该项目的合作伙伴——俄罗斯专家叶戈罗夫曾到现场指导。

现场钻孔目的是对古贤坝址进行勘探。古贤坝址位于黄河壶口上游4km处的古贤村附近。该地区的钻孔浅部漏水,中深部有水,所遇地层为可钻性Ⅴ级左右的紫红色粉砂质黏土岩与灰色钙质砂岩交替互层。由于属于南水北调工程的坝址勘探孔,钻孔设计要求不能使用泥浆,不允许对地层进行堵漏,所以全孔顶漏钻进,孔口完全不返水。项目组携带了专门为节水钻探设计的地表单缸柱塞泵、两套改进设计,并重新加工的Φ89mm节水钻具,对现场ZK225和ZK228两个钻孔进行了实钻试验。

二、ZK225号孔的实钻试验

试验时间:2006年11月1日至2006年11月15日。

试验地点:山西吉县文城乡古贤村。

试验设备:XY-2型钻机,柴油发电机,单缸柱塞泵,Φ89mm节水钻具,Φ50mm钻杆,Φ91mm钻头及其他附属机具等。

1. 钻孔概况

该钻孔位于山顶,相对海拔较高,地表严重干旱缺水。在山下建有泵站,从山沟里抽水通过几百米长的输水管线给机台供水。

钻孔设计孔深为300m,孔口至49m处为Φ108mm套管,孔深49m以下均为Φ91.5mm的裸孔,地下水位稳定地在孔深100m左右,该处为漏失地层。现场采用传统方法钻进时,地表双缸泵以75L/min的泵量向孔内供水,但孔口完全不返水,地表水全部漏失,因水源不足,供水困难,经常出现停工等水现象。

2. 地表试验

与前述节水钻具的地表试验步骤相同。首先在地表观察地表泵、节水钻具往复式潜水泵的工作柱塞是否工作正常,测量工作柱塞的冲程,看其是否达到设计要求。若达到设计要求,且工作正常后,接上吸、排水阀,从节水钻具下部接上弯管和橡胶管,把节水钻具放入水池中,让吸水口浸入水面以下,测量节水钻具往复式潜水泵的排量(图8-9)。地表试验时,压力表指针在0~1.8MPa之间摆动,测得往复式潜水泵的出水流量为79L/min,与设计值基本吻合。

图8-9 节水钻具的检查及地表试验

3. 孔内试验

把节水钻具串接在钻杆柱中下入孔内,当时钻孔深度 188m,地下水位 100m。根据往复式潜水泵传动柱塞上部管柱内的静水压力与工作柱塞下端外环状空间静水压力基本平衡的原则,估算出节水钻具在钻杆柱中的合理位置为浸入地层水 32m。通过高压胶管把主动钻杆水龙头与项目组带去的专用地表单缸柱塞泵连接,把水龙头顶端的丝堵换成专用排气装置。

(1)第一个回次的试验情况。一切准备就绪后,采用现场使用的 Φ91mm 复合片钻头、Φ91.5mm 扩孔器及双管钻具进行钻进。为了避免卡堵,在钻头离孔底一定距离时开始冲孔 3~4min,冲干净孔底的岩粉后,钻头低转速慢慢下到孔底后开始钻进。此时专用地表单缸柱塞泵的泵压增大,柱塞泵的安全阀压盖调至下死点时,安全阀仍关不死,回水阀的回水量很大。显然,回水量过大孔内节水钻具的工作柱塞行程达不到要求,而当压盖从下死点调至上死点或者从上死点调至下死点的过程中,在某个位置安全阀偶尔能关死(并不是每个调节过程都能关死),关死前几秒钟内能够听见阀体上下剧烈窜动的撞击声。同时,地表单缸柱塞泵的电动机负荷增大,电动机几乎憋停。由于出现上述不正常工况,为安全起见,立即起钻并分析查找出现问题的原因。

柱塞泵的安全阀如图 8-10 所示。安全阀关不死的原因是弹簧 4 的压力不足,拆开安全阀后发现少安装了预压垫片 2,同时阀体与阀座的公母锥面之间配合不严密。在上下死点间调节压盖时,安全阀偶尔能关死的原因,可能是阀体在上下剧烈窜动的过程中,忽然楔死使安全阀关闭。电动机几乎憋停的原因,可能是现场的旧柴油发电机出了问题,使驱动地表单缸柱塞泵的电动机功率不足。

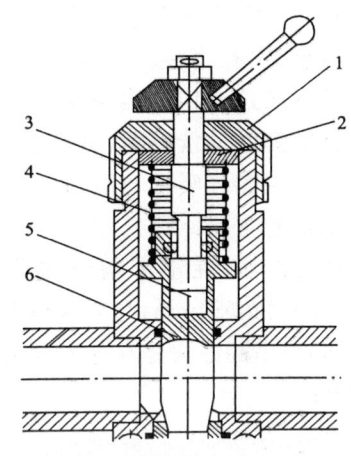

图 8-10 安全阀结构图
1—压盖;2—预压垫片;3—柱杆;4—弹簧;
5—间隙;6—阀体

解决方法:①加工不同厚度的预压垫片,根据需要安装一个或多个,以调节弹簧 4 的预紧压力;②在柱杆 3 与阀体 6 之间的间隙 5 中安装适当厚度的小垫片,如果弹簧 4 的压力仍不足,在必要的时候可以通过手动调节来关闭和开启安全阀;③用砂纸尽量磨光阀套的锥面,使其尽可能配合严密;④换用 40kW 的新发电机为地表单缸柱塞泵的 7.5kW 电动机供电。

(2)后续回次的试验情况。分析解决出现的问题后,再次经过地表调试,节水钻具下孔。钻进时,地表单缸泵的抗震压力表指针在 0.5~3.5MPa 之间来回摆动,地表泵超负荷工作,脉动频率降至 140 次/min 左右,电动机严重发热,钻机表现出的特性基本是孔内干钻,钻杆扭矩急剧增大,甚至憋停钻机的动力柴油机,钻杆隔一段时间反转一次,钻机啪啪响,基本不进尺。提钻观察钻头和岩心,钻头有点发黑,大量岩粉包裹着少量岩心,孔内确实基本是干钻。

此后,节水钻具几次下孔的试验结果都基本相同,进尺极慢或根本不进尺。取出的岩心成小段状,并且周围包裹着一层厚厚的岩粉(图 8-11)。分析孔内干钻的根本原因是节水钻具没有工作,其工作柱塞不运动或者仅有很小的位移,从蓄能、漏水、排气、静压平衡等多个角度分析节水钻具不正常工作的原因,并采取措施排除可能的影响因素,但仍未见成效。

(3)分析节水钻具不工作的真正原因并提出解决办法。在前面从多个角度分析原因并

图 8-11　前面几个回次起钻后出现的岩粉包裹钻头和岩心实物照片

采取措施后,节水钻具仍工作不正常的情况下,我们从孔底水路通道入手分析。注意到水电系统钻具的系列与我们地矿系统略有区别。钻进中使用的水电钻头切削具外径为 $\Phi 91mm$,扩孔器外径为 $\Phi 91.5mm$,而我们的节水钻具有两个接头的最大外径也是 $\Phi 91mm$。也就是说,钻孔直径为 $\Phi 91.5mm$,节水钻具与孔壁之间的最大环状间隙仅为 0.25mm。起初我们只把这个因素当作次要矛盾来考虑,没有采取相应的措施。在尽可能排除其他影响因素仍未奏效的情况下,分析认为,节水钻具与孔壁之间的环状间隙过小使得节水钻具的吸水口不能充分吸水,仅有极少量的水或者没有水从排水阀输送到孔底钻头处,这是引起孔内干钻的主要原因。

解决方法:在不影响节水钻具壳体强度的前提下,上车床加工,使两个接头的外径由 $\Phi 91mm$ 变为 $\Phi 89mm$,与节水钻具的其他接头等径。但现场山高路远,不具备车床加工的条件,我们想出的办法是在这两个外径较大的接头外围用手砂轮机磨几个水槽,增加过水断面(图 8-12)。

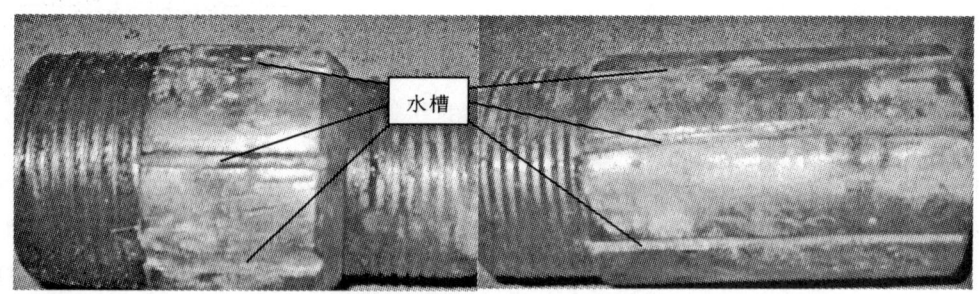

图 8-12　磨出了水槽的接头

除此之外,在节水钻具下孔之前,我们还采取了一些其他措施,例如去掉双管钻具的内管与卡簧,以增加粗径钻具内部过水断面;更换节水钻具的密封圈等。并且在地表重新测试了节水钻具(往复式潜水泵)的排量,为 79L/min,与设计值十分接近。

(4)最后一个回次的试验情况。一切准备就绪后,节水钻具再次下入孔内。此时孔深 276m,地下水位 100m,节水钻具位于地层水面以下 73m 处。冲孔几分钟后,慢放慢扫,钻头到达孔底开始减压钻进,钻压800~1 000kg(8 000~10 000N),转速248r/min,地表单缸泵的机械式压力表指针在0~5.2MPa之间来回摆动,回水阀少量回水,工况较正常。进尺0.7m后提钻,取出的岩心为可钻性V级左右的紫红色粉砂质黏土岩,岩心长度0.7m,岩心采取率100%。

该回次钻进过程中仅消耗地表水450L左右。这些地表水主要用来充满节水钻具上部的钻杆及高压管内腔,孔越浅消耗的地表水越少。而现场采用传统钻进工艺时消耗地表水的速度为75L/min,一个回次纯钻进时间为1h,消耗的地表水为4 500L。可见,节水钻具的节水效果很明显。

由于ZK225号孔马上要终孔,我们的试验就此结束。同时准备在该工区下一个钻孔ZK228号孔继续试验。在设备搬迁期间,我们对单缸泵和节水钻具做了一些修整,主要包括:

1)重新加工了两个外径Φ89mm的节水钻具新接头,更换打磨了水槽的旧接头,从而进一步增加过水断面,预计试验效果会更好一些;

2)用11kW的电动机换掉单缸泵原来配的7.5kW电动机,因为试验过程中7.5kW的电动机经常处于超负荷工作状态,孔越深,这种情况越明显;

3)对单缸泵的端盖进行了修整,加厚端盖,增加密封的数量,变一道密封为两道端面密封,解决单缸泵端盖处的漏水、漏气问题。

三、ZK228号孔的实钻试验

试验时间:2006年11月27日至2006年12月7日。

试验地点:山西吉县文城乡古贤村。

试验设备:XY-2型钻机,柴油发电机,单缸柱塞泵,Φ89mm节水钻具,Φ50mm钻杆,Φ91mm钻头及其他附属机具等。

1. 钻孔概况

该钻孔位于山谷中,相对海拔较低,一天24h见不到太阳。试验时气温很低,几百米长的输水管线经常冻住,停工等水现象更为严重。

该孔的设计孔深为180m,孔口至4.7m处下了Φ110mm的套管,孔深4.7m以下均为Φ91.5mm的裸孔,地下水位稳定在孔深35m左右,该处为漏失地层。现场设计使用传统钻进工艺,顶漏钻进,孔口完全不返水。

2. 孔内试验

与前述程序相同。节水钻具经地表调试正常后开始下孔试验,此时孔深为96m。根据估算,把节水钻具串接在钻杆柱中,浸入地层水18m。使用双管钻具,Φ91mm复合片钻头,Φ91.5mm扩孔器。

钻探参数为:钻压1 000kg(10 000N)左右,转速310r/min,地表单缸柱塞泵的泵量开到最大。钻进过程很正常。该回次进尺2.8m,机械钻速达到5.17m/h,取心长度2.65m,取出的岩心为泥质粉砂岩(可钻性V级左右),岩心非常完整,采取率95%。该回次取出的整块长岩心及从取粉管中敲取岩屑的情况如图8-13所示。

此后几个回次的节水钻探孔内试验,总体比较正常。虽然钻进过程中还存在一些小问题,但采取适当措施后均得以解决。表8-3给出了该孔内节水钻具的试验情况及其与传统工艺的对比资料。该孔内试验总的结果是,节水钻探新技术与传统钻探工艺相比,平均节约地表水

图 8-13 节水钻具取出的整块长岩心(左)及从取粉管中敲取岩屑(右)

93.24%,提高钻速 24.4%。

表 8-3 节水钻探山西野外生产试验效果汇总表

回次序号	传统钻探工艺		节水钻探新技术		节水技术与传统工艺比较	
	回次耗水量/L	机械钻速/(m/h)	回次耗水量/L	机械钻速/(m/h)	节约地表水/%	钻速提高/%
1	4 500	4.15	250	5.17	95.5	24.6
2	4 300	2.68	300	3.26	93.0	21.6
3	4 500	3.46	300	4.24	93.3	22.5
4	4 600	3.75	350	4.62	92.4	23.2
5	4 400	4.55	350	5.93	92.0	30.3
平均	4 460	3.72	310	4.64	93.24	24.4

四、山西试验的总结与建议

(1)山西吉县现场的 ZK225 和 ZK228 号钻孔位于严重干旱缺水,而且地层漏水的地区。水源地远离工地,必须通过几百米管线往钻场送水,供水非常困难。两个孔均为漏失孔,采用传统钻进工艺时,全孔不返水,用清水顶漏钻进,消耗地表水的速度为 75L/min。虽然用尼龙布保护水池,但一池水也只够打一个回次,经常出现停工等水现象。在冬季时,送水管线冻结(图 8-14),则钻进更加困难。采用节水钻探工艺使钻进得以正常进行,每个回次仅消耗地表水 300~400L 左右,一池水可以打十几个回次,不仅节约地表水 93.24%,而且使钻进效率提高了 24.4%,如果再考虑到节约了大量停工等水的时间,则整个钻探台月效率大幅度提高。

(2)节水钻具(往复式潜水泵)在设计过程中应充分

图 8-14 冬季施工送水管线冻结,而采用节水钻探工艺使钻进得以正常进行

考虑其与孔壁之间的间隙大小,若间隙过小,则吸水口不能充分吸水,孔底局部循环建立不起来,将导致孔底干钻。设计时,节水钻具与孔壁之间的间隙应不小于1mm。

(3)现场使用的双管钻具内外管之间的间隙较小,这样很容易把高压管线中的压力憋高,增加地表泵驱动电动机的负荷。建议选择内外管间隙较大的双管钻具,或直接用单管取心钻具。

(4)因为现场所钻岩石较软,采用的是复合片钻头,机械钻速高,产生的岩屑量多,且颗粒粗。每次起钻一定要及时清理取粉管中的岩屑,建议在这种情况下应进一步加长取粉管。

第四节　节水钻探新技术的应用与示范

一、概述

为了充分发挥节水钻探新技术在地质大调查和找矿勘探中的作用,帮助广大钻探技术人员了解和掌握该技术,由中国地质调查局科技外事部主办、中国地质大学(武汉)承办、河南省地矿局第四地质探矿队协办的"节水钻探新技术现场示范与培训班"于2008年5月5日至7日在河南省三门峡市隆重召开(图8-15),来自甘肃、内蒙古、陕西、湖南、河南、广东等地的40多位钻探专家、技术人员齐聚一堂,对节水钻探新技术进行了深入学习、交流和探讨。培训期间还安排了一天时间,让全体学员到河南第四地质探矿队的野外钻场实地观摩,了解节水钻探新技术的机具系统组成、操作工艺和明显的节水效果。这一活动起到了示范推广作用。

图8-15　节水钻探新技术现场示范与培训班会场

二、现场生产应用与示范

试验时间：2008年5月6日。

试验地点：河南省三门峡崤山金矿区。

孔号：ZK30502。

施工单位：河南省地质矿产局第四地质探矿队。

试验设备：XY-4型钻机，柴油发电机，单缸柱塞泵，Φ89mm节水钻具，Φ50mm钻杆，Φ91mm钻头及其他附属机具等。

1. 钻孔概况

该钻孔位于山顶，孔口海拔997m。从山下往山上送水困难，停工等水现象严重。

该孔的设计孔深为535m，孔口至4.0m处下了Φ110mm的套管，以下均为Φ91mm的裸孔，地下水位稳定在孔深28m左右。

2. 孔内实钻演示

与前述程序相同。节水钻具经地表调试正常后开始下孔试验，此时孔深为38.3m。根据估算，把节水钻具串接在钻杆柱中，浸入地层水中离孔底12m。使用单管钻具，Φ93mm复合片钻头阶梯齿大水口电镀金刚石钻头钻进。

实钻演示现场如图8-16所示。其主要目的是考查节水钻探新技术钻进过程中的几个主要指标：节水效果、提高钻速的效果和保证岩心采取率的效果。

为了考查节水效果，实钻演示时，把地表专用单缸泵的吸水管放入一个盛满水的桶中，记录一个回次始末的耗水量。实际测得的回次耗水量仅为100L左右，大大低于传统钻探工艺的地表耗水量，这些消耗的地表水主要是从钻杆的接头处泄漏掉了。

图8-16 实钻演示现场

为了考查节水钻探新技术提高机械钻速的效果，分别采用低速2挡(187r/min)、中速5挡(311r/min)和高速6挡(574r/min)进行钻进，记录机械钻速，与同一钻孔的传统钻探工艺机械钻速作比较。节水钻探钻进过程中的机械钻速如表8-4所示。

表 8-4 节水钻探机械钻速记录表

序号	排挡		
	2挡 (187r/min)	5挡 (311r/min)	6挡 (574r/min)
	机械钻速(m/h)		
1	4.15	4.29	4.86
2	3.96	4.09	5.14
3	4.08	4.74	6.7
平均	4.06	4.37	5.57

由表 8-4 可知,节水钻探的机械钻速达到 4～5.5m/h,而相同条件下传统钻探工艺的机械钻速为 3～4m/h,因此节水钻探可以提高钻探效率 33%～37.5%,从而显著降低钻探成本。节水钻具各次实钻的岩心采取率为 75%～85%,均达到并超过了钻探规程的要求。

3. 地表演示

节水钻具在孔内的工况、工作机理是钻探工作者们关注的重点之一。为此,我们把节水钻具的吸、排水阀卸开,露出其工作柱塞,通过高压管、水龙头把节水钻具和专用单缸柱塞泵连接起来(图 8-17),让观摩代表们亲眼看到,在地表单缸柱塞泵的驱动下节水钻具往复式潜水泵的工作过程。不仅孔内工作柱塞能按照一定的频率往复运动,而且地表一点水都没有漏出来,可见地表单缸柱塞泵往孔内送的水只起到传递压力脉冲的作用,而不参加孔内的冲洗循环。同时,结合拆开的节水钻具样机,由项目组成员详细介绍其结构和工作原理,并回答了代表们感兴趣的问题。

节水钻具孔内局部循环的流量是钻探工作者们普遍关注的另一个重点。如果孔内流量不足,很容易造成糊钻、烧钻、埋钻事故。为此,我们把节水钻具浸入水桶中,通过一弯管和胶管把孔内局部循环的流量引到桶外,这样就可以直观地观

图 8-17 节水钻具工况地表演示

察和测量节水钻具工作时孔内局部循环的流量。实际测量的孔内局部循环流量为 100～120L/min,足以满足该口径钻孔底排屑和冷却钻头所需要的循环流量。

三、节水钻探新技术应用与示范座谈会纪要

在现场实地考察和观摩节水钻探新技术后,第二天与会者们进行了一次关于节水钻探新技术的交流座谈。代表们积极发言,讨论其工作机理,探讨其应用前景,对技术的扩展应用阐述自己的见解。现场示范与研讨反馈的主要信息如下:

(1)在中国地质调查局的大力支持下,此次节水钻探新技术现场示范与培训取得圆满成功;

(2)现场实钻示范表明,节水钻探新技术能够大量节约干旱或缺水地区钻探过程中所需的宝贵地表水,并能显著提高钻探效率、降低钻探成本;

(3)许多代表建议节水钻具及其配套设备应尽早产业化,很多单位提出,自己所在的生产单位急需这种技术,并开始咨询售价,有购买意向;

(4)建议节水钻具应进一步小口径化,目前我们节水钻具样机的最小口径是 $\Phi 89mm$,而很多单位的生产孔口径比这小;

(5)能否对节水钻具作进一步改进设计,使其能够应用到目前生产单位普遍使用的绳索取心钻探工艺中去。

总之,通过"节水钻探新技术现场示范与培训班",结合与会者提出的宝贵意见,下一步我们将进一步优化节水钻具的结构,为加快该新技术的推广应用步伐,为响应我国政府关于"建设节约型社会"的号召,为大量节约宝贵的地表水资源做出应有的贡献。

参 考 文 献

成大先. 机械设计手册[M]. 北京：化学工业出版社，1993.
单成祥. 传感器的理论与设计基础及其应用[M]. 北京：国防工业出版社，1999.
耿瑞伦，陈星庆. 多工艺空气钻探[M]. 北京：地质出版社，1995.
李伯成. 微型计算机原理及接口技术[M]. 北京：电子工业出版社，2002.
李顺. 淡水危机与节水技术[M]. 北京：化学工业出版社，2002.
刘振学，黄仁和，田爱民. 实验设计与数据处理[M]. 北京：化学工业出版社，2005.
刘志明，孙友宏. 干旱缺水地区深水井泡沫钻进技术研究[J]. 长春科技大学学报，2000，(3)：299~302.
卢春华，鄢泰宁. 节水型液动冲击器及风动钢球冲击器研究[J]. 吉林大学学报（地球科学版），2007，37(4)：837~840.
卢春华，鄢泰宁. 节水钻探新技术及其改型应用[J]. 煤田地质与勘探，2006，34(2)：77~80.
卢春华. 节水型回转-冲击钻具结构设计与钻进机理研究[D]. 中国地质大学（武汉），2007.
邵春，鄢泰宁. 旋流除砂器的改进及其试验效果[J]. 煤田地质与勘探，2006，34(5)：71~74.
王浩. 中国水资源与可持续发展[M]. 北京：科学出版社，2007.
王荣璟. 孔内局部循环节水钻探系统的设计与计算机仿真[D]. 中国地质大学（武汉），2005.
吴景华，陈宝义. 空气泡沫钻探在缺水地区复杂地层中的应用[J]. 勘探科学技术，1997，(4)：19~23.
吴翔，蒋国盛等. 地表缺水与孔内漏失条件下工程勘察节水型钻探新技术[J]. 水文地质工程地质，2006，(5)：110~112.
徐恒力. 水资源开发与保护[M]. 北京：地质出版社，2001.
鄢泰宁，蒋国盛，吴翔等. 西部干旱地区节水钻探的新思路及其配套技术[J]. 地质科技情报，2005，24：12~18.
鄢泰宁，卢春华. 球体冲击器用于回转-冲击钻进的工艺研究[J]. 探矿工程，2008，(2)：5~7.
鄢泰宁. 岩土钻掘工程学[M]. 武汉：中国地质大学出版社，2001.
张振华，鄢捷年，樊世忠. 低密度钻井流体技术[M]. 东营：石油出版社，2004.
张祖培，殷琨等. 岩土钻掘工程新技术[M]. 北京：地质出版社，2003.
William C. Lyons, Boyun Guo, Frank A. Seidel. 空气和全体钻井手册[M]. 曾义金，樊洪海译. 北京：中国石化出版社，2006.
Feng Q., Cheng G. D.. Current situation, problems and rational utilization of water resources in arid north-western China [J]. *Journal of Arid Environments*, 1998, 40：373~382.
Gould, Ben D. Maxwell, Bill. Fast drilling with foam in fluid loss zone[J]. *Petroleum Engineer International*, 1979, 51(5)：94~100.
Калинин А. Г., Ошкордин и др. О. В.. *РАЗВЕДОЧНОЕ БУРЕНИЕ* [M]. MOCKBA "НЕДРА", 2000.
Кудряшов Б. Б., Кирсанов А. И.. *БУРЕНИЕ РАЗВЕДОЧНЫХ СКВАЖИН СПРИМЕНЕНИЕМ ВОЗДУХА* [M]. MOCKBA "НЕДРА", 1990.
Егоров Н. Г.. *БУРЕНИЕ СКВАЖИН В СЛОЖНЫХ ГЕОЛОГИЧЕСКИХ УСЛОЫИЯХ* [M]. Тула ИНН"Гриф и К", 2006.

后　记

　　经过项目组全体成员近五年的努力，我们终于成功地完成了具有自主知识产权的"节水型钻探新技术"，并获得了"节水钻探往复式潜水泵""节水钻探系统""节水型液动冲击器""多功能防事故接头""手动旋流除砂器""自动旋流除砂器""球体冲击器"和"单缸柱塞泵"八项相关的国家发明专利与实用新型专利。研制开发了 Φ89mm、Φ108mm、Φ127mm 三种规格的节水钻探系统（包括孔内局部循环往复式潜水泵、防事故安全接头、地表自动排气阀）、单缸柱塞泵、球体冲击器和新型旋流除砂器等科研产品及样机，并分别在广西和山西顺利进行了四次野外生产试验。

　　该成果得到了项目资助单位中国地质调查局科技外事部和国务院外国专家局领导的好评。最终于 2008 年 5 月 5 日至 7 日由中国地质调查局科技外事部主办，中国地质大学（武汉）承办，河南省地矿局第四地质探矿队协办，在三门峡市成功举办了"节水钻探新技术现场示范与培训班"。通过培训讲座和现场示范、参观，四十多位来自甘肃、内蒙古、陕西、湖南、河南、广东、安徽等地的钻探技术人员更加深入了解并掌握了节水钻探新技术，亲眼看到了明显的节水效果。他们表示，本单位的施工地区需要该项节水钻探技术，并纷纷询问价格，表达应用推广的意向。国务院外国专家局则在《科技之光》（2004 年 No 3）专栏介绍了"节水钻探技术"，这是我校项目首次入选国务院外国专家局的成果汇编。

　　以该项目的科研工作为平台，我们培养了两名博士、三名硕士和六名学士，应邀出席了五次国际国内学术会议并宣读关于节水钻探技术的论文，在《地质与勘探》《煤田地质与勘探》《水文地质工程地质》《地质科技情报》《吉林大学学报（地球科学版）》和《探矿工程》等国家核心期刊和行业核心刊物上发表相关学术论文十余篇。另外，研究生卢春华、陆洪智完成的作品《节水型钻探新技术及钻具的研制》，2007 年 6 月荣获湖北省第六届"挑战杯"大学生课外学术科技作品竞赛特等奖，2007 年 11 月荣获第十届"挑战杯"全国大学生课外学术科技作品竞赛二等奖；研究生张杰完成的作品《节水钻探新技术创业计划书》，2008 年 5 月荣获湖北省第五届"挑战杯"大学生创业计划竞赛一等奖。

　　回顾五年来的科研工作，项目组曾得到过许多单位和个人的帮助，在此我们要向他们表示由衷的谢意。

　　感谢中国地质调查局科技外事部对项目的支持与资助。感谢俄罗斯自然科学院院士、俄罗斯功勋发明家 Н. Г. 叶戈罗夫教授在"基于往复式潜水泵的孔底局部循环钻进技术"方面对项目的帮助，感谢他不辞辛劳四次访华，并亲临制造车间和野外钻探现场，与我们在节水钻探新技术开发方向上长期合作。感谢广西工程地质水文地质勘察院谢常茂总工程师、黄河勘测规划设计有限公司地质勘探院缪绪樟总工程师、河南省地质矿产局第四地质探矿队肖汉甫队长，及其上述三个单位曾参与节水钻探工作的技术人员和全体钻工，项目的四次野外生产试验和最终的现场示范，离不开他们的辛勤劳动和无私帮助。感谢曾为项目组认真审查大量设计图纸的机械专家张惠副教授，没有她的指点，我们的钻具设计可能会走一些弯路。感谢中国地质装备总公司衡阳探矿机械厂王利君高级工程师和欧阳志强总工程师在节水钻具加工方面给予的支持和帮助,没有他们的精心加工,我们的生产试验也不会这么顺利。感谢研究生季峰、徐伟、陆洪智、刘力和方俊等同学,是他们在炎热的暑假和罕见的雪灾条件下参与节水钻探的室内外台架试验和实钻试验,为项目的成功付出了辛勤劳动。此外,还要感谢中国地质大学(武汉)地质调查院、科技处、国际合作处、工程学院及其勘察与基础工程系对项目的支持与关心。

相信在各级主管部门和广大同行的继续关心和支持下,节水钻探新技术必将得以不断完善并逐步推广应用,为在钻探(井)领域节约宝贵的水资源,为进一步提高钻探效率和质量再立新功。